国家职业资格培训教材
技能型人才培训用书

建 筑 识 图

国家职业资格培训教材编审委员会　组编

闫成德　编著

机械工业出版社

本书是"国家职业资格培训教材"中建筑类的基础课教材之一，是依据国家职业标准中部分职业对建筑识图基本知识的要求，依据最新的建筑制图相关标准，按照岗位培训需要编写的。本书的主要内容包括：投影原理、建筑形体表达方式与施工图组成、建筑制图标准与规定、建筑施工图、结构施工图、建筑装饰施工图、给水排水施工图、采暖通风施工图、建筑电气施工图。书末附有与之配套的试题库和答案，便于企业培训、考核鉴定和读者自测自查。

　　本书主要用作企业培训部门、职业技能鉴定培训机构、各类职业院校的教材，也可作为再就业和农民工培训机构及各种短训班的教学用书。

图书在版编目（CIP）数据

建筑识图/闫成德编著 . 一北京：机械工业出版社，2013.9（2024.8重印）
国家职业资格培训教材 . 技能型人才培训用书
ISBN 978-7-111-42821-3

Ⅰ.①建… Ⅱ.①闫… Ⅲ.①建筑制图—识别—技术培训—教材
Ⅳ.①TU204

中国版本图书馆 CIP 数据核字（2013）第 122570 号

机械工业出版社（北京市百万庄大街 22 号　邮政编码 100037）
策划编辑：郎　峰　责任编辑：郎　峰　邓振飞
版式设计：霍永明　责任校对：樊钟英
封面设计：饶　薇　责任印制：李　昂
北京中科印刷有限公司印刷
2024 年 8 月第 1 版第 8 次印刷
184mm×260mm · 20 印张 · 496 千字
标准书号：ISBN 978-7-111-42821-3
定价：59.80 元

电话服务　　　　　　　　　网络服务
客服电话：010-88361066　　机　工　官　网：www.cmpbook.com
　　　　　010-88379833　　机　工　官　博：weibo.com/cmp1952
　　　　　010-68326294　　金　书　网：www.golden-book.com
封底无防伪标均为盗版　机工教育服务网：www.cmpedu.com

国家职业资格培训教材(第2版)
编 审 委 员 会

第 2 版序

在"十五"末期，为贯彻落实"全国职业教育工作会议"和"全国再就业会议"精神，加快培养一大批高素质的技能型人才，机械工业出版社精心策划了与原劳动和社会保障部《国家职业标准》配套的《国家职业资格培训教材》。这套教材涵盖41个职业工种，共172种，有十几个省、自治区、直辖市相关行业200多名工程技术人员、教师、技师和高级技师等从事技能培训和鉴定的专家参加编写。教材出版后，以其兼顾岗位培训和鉴定培训需要，理论、技能、题库合一，便于自检自测，受到全国各级培训、鉴定部门和广大技术工人的欢迎，基本满足了培训、鉴定和读者自学的需要，在"十一五"期间为培养技能人才发挥了重要作用，本套教材也因此成为国家职业资格鉴定考证培训及企业员工培训的品牌教材。

2010年，《国家中长期人才发展规划纲要（2010—2020年)》、《国家中长期教育改革和发展规划纲要（2010—2020年)》、《关于加强职业培训促就业的意见》相继颁布和出台，2012年1月，国务院批转了"七部委"联合制定的《促进就业规划（2011—2015年)》，在这些规划和意见中，都重点阐述了加大职业技能培训力度、加快技能人才培养的重要意义，以及相应的配套政策和措施。为适应这一新形势，同时也鉴于第1版教材所涉及的许多知识、技术、工艺、标准等已发生了变化的实际情况，我们经过深入调研，并在充分听取了广大读者和业界专家意见的基础上，决定对已出版的《国家职业资格培训教材》进行修订。本次修订，仍以原有的大部分作者为班底，并保持原有的"以技能为主线，理论、技能、题库合一"的编写模式，重点在以下几个方面进行了改进：

1. 新增紧缺职业工种——为满足社会需求，又开发了一批近几年比较紧缺的以及新增的职业工种教材，使本套教材覆盖的职业工种更加广泛。

2. 紧跟国家职业标准——按照最新颁布的《国家职业技能标准》或《国家职业标准》规定的工作内容和技能要求重新整合、补充和完善内容，涵盖职业标准中所要求的知识点和技能点。

3. 提炼重点知识技能——在内容的选择上，以"够用"为原则，提炼应重点掌握的必需的专业知识和技能，删减了不必要的理论知识，使内容更加精练。

4. 补充更新技术内容——紧密结合最新技术发展，删除了陈旧过时的内容，补充了新的内容。

5. 同步最新技术标准——对原教材中按旧的技术标准编写的内容进行更新，所有内容均与最新的技术标准同步。

6. 精选技能鉴定题库——按鉴定要求精选了职业技能鉴定试题，试题贴近教材、贴近国家试题库的考点，更具典型性、代表性、通用性和实用性。

7. 配备免费电子教案——为方便培训教学，我们为本套教材开发配备了配套的电子教案，免费赠送给选用本套教材的机构和教师。

8. 配备操作实景光盘——根据读者需要，部分教材配备了操作实景光盘。

一言以概之，经过精心修订，第 2 版教材在保留了第 1 版教材精华的同时，内容更加精练、可靠、实用，针对性更强，更能满足社会需求和读者需要。全套教材既可作为各级职业技能鉴定培训机构、企业培训部门的考前培训教材，又可作为读者考前复习和自测使用的复习用书，也可供职业技能鉴定部门在鉴定命题时参考，还可作为职业技术院校、技工院校、各种短训班的专业课教材。

在本套教材的调研、策划、编写过程中，曾经得到许多企业、鉴定培训机构有关领导、专家的大力支持和帮助，在此表示衷心的感谢！

虽然我们已经尽了最大努力，但教材中仍难免存在不足之处，恳请专家和广大读者批评指正。

国家职业资格培训教材第 2 版编审委员会

第1版序一

当前和今后一个时期，是我国全面建设小康社会、开创中国特色社会主义事业新局面的重要战略机遇期。建设小康社会需要科技创新，离不开技能人才。"全国人才工作会议"、"全国职教工作会议"都强调要把"提高技术工人素质、培养高技能人才"作为重要任务来抓。当今世界，谁掌握了先进的科学技术并拥有大量技术娴熟、手艺高超的技能人才，谁就能生产出高质量的产品，创出自己的名牌；谁就能在激烈的市场竞争中立于不败之地。我国有近一亿技术工人，他们是社会物质财富的直接创造者。技术工人的劳动，是科技成果转化为生产力的关键环节，是经济发展的重要基础。

科学技术是财富，操作技能也是财富，而且是重要的财富。中华全国总工会始终把提高劳动者素质作为一项重要任务，在职工中开展的"当好主力军，建功'十一五'，和谐奔小康"竞赛中，全国各级工会特别是各级工会职工技协组织注重加强职工技能开发，实施群众性经济技术创新工程，坚持从行业和企业实际出发，广泛开展岗位练兵、技术比赛、技术革新、技术协作等活动，不断提高职工的技术技能和操作水平，涌现出一大批掌握高超技能的能工巧匠。他们以自己的勤劳和智慧，在推动企业技术进步，促进产品更新换代和升级中发挥了积极的作用。

欣闻机械工业出版社配合新的《国家职业标准》为技术工人编写了这套涵盖41个职业的172种"国家职业资格培训教材"。这套教材由全国各地技能培训和考评专家编写，具有权威性和代表性：将理论与技能有机结合，并紧紧围绕《国家职业标准》的知识点和技能鉴定点编写，实用性、针对性强，既有必备的理论和技能知识，又有考核鉴定的理论和技能题库及答案，编排科学，便于培训和检测。

这套教材的出版非常及时，为培养技能型人才做了一件大好事，我相信这套教材一定会为我们培养更多更好的高技能人才做出贡献！

（李永安　中国职工技术协会常务副会长）

第1版序二

为贯彻"全国职业教育工作会议"和"全国再就业会议"精神，全面推进技能振兴计划和高技能人才培养工程，加快培养一大批高素质的技能型人才，我们精心策划了这套与劳动和社会保障部最新颁布的《国家职业标准》配套的《国家职业资格培训教材》。

进入21世纪，我国制造业在世界上所占的比重越来越大，随着我国逐渐成为"世界制造业中心"进程的加快，制造业的主力军——技能人才，尤其是高级技能人才的严重缺乏已成为制约我国制造业快速发展的瓶颈，高级蓝领出现断层的消息屡屡见诸报端。据统计，我国技术工人中高级以上技工只占3.5%，与发达国家40%的比例相去甚远。为此，国务院先后召开了"全国职业教育工作会议"和"全国再就业会议"，提出了"三年50万新技师的培养计划"，强调各地、各行业、各企业、各职业院校等要大力开展职业技术培训，以培训促就业，全面提高技术工人的素质。

技术工人密集的机械行业历来高度重视技术工人的职业技能培训工作，尤其是技术工人培训教材的基础建设工作，并在几十年的实践中积累了丰富的教材建设经验。作为机械行业的专业出版社，机械工业出版社在"七五"、"八五"、"九五"期间，先后组织编写出版了"机械工人技术理论培训教材"149种，"机械工人操作技能培训教材"85种，"机械工人职业技能培训教材"66种，"机械工业技师考评培训教材"22种，以及配套的习题集、试题库和各种辅导性教材约800种，基本满足了机械行业技术工人培训的需要。这些教材以其针对性、实用性强，覆盖面广，层次齐备，成龙配套等特点，受到全国各级培训、鉴定和考工部门及技术工人的欢迎。

2000年以来，我国相继颁布了《中华人民共和国职业分类大典》和新的《国家职业标准》，其中对我国职业技术工人的工种、等级、职业的活动范围、工作内容、技能要求和知识水平等根据实际需要进行了重新界定，将国家职业资格分为5个等级：初级（5级）、中级（4级）、高级（3级）、技师（2级）、高级技师（1级）。为与新的《国家职业标准》配套，更好地满足当前各级职业培训和技术工人考工取证的需要，我们精心策划编写了这套《国家职业资格培训教材》。

这套教材是依据劳动和社会保障部最新颁布的《国家职业标准》编写的，为满足各级培训考工部门和广大读者的需要，这次共编写了41个职业172种教材。在职业选择上，除机电行业通用职业外，还选择了建筑、汽车、家电等其他相近行业的热门职业。每个职业按《国家职业标准》规定的工作内容和技能要求编写初级、中级、高级、技师（含高级技师）四本教材，各等级合理衔接、步步提升，为高技能人才培养搭建了科学的阶梯型培训架构。为满足实际培训的需要，对多工种共同需求的基础知识我们还分别编写了《机械制图》、《机械基础》、《电工常识》、《电工基础》、《建筑装饰识图》等近20种公共基础教材。

在编写原则上，依据《国家职业标准》又不拘泥于《国家职业标准》是我们这套教材的创新。为满足沿海制造业发达地区对技能人才细分市场的需要，我们对模具、制冷、电梯等社会需求量大又已单独培训和考核的职业，从相应的职业标准中剥离出来单独编写了针对性较强的培训教材。

为满足培训、鉴定、考工和读者自学的需要，在编写时我们考虑了教材的配套性。教材的章首有培训要点、章末配复习思考题，书末有与之配套的试题库和答案，以及便于自检自测的理论和技能模拟试卷，同时还根据需求为 20 多种教材配制了 VCD 光盘。

为扩大教材的覆盖面和体现教材的权威性，我们组织了上海、江苏、广东、广西、北京、山东、吉林、河北、四川、内蒙古等地相关行业从事技能培训和考工的 200 多名专家、工程技术人员、教师、技师和高级技师参加编写。

这套教材在编写过程中力求突出"新"字，做到"知识新、工艺新、技术新、设备新、标准新"；增强实用性，重在教会读者掌握必需的专业知识和技能，是企业培训部门、各级职业技能鉴定培训机构、再就业和农民工培训机构的理想教材，也可作为技工学校、职业高中、各种短训班的专业课教材。

在这套教材的调研、策划、编写过程中，曾经得到广东省职业技能鉴定中心、上海市职业技能鉴定中心、江苏省机械工业联合会、中国第一汽车集团公司以及北京、上海、广东、广西、江苏、山东、河北、内蒙古等地许多企业和技工学校的有关领导、专家、工程技术人员、教师、技师和高级技师的大力支持和帮助，在此谨向为本套教材的策划、编写和出版付出艰辛劳动的全体人员表示衷心的感谢！

教材中难免存在不足之处，诚恳希望从事职业教育的专家和广大读者不吝赐教，提出批评指正。我们真诚希望与您携手，共同打造职业培训教材的精品。

国家职业资格培训教材编审委员会

前　言

　　本书是"国家职业资格培训教材"中建筑类的基础教材之一。

　　不同于传统的建筑制图类教材，本书的编写目的是帮助读者识读建筑工程施工图。本书在简单介绍了投影的基本原理和房屋建筑的基本构造后，分类重点介绍了建筑施工图、结构施工图、建筑装饰施工图、给水排水施工图、采暖通风施工图、建筑电气施工图等专业施工图的组成、内容、图例、识读方法和要点。

　　本书以最新的国家制图标准为依据，以实用、够用为宗旨，对精选的建筑类各专业施工图实例，结合国家制图标准的相关规定进行了详细的解读。每章末均附有复习思考题，书末附有试题库和答案，以帮助读者理解书中的内容。

　　由于编写时间仓促，书中难免存在不足之处，欢迎广大读者批评指正。

间成德

目 录

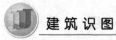

建筑识图

第 一 章

投 影 原 理

培训学习目标　建立投影的初步概念，掌握正投影的原理，了解正投影的分类及特点，能熟练绘制简单形体的三面投影图。

◆◆◆ 第一节　投 影 概 述

一、投影的概念

在我们的日常生活中，人们经常提到"影子"这一说法。清晨，当太阳刚刚升起，在我们身后会留下影子，这影子若是落在地面上，会拖得很长，若是落在墙上，则会短些；随着太阳的渐渐升高，影子越来越短；晚上，在灯光下或月光下，同样会出现"影子"。事实上，只要有光，就会有影子。这种影子的内部灰黑一片，除了能反映物体外形的轮廓外，物体内部的细部构造丝毫不能反映。

为了说明投影的概念，我们把自然界中的影子加以抽象和概括，将光线看做投影线，将产生影子的物体看做投影形体，将地面看做投影面。假设光线能穿透物体，并将物体表面上的各个顶点和轮廓线与各自接受到的投影线分别相交，延长后与地面相交，即得到了各个点的投影，所有点的投影加在一起，便有了物体的投影。由于只对物体表面上（有时也包括物体内部的顶点和轮廓线）的各个顶点和轮廓线进行投影。在投影图上我们看到的都是一些"线框图"，如图 1-1 所示。我们把这样形成的"线框图"称为投影。把发出光线的光源称为投影中心，光线称为投影线，承接影子的平面称为投影面。这种把空间形体转化为平面图形的方法称为投影法。投影线、形

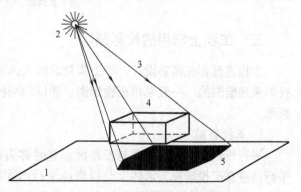

图 1-1　影子与投影

1—承影面（投影面）　2—光源（投射中心）

3—光线（投射线）　4—形体　5—影子（投影）

体、投影面称为投影的三要素。

二、投影的分类

根据投射线的特点，可以将投影分为中心投影和平行投影两大类。

1. 中心投影

由点源发出的光线（即投射线，以下一律改称投射线），无论经过多远，始终汇于一点（光源），这个点称为投射中心，这样得到的投影称为中心投影，如图1-2所示。

2. 平行投影

把投射中心 S 移到离投影面无限远处，则投射线可视为互相平行，由此产生的投影称为平行投影。平行投影的投射线互相平行，所得投影的大小与物体到投射中心的距离无关。

根据投射线与投影面之间的位置关系，平行投影又分为正投影和斜投影两种：投射线与投影面垂直时称为正投影，如图1-3a所示；投射线与投影面倾斜时称为斜投影，如图1-3b所示。

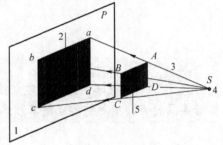

图1-2　中心投影
1—投影面　2—投影　3—投射线
4—投射中心　5—形体

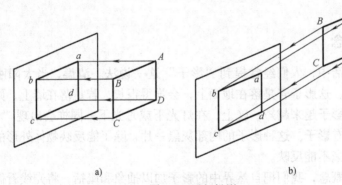

图1-3　平行投影
a）正投影　b）斜投影

三、工程上常用的投影图

工程建设首先需要设计，将工程建设的实体或实物以图纸的形式表达出来。工程图是用投影原理绘制的，一般采用正投影图，辅以轴测投影图、透视投影图，有时也会采用标高投影图。

1. 正投影图

平行投影中，当投射线与投影面垂直时称为正投影，如图1-3a所示。由于投射线互相平行且垂直于投影面，形体上与投影面平行的面在投影面上均反映出实形（大小和形状均不变），但形体上与投影面垂直的面在投影面上却聚集成一条线，无法反映其大小和形状，要想表现其大小和形状，必须换一个方向进行投影，所以，正投影（斜投影也一样）需要多个投影，一般至少两个，通常是三个，如图1-4所示。

正投影图的优点是能准确地反映形体的大小和形状，作图方便，度量性好，并且配有完整的尺寸标注，能正确地指导工程建设的实施；缺点是立体感差，不宜看懂，必须经过系统的学习和培训，才能看懂，这就是为什么要学习建筑识图的主要原因。

2. 轴测投影图

将形体连同投影轴一起投向位于形体后的某一平面上，即可得到该形体的轴测投影，如图1-5所示。轴测投影属于平行投影，但它是单面投影，可以不断改变承影面的位置和平行投射线的方向，以调整投影效果。

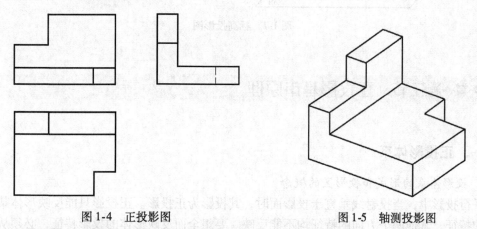

图1-4 正投影图　　　　　　　　　　图1-5 轴测投影图

轴测投影图立体感强，容易看懂，但度量性差，作图比较麻烦，并且对复杂形体也难以表达清楚，因而在工程中常用作辅助图样。

3. 透视投影图

透视投影图是根据中心投影的原理绘制而成的，就像人的眼睛看到景物一样，眼睛就是一个光源，视线就是投射线，用照相机照出的照片也是一种透视投影图。透视投影属于单面投影，如图1-6所示。

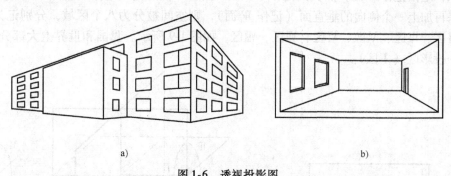

a)　　　　　　　　　　　　　　　　b)

图1-6 透视投影图
a）室外透视　b）室内透视

透视投影图具有形象逼真、可视性好的特点，常用作建筑设计中方案阶段的效果图和建筑装饰图的效果图。由于透视投影图的度量性较差，作图也很繁杂，故不宜多用。

4. 标高投影图

标高投影图是一种反映地面高程变化的单面正投影图。假定用一组间距相等，并且互相平行的水平面去切割山体，平面与山体的交线的水平投影称为等高线，在等高线上用数字标出各水平切割面的高程（即标高），得到的图形即为标高投影图，如图1-7所示。

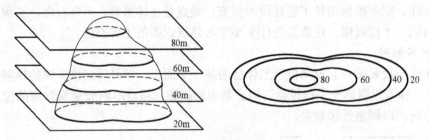

图1-7　标高投影图

◆◆◆ 第二节　正投影基本原理

一、正投影体系

1. 投影体系的形成和投影区的概念

平行投影中，当投射线垂直于投影面时，其投影为正投影。正投影只能反映形体某一个方向的特征，其他两个方向的特征均不能反映。要想全面反映形体的投影特征，必须从多个不同的方向进行投影，也就是说，正投影采用的是多面投影，为此需要设立多个投影面。

一个水平面（记作H面）与一个垂直面（记作V面）可以组成一个两面投影体系，如图1-8所示，H面和V面将空间分成四个区域，分别记为Ⅰ区、Ⅱ区、Ⅲ区、Ⅳ区，通常采用第一投影区（Ⅰ区）。形体置于第一投影区，可以在H面和V面上同时得到两个投影。为了便于理解，可以看一下教室，地面是水平的，黑板面是垂直的，它们即组成了一个两面正投影体系：地面记作H面，黑板面记作V面，H面与V面的交线记作X轴。

如果再加上一个侧向的垂直面（记作W面），则空间被分为八个区域，分别记为Ⅰ区、Ⅱ区、Ⅲ区、Ⅳ区、Ⅴ区、Ⅵ区、Ⅶ区、Ⅷ区，如图1-9所示。我国和世界上大部分国家均采用第一投影区（Ⅰ区）。

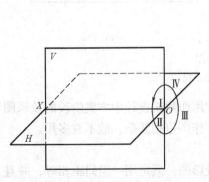

图1-8　两面投影体系

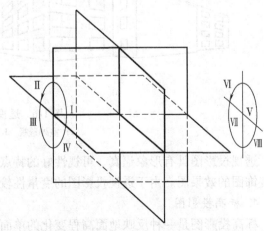

图1-9　三面投影体系

八个投影区均可以从教室里找到：地面是水平的，记作 H 面，黑板面是垂直的，位于正前方，记作 V 面，右侧的墙面垂直于地面和黑板面，记作 W 面，H 面与 V 面的交线记作 X 轴，V 面与 W 面的交线记作 Y 轴，H 面与 W 面的交线记作 Z 轴，三根轴交于原点 O。第 Ⅰ 投影区相当于教室前面的右下角，第 Ⅱ 投影区相当于教室后面的右下角，第 Ⅲ 投影区相当于教室后面的右上角，第 Ⅳ 投影区相当于教室前面的右上角，第 Ⅴ 投影区至第 Ⅷ 投影区分别相当于教室左侧的四个角（读者可试着找一下各自对应的角）。

2. 投影面的展开

用第 Ⅰ 投影区来反映形体的三面投影，可以得到三个投影图，但这三个投影图分别位于空间的三个投影面上，阅读起来很不方便。为了能在同一张图上表示形体的三面投影，就必须按照一定的规则将三个投影面展开到同一张图上。

现保持 V 面不动，将 H 面绕 X 轴向下旋转 $90°$，将 W 面绕 Z 轴向后旋转 $90°$，则 H 面、W 面和 V 面在同一平面内，如图 1-10 所示。

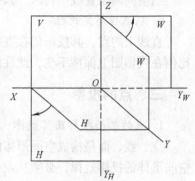

图 1-10　投影面的展开

二、正投影特点

形体是由各种各样的面（包括平面和曲面）组成的，而面又是由直线或曲线组成的，组成直线或曲线的基本单位是点，所以形体的基本构成要素是点、线、面。正投影的特点可以用点、线、面的投影特点来概括。

1. 点的投影

无论采用什么样的投影方式，点的投影总是点，如图 1-11a 所示。

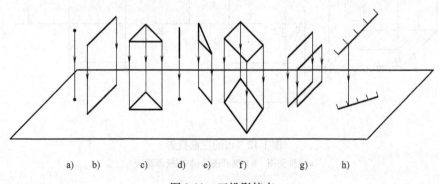

a)　b)　　c)　d) e)　　f)　　g)　　h)

图 1-11　正投影特点

2. 显实性

当空间几何元素与投影面平行时，其投影反映实形，如图 1-11b、c 所示。

3. 积聚性

当空间几何元素与投影面垂直时，其投影被浓缩、积聚，直线变成了点，平面变成了直线，如图 1-11d、e 所示。

4. 类似性

> 注意：是类似不是相似！

当空间几何元素与投影面倾斜时，其投影比原来小：直线比原来短，平面图形的面积比原来小，形状与原来类似（多边形的边数不变），如图1-11f所示。

5. 平行性

当空间两条直线平行时，其投影也平行，如图1-11g所示。

6. 从属性与定比性

直线上的点，其投影仍在直线上，此性质称为从属性；直线上的点将直线分成两段，其比例在投影图上保持不变，此性质称为定比性，如图1-11h所示。

三、点的投影

1. 点的三面投影及其规律

点、线、面是构成空间形体的基本几何元素，它们是不能脱离形体而孤立存在的，研究空间形体的投影规律，必须从点、线、面着手，掌握了这些基本几何元素的投影规律，无论多么复杂的形体也就变得非常简单了。而点的投影是最简单、最基本的。

如图1-12a所示，将空间点 A 置于第一投影区，过 A 点分别作 H 面、V 面、W 面的垂直线（投射线 $\perp$ 投影面），并分别与 H 面、V 面、W 面相交于 a、a'、a''，a、a'、a'' 即为 A 点的 H 面投影、V 面投影和 W 面投影。

> 注意：空间点用大写字母表示，其投影则用相应的小写字母表示。为区分不同投影面上的投影，V 面投影和 W 面投影分别加上"′"和"″"。

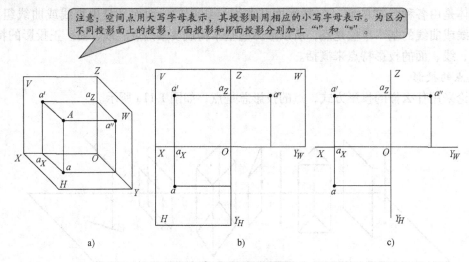

图1-12 点的三面投影
a）轴测图 b）展开图 c）正投影画法

将 A 点的三面投影展开，即得到 A 点的三面投影图，如图1-12b所示。H 面与 V 面的交线为投影轴 OX，V 面与 W 面的交线为投影轴 OZ，而 H 面与 W 面的交线，即投影轴 OY 被分成了两根，留在 H 面上的记作 OY_H，留在 W 面上的记作 OY_W。为了简化图面，通常投影面的边框和投影面的名称均省略标注，如图1-12c所示。

在图1-12中，$Aa \perp H$ 面，$Aa' \perp V$ 面，则 $Aa \perp OX$，$Aa' \perp OX$，所以 OX 垂直于 Aa 与 Aa' 所确定的平面，则 $OX \perp aa_X$，$OX \perp a'a_X$，因而 $a'a \perp OX$，交 OX 于 a_X。同理，$a'a'' \perp OZ$，交

OZ 于 a_z。事实上，可以将 A 点看成一个长方体的顶点，Aa_X、Aa_Y、Aa_Z 是长方体的三个表面，另外三个表面分别位于三个投影面上，那么 $aa_X = a''a_Z$，是 A 点到 V 面的距离。

由此，可以总结出点的正投影规律：

1）点的正面投影与水平投影的连线垂直于 OX 轴，即 $a'a \perp OX$。

2）点的正面投影与侧面投影的连线垂直于 OZ 轴，即 $a'a'' \perp OZ$。

3）点的水平投影到 OX 轴的距离等于点的侧面投影到 OZ 轴的距离，即 $aa_X = a''a_Z$。

根据以上投影规律，如果知道点的任意两面投影，就可以求出另外一面投影。

例 1-1 已知点的正面投影 a' 与水平投影 a，求侧面投影 a''，如图 1-13a 所示。

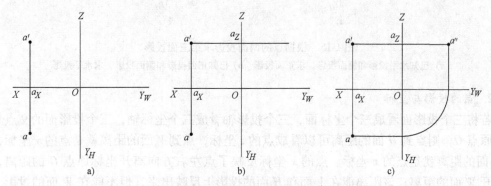

图 1-13　根据点的正面和水平投影求侧面投影

解：1）过 a' 引水平线，根据点的正投影规律，点的侧面投影 a'' 必定在此水平线，如图 1-13b 所示；

2）连接 $a'a$；

3）量取水平投影到 OX 轴的距离 aa_X，将此距离在 W 面上由 a_z 向右截取，即得 a''。如图 1-13c 所示。

截取 $aa_X = a''a_Z$ 时，除了上述用圆规量取距离或做 1/4 圆弧的方法外，还可以做 45°辅助线截取，如图 1-14 所示。

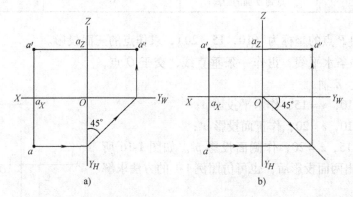

图 1-14　截取 $aa_X = a''a_Z$ 的方法

如果已知点的水平投影和侧面投影，求其正面投影，作图方法见图 1-15a；如果已知点的正面投影和侧面投影，求其水平投影，作图方法见图1-15b。

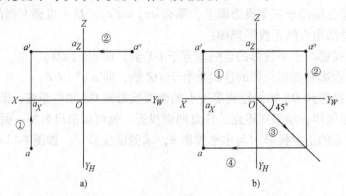

图 1-15　根据点的两面投影求第三面投影

a）已知水平投影和侧面投影，求正面投影　b）已知正面投影和侧面投影，求水平投影

2. 点的投影与坐标

若将三个投影面看成三个坐标面，三个投影轴看成三个坐标轴，三个投影面的交点看成坐标原点 O，则点到 H 面的距离可以看成点的 z 坐标，点到 V 面的距离就是点的 y 坐标，点到 W 面的距离就是点的 x 坐标。点的 x 坐标反映了点左右方向离开坐标原点 O 的距离，也是离开 W 面的距离；该距离能在 V 面和 H 面的投影上反映出来，但不能在 W 面的投影上反映出来。但 W 面上的投影却能反映出该点的 y 坐标和 z 坐标。同理，点的 y 坐标反映了点前后方向离开坐标原点 O 和 V 面的距离，z 坐标反映了点上下方向离开坐标原点 O 和 H 面的距离。点的投影、坐标、到投影面的距离三者之间的关系见表1-1。

表 1-1　点的投影、坐标、到投影面的距离三者之间的关系

投影面 坐标	H 面投影 a	V 面投影 a	W 面投影 a
x	√	√	点到 W 面的距离
y	√	点到 V 面的距离	√
z	点到 H 面的距离	√	√

例1-2　已知 P 点的坐标为（10，15，20），求作点的三面投影。

解：1）作一条水平线，再作一条垂直线，交于 O 点，标注 X、Y_H、Y_W、Z 轴；

2）根据 $x=10$，$y=15$，作水平投影 p；

3）根据 $x=10$，$z=20$，作正面投影 p'；

4）根据 $y=15$，$z=20$，作侧面投影 p''。如图 1-16 所示。根据坐标求出两面投影后，也可仿照例 1-1 的方法求解第三面投影。

3. 特殊位置点的投影

第一投影区的点应当包含位于三个投影面和三个投影轴上的点，这些点称为特殊位置的点，它们的投影中有一

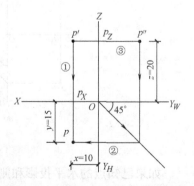

图 1-16　根据坐标求点的三面投影

部分落在投影轴上，甚至落在坐标原点。

1）投影面上的点，离开该投影面的距离为0，其投影落在该投影面和该投影面边界的两条轴线上。

如图1-17所示，H面上的点A，水平投影落在H面上，正面投影落在X轴上，侧面投影落在Y轴上；V面上的点B，水平投影落在X轴上，正面投影落在V面上，侧面投影落在Z轴上；W面上的点C，水平投影落在Y轴上，正面投影落在Z轴上，侧面投影落在W面上。

2）投影轴上的点，其投影落在该投影轴上和坐标原点处。

如图1-18所示，X轴上的点E，正面投影和水平投影落在X轴上，侧面投影落在坐标原点处；Y轴上的点F，侧面投影和水平投影落在Y轴上，正面投影落在坐标原点处；Z轴上的点G，正面投影和侧面投影落在Z轴上，水平投影落在坐标原点处。

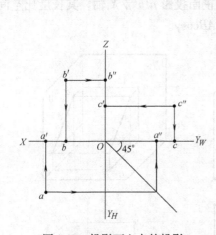

图1-17 投影面上点的投影

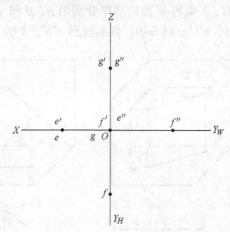

图1-18 投影轴上点的投影

4. 两点的相对位置

现有两点A（10，12，8）、B（8，15，13），试比较A、B两点的相对位置。

从两点的x坐标可以看出，A点离开原点10mm，B点离开原点8mm，所以A点在B点左边2mm处，同理，A点在B点后面3mm处，A点在B点下面5mm处。因此，A点在B点的左后下方。

根据两点的三面投影，也可以很方便地判断出两点的相对位置。如图1-19所示，沿着X轴的正方向，远的为左，近的为右；沿着Y轴的正方向，远的为前，近的为后；沿着Z轴的正方向，远的为上，近的为下。

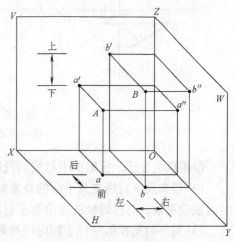

图1-19 两点的相对位置

四、直线的投影

两点决定一条直线，将直线两个端点的投影分别作出，并分别将各自的同名投影相连，即可得到直线的三面投影。

> 要注意，在几何学中直线是无限长的，线段才有长度；在投影图中不分直线和线段，统称为直线。

依据直线对投影面的相对位置可将直线分成一般位置直线、投影面平行线、投影面垂直线三种。以 H 面为例，当直线 $L /\!/ H$ 面时，称为水平线，当直线 $L \perp H$ 面时，称为铅垂线，当直线 $L \angle H$ 面时，称为一般位置直线。

1. 投影面平行线

投影面平行线共有三种：H 面平行线（水平线）、V 面平行线（正平线）、W 面平行线（侧平线）。各种投影面平行线的投影如图 1-20 所示。仅以水平线为例说明如下：水平线的水平投影反映直线的实长，同时也反映出直线对 V 面和 W 面的倾角，直线对投影面的倾角按 H 面、V 面和 W 面的顺序分别用 α、β 和 γ 表示。正面投影 $a'b' /\!/ X$ 轴，其长度比空间直线要短，$a'b' = AB\cos\beta$；侧面投影 $a''b'' /\!/ Y$ 轴，$a''b'' = AB\cos\gamma$。

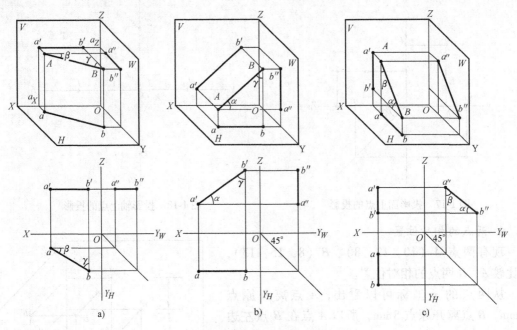

图 1-20　投影面平行线的投影
a）水平线　b）正平线　c）侧平线

根据以上分析，投影面平行线的投影规律可以归纳出以下两点：

1）投影面平行线在其平行的投影面上的投影反映直线的实长，且倾斜于该投影面边缘的两根投影轴，与投影轴的夹角等于直线在空间与相应投影面的倾角。

2）另外两面投影平行于相应的投影轴，其长度短于直线的实长。

2. 投影面垂直线

投影面垂直线共有三种：H 面垂直线（铅垂线）、V 面垂直线（正垂线）、W 垂直面线（侧垂线）。各种投影面垂直线的投影详见图 1-21。仅以铅垂线为例说明如下：

铅垂线的水平投影积聚成一个点，正面投影和侧面投影平行于 Z 轴，并反映直线的实长。

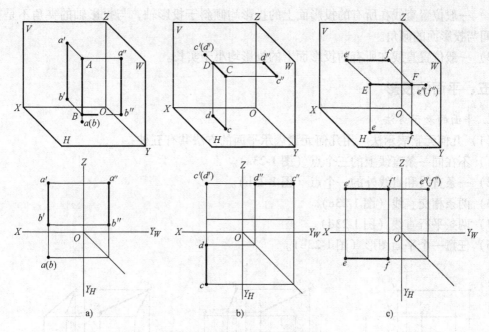

图 1-21　投影面垂直线的投影
a）铅垂线　b）正垂线　c）侧垂线

根据图 1-21，投影面垂直线的投影规律可以归纳出以下两点：

1）投影面垂直线在其垂直的投影面上的投影积聚成一个点。

2）另外两面投影平行于相应的投影轴，并反映直线的实长。

3. 一般位置直线

投影面垂直线垂直于一个投影面，平行于两个投影面；投影面平行线平行于一个投影面，倾斜于两个投影面；这两种直线均属于特殊位置直线，特殊位置直线至少平行于一个投影面。如果一条直线不能平行于任意一个投影面，当然也不可能垂直于任何投影面，只能倾斜于所有的投影面，这种直线称为一般位置直线。

如图 1-22 所示，一般位置直线的投影规律如下：

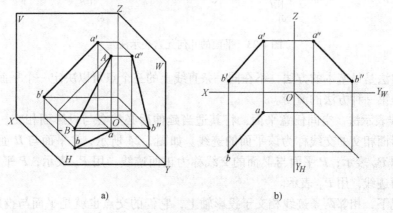

a）　　　　　　　　　　　b）

图 1-22　一般位置直线的投影
a）立体图　b）投影图

1）一般位置直线在所有的投影面上的投影均倾斜于投影轴，与投影轴的夹角不是直线在空间与投影面的倾角。

2）一般位置直线在所有的投影面上的投影均小于实长。

五、平面的投影

1. 平面的表示方法

（1）几何元素表示法　用几何元素表示平面的方法共有五种：

1）不在同一条直线上的三个点（图1-23a）。

2）一条直线和直线外的一个点（图1-23b）。

3）两条相交直线（图1-23c）。

4）两条平行直线（图1-23d）。

5）任意一个平面图形（图1-23e）。

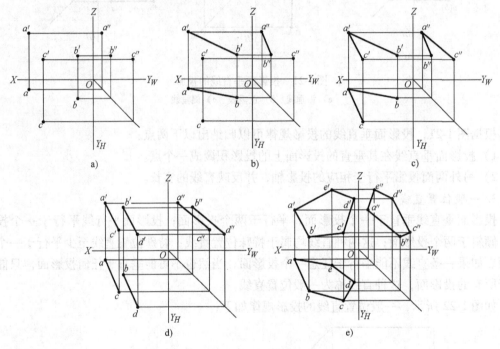

图1-23　平面的几何元素表示法

第一种方法是最基本的方法，不在同一条直线上的三个点可以决定一个平面，其他四种方法实际上是第一种方法的演变。

（2）迹线表示法　空间任意平面，将其适当延伸后必然会与投影面相交。我们把平面延伸后与投影面相交的交线称为该平面的迹线。如图1-24所示，P 平面与 H 面的交线称为水平迹线，用 P_H 表示；P 平面与 V 面的交线称为正面迹线，用 P_V 表示；P 平面与 W 面的交线称为侧面迹线，用 P_W 表示。

一般情况下，相邻两条迹线相交于投影轴上，它们的交点也就是平面与投影轴的交点。在投影图中，这些交点分别用 P_X、P_Y、P_Z 来表示。图1-24a所示的平面 P，实际上就是 P_H

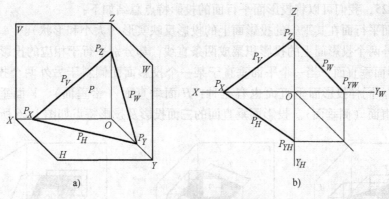

图 1-24 平面的迹线表示法

a）立体图　b）投影图

和 P_V 两条相交直线所表示的平面，也就是说三条迹线中任意两条就可以确定平面的空间位置，因而用迹线表示平面只需要画出任意两条即可。

由于迹线位于投影面上，它的一个投影与自身重合，另外两个投影落在投影轴上，通常只需画出与自身重合的那个投影并加以标记即可。

2. 各种位置平面的投影

就像直线一样，根据平面与投影面的相对位置的不同，可以将平面分成三种：投影面平行面、投影面垂直面、一般位置平面。前两种称为特殊位置平面。

（1）投影面平行面　当平面平行于某一投影面时称为投影面平行面。由于投影面共有三个，因而投影面平行面也就有三种：H 面平行面（水平面）、V 面平行面（正平面）、W 面平行（侧平面）。投影面平行面的三面投影及投影特点如图 1-25 所示。

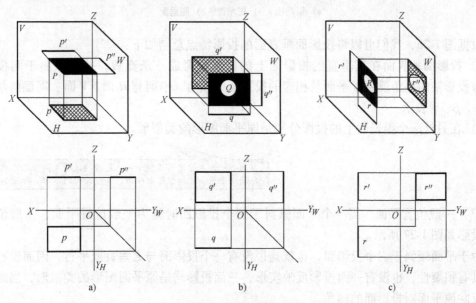

图 1-25 投影面平行面

a）水平面　b）正平面　c）侧平面

根据图 1-25，我们可以将投影面平行面的投影特点总结如下：

1）投影面平行面在其平行的投影面上的投影反映实形（大小和形状）。

2）在另外两个投影面上的投影积聚成两条直线，却分别平行于相应的投影轴。

（2）投影面垂直面 当一个平面垂直于某一个投影面而倾斜于另外两个投影面时称为投影面垂直面。同样投影面垂直面也有三种：H 面垂直面（铅垂面）、V 面垂直面（正垂面）、W 面垂直面（侧垂面）。投影面垂直面的三面投影及投影特点如图 1-26 所示。

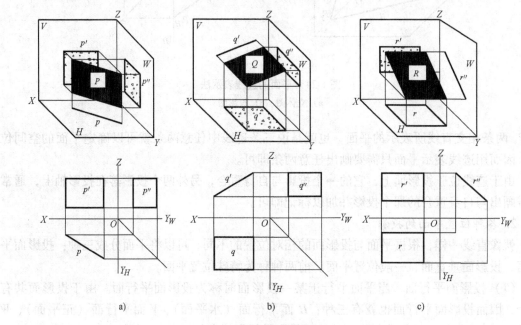

图 1-26 投影面垂直面

a）铅垂面 b）正垂面 c）侧垂面

根据图 1-26，我们可以将投影面垂直面的投影特点总结如下：

1）投影面垂直面在其垂直的投影面上的投影积聚成一条直线，并且倾斜于两根投影轴，与投影轴的夹角反映了平面与相应的投影面的倾角。平面与 H 面、V 面、W 面的倾角分别用 α、β、γ 表示。

2）在另外两个投影面上的投影分别是原平面图形的类似形。

> 当两个平面多边形的边数相同，各边的比例相同，称为相似形；
> 当两个平面多边形的边数相同，各边的比例不同，称为类似形。

（3）一般位置平面 当一个平面倾斜于三个投影面时称为一般位置平面，一般位置平面的投影如图 1-27 所示。

由于平面倾斜于三个投影面，也就是说没有一个投影面与之垂直或平行，因而没有一面投影具有积聚性，也没有一面投影反映实形，三面投影均是原平面图形的类似形，当然也就不能反映原平面对投影面的倾角。

比较各种位置的平面不难发现，投影面平行面平行于一个投影面，垂直于两个投影面；投影面垂直面垂直于一个投影面，倾斜于两个投影面；一般位置平面倾斜于三个投影面。所

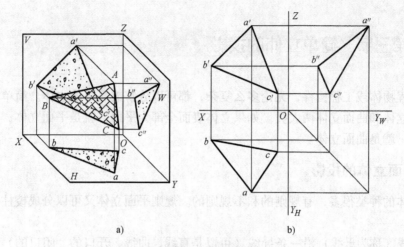

图 1-27　一般位置平面
a）立面图　b）投影图

以，投影面平行面∈投影面垂直面∈一般位置平面。换言之，一般位置平面是最普通的，投影面垂直面较为特殊，投影面平行面最为特殊。

　　前面提到用迹线来表示平面，需要用两条迹线。对于投影面垂直面一般用其垂直的那个投影面上的迹线和另外一个倾斜的投影面上的迹线来表示；对于投影面平行面由于与其平行的那个投影面上没有迹线，因而迹线只有两条，实际上只要用一条即可。用迹线表示的特殊位置平面如图 1-28 所示。

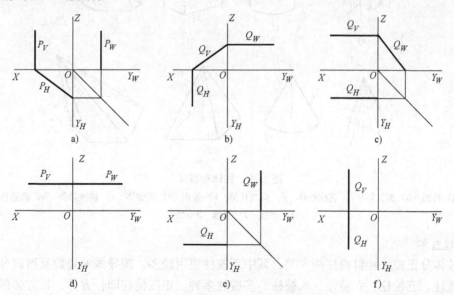

图 1-28　用迹线表示的特殊位置平面
a）铅垂面　b）正垂面　c）侧垂面　d）水平面　e）正平面　f）侧平面

　　事实上，一般位置平面，如果画出两条迹线，第三条也就确定了；特殊位置平面，如果画出了一条迹线，其余两条也就确定了。

◇◆◇ 第三节　简单立体的投影

各种工程物体或工程构件，无论多么复杂，都可以分解成简单的立体。简单的立体又可以分成平面立体和曲面立体两大类。如果立体表面全部为平面，就是平面立体；如果立体表面含有曲面，就是曲面立体。

一、平面立体的投影

平面立体的种类很多，有规则的和不规则的。规则平面立体又可以分成棱柱体和棱锥体两大类。

一条直线（称为母线）沿一条导线（可以是直线、曲线、开口的、闭口的）移动，同时平行于某条固定的直线（轴线），就会形成一个柱面，柱面如果封闭，也就形成了一个柱体。母线垂直于导线的为正柱体，母线倾斜于导线的为斜柱体。

母线与轴线平行，形成柱体，母线与轴线相交，形成锥体。导线为平面多边形的为棱柱体或棱锥体，导线为圆的为圆柱体或圆锥体，如图 1-29 所示。

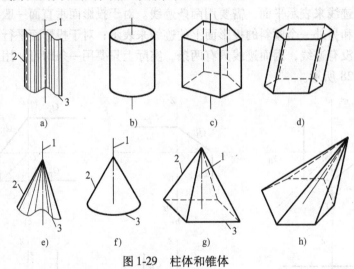

图 1-29　柱体和锥体

a）柱面　b）圆柱体　c）正棱柱体　d）斜棱柱体　e）锥面　f）圆锥体　g）棱锥体斜　h）棱锥体

1—轴线　2—母线　3—导线

1. 棱柱体

棱柱体分正棱柱和斜棱柱两大类，其中正棱柱应用较多。按导线的边数又可以分为三棱柱、四棱柱、五棱柱、六棱柱、八棱柱、多棱柱多种。正四棱柱即长方体，长方体的各棱相等即为立方体（也叫正方体）。

棱柱体可以看成是用两个平面与封闭的棱柱面组合形成的空间形体。为了方便学习，我们只讨论底面和顶面均为水平面的情况。

（1）长方体　长方体的三个方向的尺寸分别叫做长度（x 方向）、宽度（y 方向）、高度（z 方向）。正面投影反映出长方体最前面的长方形外表面的实形，因而反映出长方体的长度和高度；最后面的一个面被最前面的一个面完全挡住；最左边、最右边的两个面是侧平面，最上面、最下面的两个面是水平面，这四个面的正面投影全都积聚成一条线，如图 1-30 所示。其他两面投影读者可自行分析。

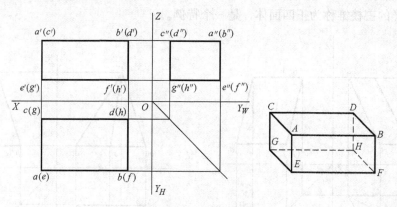

图 1-30　长方体的投影

正面投影和水平投影均反映出长方体的长度，两面投影上下对齐；正面投影和侧面投影均反映出长方体的高度，两面投影左右平齐；水平投影和侧面投影均反映出长方体的宽度，可通过 45°斜线反映出来。通过长方体的三面投影，可以总结出正投影的基本规律：长对正，高平齐，宽相等。这九个字也是识读各种形体投影图及工程图样的重要依据。根据这个规律，可以反复对照几个投影图，从而想象出形体的空间轮廓。

（2）正三棱柱　正三棱柱的底面和顶面均为正三角形，三根侧棱垂直于底面和顶面，三个侧面均为矩形，棱长即为三棱柱的高。

底面三角形和顶面三角形均为水平面，因而水平投影反映出实形，正面投影和侧面投影积聚成水平线；三个侧面均为铅垂面，其水平投影积聚成直线，正面投影和侧面投影比实形略小，是类似形。正三棱柱的投影如图 1-31 所示。

（3）斜三棱柱　以上两种均是正棱柱，其特点是棱柱体的各棱线均与水平面垂直，即柱体的轴线是一条铅垂线。如果这些棱线均与水平面不垂直，就成了斜棱柱。所以，斜棱柱的底面和顶面不再重合，水平投影上出现了两个水平面的投影。由于投影方向的关系，底面被顶面挡住的部分不可见，用虚线表示。如图 1-32 所示，各棱线不再是铅垂线，可能是正平的，也可能是一般的。

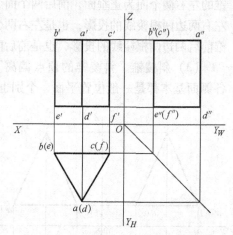

图 1-31　正三棱柱的投影

2. 棱锥体

与棱柱体不同的是，棱锥体只有底面，没有顶面，但有一个顶点，每条棱线均交于这个顶点。底面为 n 多边形，棱线就有 n 条，该棱锥体即为 n 棱锥体。当顶点位于底面正多边形形心的正上方，即棱锥的轴线垂直于底面（底面正多边形为棱锥的导线）时，该棱锥体为正棱锥，其余均为斜棱锥。

（1）正三棱锥　正三棱锥的底面为正三角形，顶点位于三角形形心的正上方，三根棱线均为一般位置直线，三个侧面均为一般位置平面，因而各个投影均不能反映实长和实形。正三棱锥的投影如图 1-33 所示。如果棱长与正三角形的边长相等，则四个面均为相等的正三角形，这样的三棱锥称为正四面体，是一个特例。

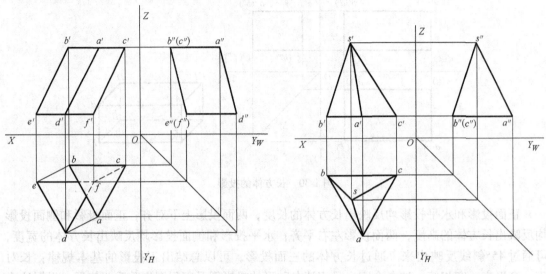

图 1-32　斜三棱柱的投影　　　　　　　图 1-33　正三棱锥的投影

（2）正四棱锥　正四棱锥的底面为正方形，顶点位于正中央。四个侧面两两对称，与水平面的倾角完全相等，因而正面投影与侧面投影完全一样。与正三棱锥不同的是，正四棱锥的左右两个面为正垂面，前后两个面为侧垂面。所以，正面投影中的两根斜线既是正四棱锥左右两边两根棱线的投影，也是左右两个侧面的积聚投影；侧面投影中的两根斜线既是正四棱锥前后两边两根棱线的投影，也是前后两个侧面的积聚投影。正四棱锥的投影如图 1-34 所示。

（3）斜棱锥　斜棱锥的顶点偏离了底面多边形的形心，每条棱线均为一般位置直线，各侧面基本都是一般位置平面，个别也可能是投影面垂直面。斜棱锥的投影如图 1-35 所示。

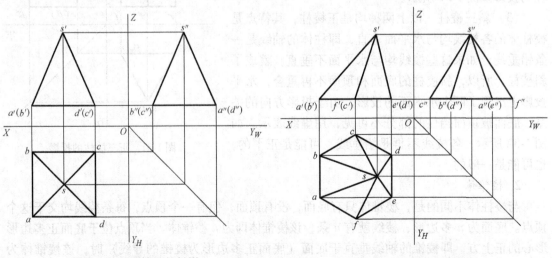

图 1-34　正四棱锥的投影　　　　　　　图 1-35　斜棱锥的投影

二、曲面立体的投影

曲面立体的种类很多，这里仅讨论几种最为常见的。这几种曲面立体的共同特点是导线都为圆，因而它们又可以称为回转体。

1. 圆柱体

圆柱体的底面和顶面均为水平圆，水平投影反映了该圆的实形，而正面投影则积聚成两根水平线，如图1-36所示。圆柱体的侧面为光滑的圆柱面，母线在任意位置时称为素线。所以圆柱面也可以看成是无数连续的素线组成的。当投射线通过圆柱向正面投影面投影时，可以看到最左边和最右边的两根素线的投影，这两根素线称为转向轮廓线，其余素线的投影均无法反映出来。当圆柱体绕其轴线旋转时，转向轮廓线依次换成了其他素线，但转向轮廓线的位置不变。实际上，圆柱面上没有任何线，所有的素线都是想象出来的。侧面投影与正面投影原理相同。圆柱面是铅垂面，所以其水平投影被积聚成一个圆。

2. 圆锥体

圆锥体的底面为水平圆，水平投影反映了该圆的实形，侧面为光滑的圆锥面，可以看成是无数条相交于顶点的素线组成。正面投影面中的两根斜线是圆锥最左边和最右边的两根素线，称为转向轮廓线。侧面投影面中也有两根转向轮廓线，是圆锥最前面和最后面的两根素线。圆锥体的投影如图1-37所示。

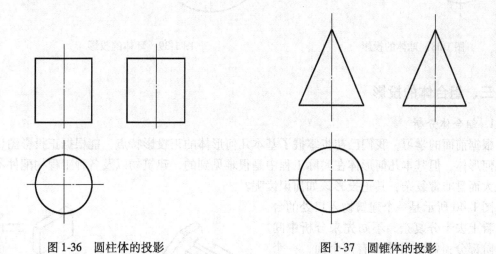

图1-36 圆柱体的投影 图1-37 圆锥体的投影

3. 球体

球体是圆绕其直径旋转一周所形成的。圆周上每一个点的运动轨迹都是一个圆，这些圆称为纬圆，其实，圆柱和圆锥的表面上也存在无数连续的纬圆，它们都是回转体。

球体从任何方向看都是圆，所以球的三面投影都是圆，如图1-38所示，但三个圆的意义不同，水平投影上的圆代表从上到下最大的一个纬圆的投影，正面投影上的圆代表从前到后最大的一个纬圆的投影，而侧面投影上的圆代表从左到右最大的一个纬圆的投影。用任意一个平面去切割球体，都能得到一个圆。

4. 环体

环体是一个圆绕圆外的一条直线（旋转轴）旋转一周形成的，同样属于回转体。游泳时用的救生圈就是一个环体。

环体的投影比较复杂，水平投影只能看到上面的一半，正面投影只能看到前面一半的外圈，其余均不可见，侧面投影也一样，如图 1-39 所示。

由于圆怎么看都是圆，无论旋转轴是什么位置，总可以将其调整到铅垂的位置，圆周上每一个点旋转一周后都是一个圆，所以水平投影可以看成是无数的圆组成的，但只能看到两个圆，也可以将其看成是两个转向轮廓圆。

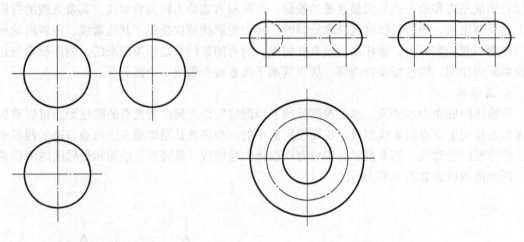

图 1-38　球体的投影 　　　　　　　　　图 1-39　环体的投影

三、组合体的投影

1. 组合体分析

根据前面的学习，我们已初步掌握了基本几何形体的正投影特点，能根据正投影图识别出几何形体，但基本几何形体在实际工程中是很难见到的，建筑物以及各种工程构配件不但体积大而且非常复杂，其正投影该如何识读呢？

图 1-40 所示是一个建筑物入口处的台阶，看上去十分复杂，不妨先来分析中间的台阶部分：每级台阶都有两个面，一个水平面，称为踏面，是行走时踩踏的面，另一个面是垂直面，称为踢面，是行走时可能踢到的面。这是一个室外台阶，共有三级，从图上可以看出，一共有三个踢面，两个踏面，所以，台阶的级数是踢面的数量，而踏面的数量少一个。将三级台阶看成三个高度依次递增的长方体组成的一个整体，将两端的砖砌拦板看成长方体减去一个三棱柱，整体则是由中间的台阶加上

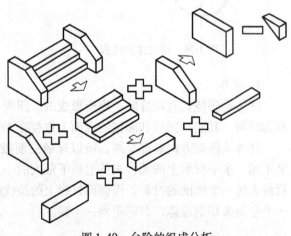

图 1-40　台阶的组成分析

两端的砖砌拦板组成。由此，可以总结出组合体的组合规律：由若干个基本几何形体通过叠加或挖切的方式即可组成一个复杂的形体——组合体。

是不是分别画出基本几何形体的投影，就是整体的投影呢？以中间的台阶部分为例，第一个长方体（最低的）有四个侧面，两个水平面和两个垂直面，第二个长方体（中间的）也有两个水平面和两个垂直面，两个长方体合在一起，最下面的两个面成了一个面，中间的界线也就不存在了，第一个长方体的后侧面与第二个长方体的前侧面也合成为一个面，但中间的界线仍然存在。台阶的投影如图 1-41 所示。

面对众多线框组成的三面投影图，要想一下子看出是由哪几个基本几何形体组成并非易事，在具体识读时要注意以下几点：

1）熟悉基本几何形体的正投影特点，能根据三面投影迅速判断出简单的基本几何形体。

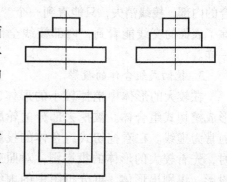

图 1-41 台阶的投影

2）掌握正投影的投影规律，能根据三面投影对照读图。一般从特征比较明显的那个投影开始，对照其他两面投影仔细研读。

3）熟悉组合体的组合规律，能根据基本形体想象出局部组合体，再逐步组合成最后的整体。

4）熟悉形体组合后其投影图上线条的变化。形体组合后有些面变成了一个面，这时，轮廓线以内的线条不再存在，形体内部的棱线或交线，可见的要画出，不可见的要用虚线画出，有时也可省略不画，以使图面更加清晰。

2. 叠加式组合体的投影

图 1-42 所示是一个台阶型的独立基础，从正面投影和侧面投影上可以清楚地看到台阶的形状，而平面图上只能看到三个矩形框，分别表示了三级台阶的平面范围。

三级台阶可以分别看作三个长方体，中心对齐，依次叠加在一起。由于三级台阶的大小不同，叠加时中心对齐，在外围没有形成公共面，所以依次作出三个长方体的投影，便是台阶的投影。

图 1-43 所示是一个现浇钢筋混凝土楼板的节点。为了便于研究，图中只截取一小部分，略去内部的钢筋，只画出其外形。

图 1-42 台阶型独立基础的投影

由图 1-43a 可以清楚地看出，该节点由四个部分叠加而成：楼板、柱、主梁、次梁，这四个部分可以全部看成长方体。为了更清晰地表示该节点，图中采用的是仰视轴测投影。

对照轴测投影，很容易看懂三面正投影。正面投影比较清晰地反映了该节点的特征，而

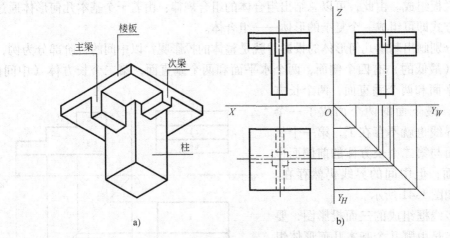

图 1-43　梁、板、柱节点的投影
a）轴测投影　b）正投影

水平投影不易看出，又有许多虚线，所以先看正面投影。

> 这是一个很复杂的多重立体相贯的组合体，内部交线交错，看图时要耐心。

　　正面投影上最上面的矩形线框与相应的水平投影和侧面投影（也都是矩形线框）决定了这是一个长方体，它就是楼板；楼板下面的部分，中间到底的是柱子，柱子也是一个长方体，三面投影全是矩形（水平投影为正方形虚线框，它是柱子底面的投影，柱子顶面与楼板的交线是不全的正方形）；柱子中间、楼板底下是纵横垂直相交的梁，一根主梁，一根次梁，两根梁都是贯通的，形成了非常复杂的表面交线，称为相贯线（立体相交时其表面的交线），但习惯上仍把它们叫做棱线（立体中表面的交线）。

　　在正面投影上，梁与板相交组合，梁顶面的棱线和相同位置的楼板下面的棱线成为该组合的内部，棱线消失，只能看到一个"T"形线框，再往后看，次梁和柱子也与楼板组合，除了表面的交线能看到，内部棱线全部消失。主梁与柱子和次梁与主梁、柱子的组合也一样。

　　3. 挖切式组合体的投影

　　在较大的形体中挖掉较小的形体，可形成挖切式组合体。被挖去部分的轮廓线通常为虚线。在看挖切式组合体的投影图时，先看较大的形体的投影图，对照三面投影，识别出形体，再分析图中的虚线部分，从三面投影中找出特征较为明显的那个投影，再仔细对照其余两面投影，识别出被挖去的形体。

　　如图 1-44 所示，先看最大的线框，对照三面投影，可以确认它是一个长方体，再来看被挖去的部分，从正面投影上的虚

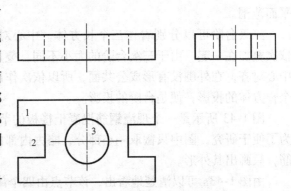

图 1-44　挖切式组合体的投影
1—底座　2—被挖切的长方体　3—圆柱孔

线部分对照水平投影，可以看到一个圆和两个矩形，所以，该图表示的是一个长方形底板，中间挖去一个圆孔，两端各挖去一个矩形孔。

4. 综合式组合体

许多形体不是简单的叠加式或挖切式组合，而是较为复杂的组合，可能同时存在两种组合。

图1-45所示是一个杯口基础，柱子可以直接插入杯口，用细石混凝土浇筑后形成整体。从正面投影上可以比较清楚地看到该基础的轮廓：最下面是一个矩形框，对照三面投影，可以确认它是一个长方体；往上看还是一个长方体；再往上看，正面投影和侧面投影均为梯形，水平投影是矩形，表明这是四棱台；最上面仍是一个长方体，这四个部分的组合可以看成叠加式。最后看虚线的部分，对照三面投影，可以看出，基础中央被挖去一个倒四棱台（注意其高度不到底）。

图1-46所示是一个综合式组合体的投影。从侧面投影上可以看出，这是一个L形的柱体，由两个部分组成，底板和后面的立板。立板的下面是一个长方体，上面是一个半圆柱板，在半圆的圆心处，立板被挖去一个贯通的圆柱，形成一个圆柱孔。底板也是一个长方体，中间挖去一个贯通的圆柱，两端刨成圆角。

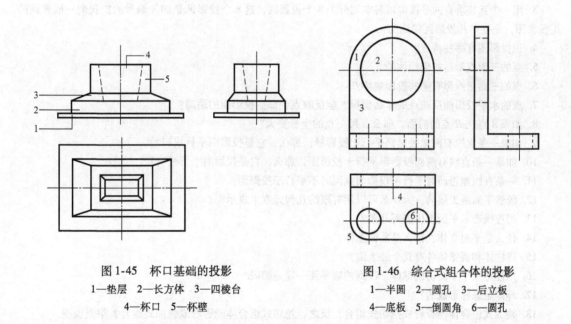

图1-45 杯口基础的投影
1—垫层 2—长方体 3—四棱台
4—杯口 5—杯壁

图1-46 综合式组合体的投影
1—半圆 2—圆孔 3—后立板
4—底板 5—倒圆角 6—圆孔

看图时要注意，刨圆角实际上是圆弧与直线连接，没有交线，而独立的圆柱孔或部分圆柱孔，其底面和顶面的圆及侧面的转向轮廓线，在投影图上均存在，可见的画成实线，不可见的画成虚线。

需要说明的是，形体组合时叠加或挖切并不是绝对的，分析时，怎样简单，就怎样看。如图1-47所示，底板和立板可分别看成一个L形的柱体，也可以看成一个大长方体挖去一个小长方体，还可以看成两个长方体叠加在一起。

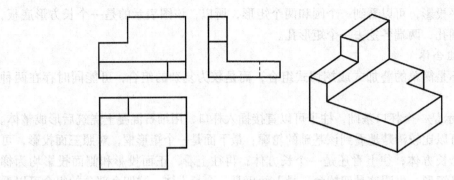

图 1-47　综合式组合体的分析

◇◇◇复习思考题

1. 工程图采用的正投影属于中心投影还是平行投影？

2. 正投影图与轴测投影图、透视投影图等立体图相比，有什么优点和缺点？

3. 用三个互相垂直的平面可以将空间分为 8 个投影区，这 8 个投影区是如何编号的？我们一般看到的正投影图，是在第几投影区得到的？

4. 正投影图有那些特点？

5. 点的三面投影是如何标注的？

6. 点的三面正投影有哪些投影规律？

7. 点的水平投影能反映点的什么坐标？能反映点到那些投影面的距离？

8. 如果 A 点在 B 点的前面，那么，那一点的坐标更大？

9. 如果一条直线有两面投影都平行于投影轴，那么，它是投影面平行线吗？

10. 如果一条直线有两面投影都平行于投影面，那么，它是投影面平行线吗？

11. 一条直线能否同时平行于投影面或同时不平行于投影面？

12. 既然平面是无限的，为什么可以用有限的几何元素来表示呢？

13. 用迹线表示平面至少需要几条？

14. 什么是平面立体？什么是曲面立体？

15. 圆柱体和圆锥体各有几个外表面？

16. 用任意一个平面切割球体，得到的截平面一定是圆吗？

17. 环体是怎样形成的？

18. 叠加式组合体能否看成挖切式组合？反之，挖切式组合体能否看成叠加式组合？举例说明。

第二章

建筑形体图形表达方式

> 📖 **培训学习目标** 了解建筑形体的表达方式，熟悉剖面图、断面图的形成、画法，了解建筑施工图的组成、分类方法、排列顺序、识读要点。

◆◆◆ 第一节 形体视图与建筑视图

一、形体视图

对一般的形体，用三面投影图就能充分表示清楚，但房屋建筑等大型复杂的工程形体，仅用三面投影图是无法表示清楚的。在工程制图中，通常把表达建筑形体或组合体的投影称为视图，即把建筑形体或组合体的三面投影图称为三面视图（简称三视图）。为了将复杂形体的外部形状和内部结构完整、清晰地表达出来，并便于绘图和读图，除了用三面投影图外，还需增加一些投影图，如剖面图、断面图等，画图时可根据具体情况适当选用。

表达形体的形体视图可分为基本视图和辅助视图两大类。

1. 基本视图

在原有三个投影面 V、H、W 的对面再增设三个与之平行的投影面 V_1、H_1、W_1，形成一个像正六面体的六个投影面，如图 2-1 所示，这六个投影面称为基本投影面。

如前所述，我国按正投影法采用第一角投影，投影时将形体放置在基本投影面之中，按观察者→形体→投影面的关系，从形体的前、后、左、右、上、下六个方向，向六个投影面进行投影，如图 2-2 所示，可得到如下视图：

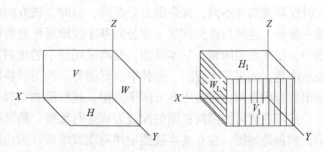

图 2-1 基本投影面的形成

正立面图——从前向后（即 A 向）投影所得的视图。

平面图——从上向下（即 B 向）投影所得的视图。

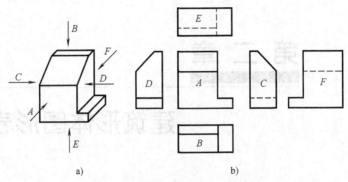

图 2-2　基本视图的形成及配置

a) 基本视图的投射方向　b) 基本视图的配置

左侧立面图——从左向右（即 C 向）投影所得的视图。

右侧立面图——从右向左（即 D 向）投影所得的视图。

底面图——从下向上（即 E 向）投影所得的视图。

背立面图——从后向前（即 F 向）投影所得的视图。

以上六个视图称为基本视图。六个投影面展开以后，所得的六个视图宜按图 2-2 所示的顺序进行配置，一般每个视图均应标注图名。画图时可根据具体情况，选用其中的几个或选择全部基本视图。

2. 辅助视图

（1）向视图　向视图是可以自由配置的视图，有两种表示形式，应根据专业的需要合理选用。

1）在视图的下面直接标注图名，这种形式主要用于建筑类技术制图。由于建筑图往往较大，通常情况下一张图上只能画得下一个视图，因而建筑图的配置一般比较自由，除非工程较小，全部视图在一张图上能画得下。

2）在向视图的上方标注"X"（"X"为大写拉丁字母），在相应视图的附近用箭头指明投射方向，并标注相同的字母。这种形式主要用于机械制图。

（2）局部视图　有了基本视图，形体一般可以表达清楚了，但各不同方向上的视图中有时仅局部略有不同，其余则完全相同，这时，该方向的视图可不必画全，只需画出不同的那一部分。这种只将形体某一部分向基本投影面投射所得的视图称为局部视图。在建筑工程图中，受图纸的限制，基本视图一般均采用较小的比例，而某些局部必须用较大的比例才能表示清楚，如房间布置图、各种节点详图等。当工程特别大时，建筑平面图可分区表示，先画出组合示意图，再画出各分区平面图，这种形式也属于局部视图。

局部视图可按照向视图的配置方式进行配置。局部视图的边界线应以波浪线或折断线表示，如果是详图，应在基本视图中用圆圈或波浪线画出详图的边界。

（3）镜像视图　建筑的某些部位（如天棚、梁柱节点等）采用直接投影法绘制时，虚线太多，很难表达清楚，这时可采用镜像投影法绘制。

如图 2-3a 所示，把一镜面放在形体的下面，代替水平投影面，在镜面中得到形体的垂直映像，这样的投影即为镜像投影，由镜像投影所得到的视图称为"平面图（镜像）"。镜像投影所得的视图应在图名后注写"镜像"二字，如图 2-3b 所示；或按图 2-3c 所示的方式画出镜像投影识别符号。在建筑装饰施工图中，常用镜像视图来表示室内顶棚的装修、灯具或古建筑中殿堂室内房顶上藻井（图案花纹）等构造。

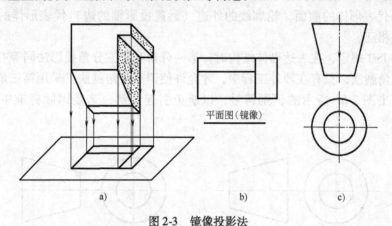

图 2-3　镜像投影法

a）镜像投影的形成　b）平面图（镜像）　c）镜像识别符号

3. 第三角画法

如图 1-9 所示，互相垂直的 V、H、W 三个投影面向空间延伸后，将空间划分成八个部分，每一部分称为一个"分角"，共计八个分角。在 V 面之前 H 面之上 W 面之左的空间为第一分角；在 V 面之后 H 面之上 W 面之左的空间为第二分角；在 V 面之后 H 面之下 W 面之左的空间为第三分角；其余以此类推。

通常把形体放在第一分角进行正投影，所得的投影图称为第一角投影。国家制图标准规定，我国的工程图样均采用第一角画法。但欧美一些国家以及日本等则采用第三角画法，即将形体放置在第三分角进行正投影。随着我国加入 WTO，国际间技术合作与交流将不断增加，应当对第三角画法有所了解。

如图 2-4a 所示，将形体放在第三分角内进行投影，这时投影面处于观察者和形体之间，假定投影面是透明的，投影过程为观察者→投影面→形体，就好像隔着玻璃看东西一样。展开第三角投影图时，V 面不动，H 面向上旋转 90°，W 面向前旋转 90°，视图的配置如图 2-4b 所示。

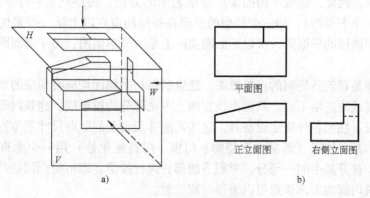

图 2-4　第三角投影

a）轴测图　b）正投影图

第一角和第三角投影都采用正投影法，所以它们有共性，即投影的"三等"对应关系对两者都完全适用。第三角画法在读图时，注意平面图与右侧立面图轮廓线的内边（靠近投影轴的边）代表形体的前面，轮廓线的外边（远离投影轴的边）代表形体的后面，与第一角投影正好相反。

国际标准 ISO 规定，在表达形体结构时，第一分角和第三分角投影法同等有效。我国一般不采用第三角画法，只有在涉外工程中，才允许使用第三角画法。采用第三角画法时，必须在图样上画出图 2-5b 所示的识别符号，以避免引起误解，这是国际标准中规定的统一符号。

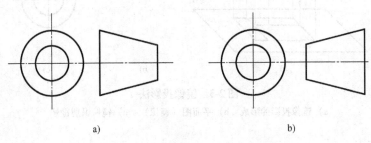

a)   b)

图 2-5   第一角和第三角的识别符号

a) 第一角画法   b) 第三角画法

二、建筑视图

由于房屋建筑构造复杂，体积庞大，仅用上述的形体视图很难表达清楚。建筑视图借鉴了形体视图的基本原理和基本方法，但在视图形式、视图配置、尺寸标注等方面与形体视图存在很大差异。

1. 视图形式

在第一章里我们已经谈到建筑图的种类，除了用轴测图和透视图作为辅助图来表示建筑及装饰设计的效果图外，建筑工程中用到的施工图均采用正投影图，即视图。建筑视图同样可以分为基本视图和辅助视图两种，所不同的是，建筑视图中的基本视图是指对房屋建筑直接投影的平面图、立面图、剖面图。由于房屋通常不止一层，直接投影会出现太多的虚线，影响图样的阅读，因此，建筑平面图采用分层表示的方法，每层均有一个平面图（完全相同的楼层只有一个平面图），用一个假想的平面在每层的窗户以上某一位置切割建筑，然后向下投影即得到该层的平面图，所以平面图实际上是水平剖面图，关于剖面图在下一节再详细介绍。

建筑立面图是建筑各侧面的正投影图，建筑的每一个侧面均应有相应的立面图，立面图所有不可见的虚线均省略不画，只画出该立面上可见部分的投影线。建筑内部极为复杂，比如楼梯、梁、板、柱及各种固定设备等，这些构配件及设备的竖向尺寸及位置用剖面图来反映，即在建筑的某一位置（通常选取楼梯、门窗、层高变化处）用一个垂直的平面将建筑剖切成两部分，移开其中的一部分，对剩下的部分进行投影，即可得到该处的剖面图。由于没有遮挡，建筑内部的细部构造可以看得一清二楚。

基本视图还包括总平面图，用来表示建筑的定位、周边环境及对外联系。

基本视图从总体上描述了建筑的基本形状、基本轮廓、基本构造以及各主要部分、主要构配件的总体布局和空间位置，但由于建筑庞大的体量，基本视图的比例受到限制（通常为 $1:100\sim1:200$，总平面为 $1:500\sim1:1000$），那些较小的构配件和构造复杂的部分，如楼梯的细部构造、梁板节点、构件里面的钢筋等，须用更大比例的视图才能表示清楚，根据需要不同，可以采用 $1:50$、$1:20$、$1:10$ 甚至是 $1:1$ 的比例，这些大比例视图称为详图。

所以，建筑视图是由基本视图（平立剖）和详图组成的。如果把总平面图看成基本视图，平立剖也可以看成是详图，而详图中的某些部分需要用更大比例的详图来表示，原先的详图也可以看成基本视图。

基本视图和详图除了采用形体基本视图的方法绘制外，均可以采用辅助视图的各种形式，比如表示顶棚的平面图通常采用镜像图，以避免虚线过多；当建筑的两个相邻的立面不垂直时，立面图采用向视图；建筑的各立面图实际上也是向视图（第一种）；建筑的平立剖均可采用局部视图来表示局部不同的部分；详图可能是局部视图，也可能是平面图或断面图。

需要注意的是，建筑中的基本视图不同于形体的基本视图，形体的基本视图是对形体直接进行六个方向上的投影，而建筑中的基本视图包含形体的基本视图、辅助视图，还包括剖面图和断面图，所有这些视图方法均适用于详图。

2. 视图配置

1）当建筑的全部视图在一张图纸上画得下时，原则上应按图 2-2 所示的位置配置，但房屋建筑图没有底面图，而平面图至少有两个，一个是底层平面图，一个是屋顶平面图。另外，建筑至少应画出一个剖面图。所以，视图的配置应按图 2-6 的形式进行。建筑上一般把同一张图纸上的视图配置称为图面布置。

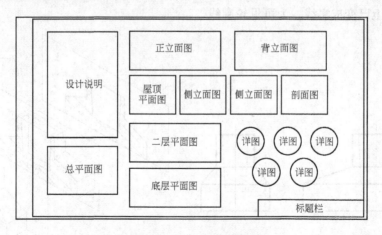

图 2-6 小工程图面布置

2）在一张图纸上布置所有视图的情况实际上很少遇到。一套完整的房屋建筑施工图除了表示建筑外形的建筑图外，还应有表示建筑材料、建筑结构构件详细资料的结构施工图，表示建筑给水排水管道的布置和走向的给水排水施工图，表示建筑电器和照明灯具及其线路布置的电气施工图，表示采暖和通风设施布置的暖通施工图。一套施工图少则十来张，多则几十张、上百张甚至几百张，视图配置不是指在一张图的什么位置布置什么图，而是一套图样应具备哪些图，排列顺序如何。

视图配置的原则是表达清楚、完整，满足施工需要。一般是先建筑，后结构，再则给水排水、暖通空调、电气，各专业图先基本图，后详图。

◇◇◇ 第二节　剖　面　图

在绘制形体的投影图时，可见的轮廓线用实线表示，不可见的轮廓线则用虚线表示。当一个形体的内部结构比较复杂时，如一幢楼房，内部有房间、楼梯、门窗等许多构配件，如果都用虚线表示这些从外部看不见的部分，必然造成形体视图图面上实线和虚线纵横交错，混淆不清，因而给画图、读图和标注尺寸均带来不便，也容易产生差错，无法清楚表达房屋的内部构造。对这一问题，常选用剖面图来加以解决。

一、剖面图的形成与标注

1. 剖面图的形成

假想用一个剖切平面在形体的适当部位剖切开，移走观察者与剖切平面之间的部分，将剩余部分投射到与剖切平面平行的投影面上，所得的投影图称为剖面图。

图2-7所示为一钢筋混凝土杯形基础的投影图，由于这个基础有安装柱子用的杯口，因而它的正立面图和侧立面图中都有虚线，使图不清晰。假想用一个通过基础前后对称面的正平面P将基础切开，移走剖切平面P和观察者之间的部分，如图2-8a所示，将留下的后半个基础向V面作投影，所得投影即为基础剖面图，如图2-8c所示。显然，原来不可见的虚线，在剖面图上已变成实线，为可见轮廓线。

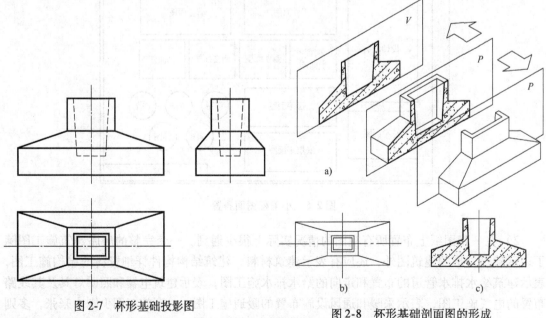

图2-7　杯形基础投影图

图2-8　杯形基础剖面图的形成
a）剖切位置与投影方向　b）平面图　c）剖面图

剖切平面与形体交线所围成的平面图形称为断面。从图2-8c可以看出，剖面图是由两部分组成的，一部分是断面图形（图中阴影部分），另一部分是沿投射方向未被切到但能看到部分的投影（图中的杯口部分）。

形体被剖切后，剖切平面切到的实体部分，其材料被"暴露出来"。为了更好地区分实体与空心部分，制图标准规定，应在剖面图上的断面部分画出相应建筑材料的图例。

2. 剖切符号

剖视的剖切符号应由剖切位置线及剖视方向线组成，均应以粗实线绘制。剖视的剖切符号应符合下列规定：

剖切位置线的长度宜为6～10mm；剖视方向线应垂直于剖切位置线，长度应短于剖切位置线，宜为4～6mm（图2-9a），也可采用国际统一和常用的剖视方法，如图2-9b所示。绘制时，剖视剖切符号不应与其他图线相接触。

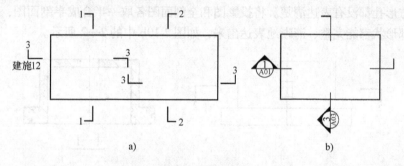

图2-9　剖切符号

剖视剖切符号的编号宜采用粗阿拉伯数字，按剖切顺序由左至右、由下向上连续编排，并应注写在剖视方向线的端部；需要转折的剖切位置线，应在转角的外侧加注与该符号相同的编号。

建（构）筑物剖面图的剖切符号应注在±0.000标高的平面图或首层平面图上。

局部剖面图（不含首层）的剖切符号应注在包含剖切部位的最下面一层的平面图上。

3. 剖面图的画法

1）确定剖切平面的位置。

2）画剖面剖切符号并进行标注。

3）画断面和剖开后剩余部分的轮廓线。

4）填绘建筑材料图例。

5）标注剖面图名称。

4. 注意事项

1）剖切是假想的，形体并没有真地被切开和移去了一部分。因此，除了剖面图外，其他视图仍应按原先未剖切时完整地画出。

2）在绘制剖面图时，被剖切面切到部分（即断面）的轮廓线用粗实线绘制，剖切面没有切到、但沿投射方向可以看到的部分（即剩余部分），用中实线绘制。

3）剖面图中不画虚线。没有表达清楚的部分，必要时也可画出虚线。

二、剖面图的种类

根据不同的剖切方式，剖面图有全剖面图、半剖面图、局部剖面图、阶梯剖面图、旋转剖面图和展开剖面图。

1. 全剖面图

假想用一个剖切平面将形体全部"切开"后所得到的剖面图称为全剖面图，如图 2-10b 中的 1-1 所示。全剖面图一般用于不对称或者虽然对称但外形简单、内部比较复杂的形体。

2. 半剖面图

当形体具有对称平面时，在垂直于对称平面的投影面上的投影，以对称线为分界，一半画剖面，另一半画视图，这种组合的图形称为半剖面图。

图 2-10a 所示的形体，若用投影图表示，其内部结构不清楚；若用全剖面图表示，则上部和前方的长方形孔都没有表达清楚。将投影图和全剖面图各取一半合成半剖面图，则形体的内部结构和外部形状都能完整、清晰地表达出来，如图 2-10b 中的 2—2 所示。

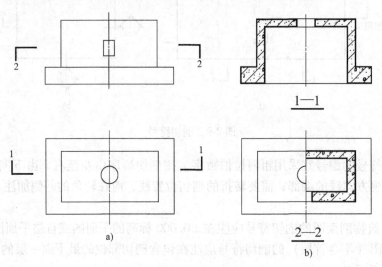

图 2-10 全剖面图和半剖面图

a）正投影面　b）剖面图

半剖面图适用于表达内外结构形状对称的形体。在绘制半剖面图时应注意以下几点：

1）半剖面图中视图与剖面应以对称线（细单点长画线）为分界线，也可以用对称符号作为分界线，而不能画成实线。

2）由于剖切前视图是对称的，剖切后在半个剖面图中已清楚地表达了内部结构形状，所以在另外半个视图中虚线一般不再出现。

3）习惯上，当对称线竖直时，将半个剖面图画在对称线的右边；当对称线水平时，将半个剖面图画在对称线的下边。

4）半剖面的标注与全剖面的标注相同。

3. 阶梯剖面图

如果一个剖切平面不能将形体内部需要表达的部分同时剖切到时，可用两个或两个以上相互平行的剖切平面剖切物体，所得到的剖面图称为阶梯剖面图。

如图 2-11 所示，该形体上有两个前后位置不同、形状各异的孔洞，两孔的轴线不在同一正平面内，因而难以用一个剖切平面（即全剖面图）同时通过两个孔洞轴线。为此应采用两个互相平行的平面 P_1 和 P_2 作为剖切平面，P_1、P_2 分别过圆柱形孔和方形孔的轴线，并将物体完全剖开，其剩余部分的正面投影就是阶梯剖面图。

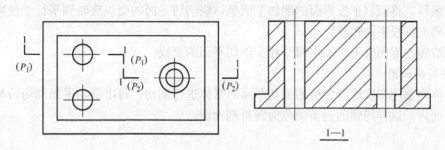

图 2-11　阶梯剖面图

4. 局部剖面图

将形体的局部剖开，揭去表层，暴露下层的构造，这样就得到了形体的局部剖面图。图 2-12所示为一钢筋混凝土杯形基础，为了表示其内部钢筋的配置情况，平面图采用了局部剖面，在基础的某个角画出一定范围的内部结构，清楚的表示出混凝土内部的钢筋的分布情况。

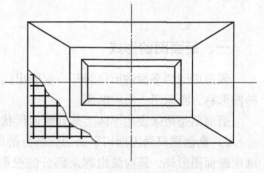

图 2-12　基础局部剖面图

局部剖面图只是形体整个投影图中的一部分，其剖切范围用波浪线表示，是外形视图和剖面的分界线。波浪线不能与轮廓线重合，也不应超出视图的轮廓线，波浪线在视图孔洞处要断开。

局部剖面图一般不再进行标注，它适合于用来表达形体的局部内部结构。

在建筑工程和装饰工程中，为了表示楼面、屋面、墙面及地面等的构造和所用材料，常用分层剖切的方法画出各构造层次的剖面图，称为分层局部剖面图。

如图 2-13 所示，用分层局部剖面图表示了地面的构造与各层所用材料及做法。

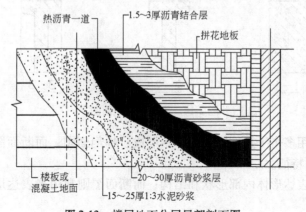

图 2-13　楼层地面分层局部剖面图

33

5. 旋转剖面图

用两个相交的剖切平面（交线垂直于基本投影面）剖开物体，把两个平面剖切得到的图形，旋转到与投影面平行的位置，然后再进行投影，这样得到的剖面图称为旋转剖面图。

在绘制旋转剖面图时，常选其中一个剖切平面平行于投影面，另一个剖切平面必定与这个投影面倾斜，将倾斜于投影面的剖切平面整体绕剖切平面的交线旋转到平行于投影面的位置，然后再向该投影面作投影。

绘制旋转剖面图时不应画出两个相交剖切平面的交线。

6. 转折剖面图

在形体内部用多次连续转折的剖切平面对形体进行剖切，每个剖切平面剖切后都旋转到同一个平面内，这样得到的剖面图称为转折剖面图。

◈◈◈ 第三节 断 面 图

一、断面图的形成

假想用剖切平面将形体切开，仅画出剖切平面与形体接触部分即截断面的形状，所得到的图形称为断面图，简称断面。

断面图是用来表达形体上某处断面形状的，它与剖面图的区别在于：

1）断面图只画出剖切平面切到部分的图形（图 2-14 中的 1—1、2—2）；而剖面图除应画出断面图形外，还应画出剩余部分的投影（图 2-14 中的 3—3。剖面图是"体"的投影，断面图只是"面"的投影。

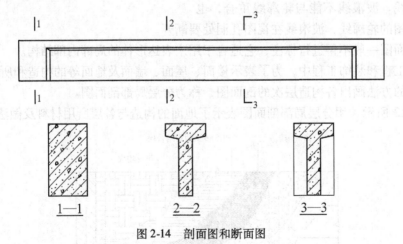

图 2-14 剖面图和断面图

2）剖面图可采用多个平行剖切平面，绘制成阶梯剖面图；而断面图则不能，它只反映单一剖切平面的断面特征。

3）剖面图用来表达形体内部形状和结构；而断面图则常用来表达形体中某断面的形状和结构。

二、断面图的标注

（1）剖切符号　断面图的剖切符号，仅用剖切位置线表示。剖切位置线绘制成两段粗实线，长度宜为6~10mm。

（2）剖切符号的编号　断面的剖切符号要进行编号，用阿拉伯数字或拉丁字母按顺序编排，注写在剖切位置线的同一侧，数字所在的一侧就是投影方向。

（3）剖面图或断面图，如与被剖切图样不在同一张图内，应在剖切位置线的另一侧注明其所在图纸的编号，也可以在图上集中说明。

三、断面图的种类

根据断面图在视图上的位置不同，将断面图分为移出断面图、重合断面图和中断断面图。

1. 移出断面图

绘制在视图轮廓线外面的断面图称为移出断面图。图2-14所示为钢筋混凝土T型梁的正立面图和移出断面图。图2-15所示为槽钢和工字钢的移出断面。

移出断面图的轮廓线用粗实线绘制，断面上要绘出材料图例，材料不明时可用45°斜线绘出。移出断面图一般应标注剖切位置、投影方向和断面名称。

移出断面可画在剖切平面的延长线上或其他任何适当位置。当断面图形对称，则只需用细单点长画线表示剖切位置，不需进行其他标注。如断面图画在剖切平面的延长线上时，可不标注断面名称，如图2-15a所示。

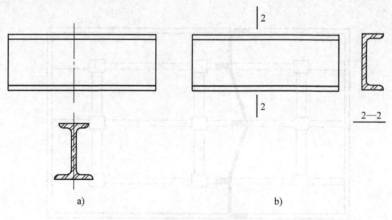

图2-15　移出断面图

a）工字钢断面　b）槽钢断面

2. 中断断面图

绘制在视图轮廓线中断处的断面图称为中断断面图。这种断面图适合于表达等截面的长向构件。图2-16所示为工字钢的中断断面图。

图2-16　中断断面图

3. 重合断面图

绘制在视图轮廓线内的断面图称为重合断面图。图2-17a所示为工字钢的重合断面图；图2-17b所示为屋顶平面上的重合断面图，它是假想用一个铅垂向下的剖切平面切开屋顶，然后把断面向后旋转90°，使它与屋顶平面图重合后画出来的；图2-17c 所示为墙面装饰线角的重合断面图。

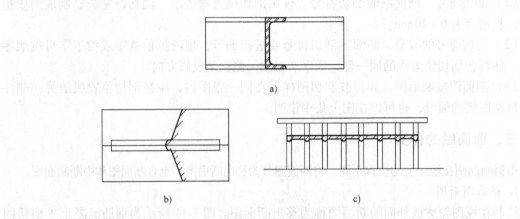

图2-17 重合断面图

a）工字钢的重合断面 b）屋顶平面上的重合断面 c）墙面装饰线角的重合断面

由于剖切平面剖切到哪里，重合断面就画在哪里，因而重合断面不需标注剖切符号和编号。中断断面的轮廓线及图例等与移出断面的画法相同，因此中断断面图可视为移出断面图，只是位置不同。另外，中断断面图不需要标注剖切符号和编号。

结构梁板断面图可将断面涂黑画在结构布置图上，如图2-18 所示。

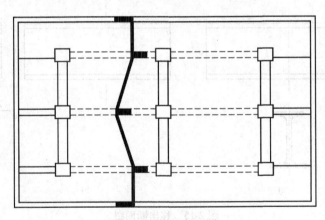

图2-18 梁板断面图

◇◇◇ 第四节 建筑施工图的形成与分类

一、建筑施工图的形成

建筑工程属于基本建设，必须严格按照"勘察→设计→施工→验收"的基本建设程序进行。施工前必须做好详细的规划和设计，而勘察则是为设计提供准确的工程地质和水文地质资料。所有设计成果以图样的形式提交。

设计质量的好坏，对建设工程的最终质量至关重要。设计人员首先要认真学习有关基本建设的方针政策，了解工程任务的具体要求，进行调查研究，收集设计资料。一般房屋的设计过程包括两个阶段，即初步设计阶段和施工图设计阶段，对于大型的、比较复杂的工程，采用三个设计阶段，即在初步设计阶段之后增加一个技术设计阶段，来解决各工种之间的协调等技术问题。对特别重大的过程项目，应在方案设计之前增加一个可行性研究设计。

初步设计阶段的任务是经过多方案的比较，确定设计的初步方案，画出简略的房屋设计图（也称初步设计图），用以表明房屋的平面布置、立面处理、结构形式等内容；施工图设计阶段是修改和完善初步设计，在已审定的初步设计方案的基础上，进一步解决实用和技术问题，统一各工种之间的矛盾，在满足施工要求及协调各专业之间关系后最终完成设计。

初步设计图和施工图在图示原理和方法上是一致的，仅在表达内容的深度上有所区别。初步设计图是设计过程中用来研究、审批的图样，因此比较简略；施工图是直接用来指导施工的图样，要求表达完整、尺寸齐全、统一无误。

二、建筑施工图的分类及编排顺序

房屋建筑施工图是指导施工的一套图样。它使用正投影的方法把所设计房屋的大小、外部形状、内部布置和室内外装修及各部结构、构造、设备等的做法按照建筑制图国家标准的规定，用建筑专业的习惯画法详尽、准确地表达出来，并注写尺寸和文字说明。

一套完整的工程图纸，分为不同的专业，各专业又有各种基本图和详图。

工程图纸应按专业顺序编排，应为图纸目录、总图、建筑图、结构图、给水排水图、暖通空调图、电气图等。

各专业的图纸，应按图纸内容的主次关系、逻辑关系进行分类排序。

工程图纸根据不同的子项（区段）、专业、阶段等进行编排，按照设计总说明、平面图、立面图、剖面图、大样图（大比例视图）、详图、清单、简图的顺序编号。

工程图纸编号应使用汉字、数字和连字符"－"的组合。

在同一工程中，应使用统一的工程图纸编号格式，工程图纸编号应自始至终保持不变。

以下是施工图阶段图纸的具体排列顺序：

1. 图纸目录

图纸目录一般采用 A4 幅面。

2. 总图

3. 建筑施工图

1）建筑设计总说明、总平面图。

2）底层平面图。

3）二层平面图……标准层平面图、顶层平面图。

4）主立面图、背立面图、侧立面图。

5）1—1 剖面图、2—2 剖面图……

6）构造详图、节点详图。

4. 结构施工图

1）结构设计总说明。

2）基础平面图、基础详图。

3）二层结构平面图。

4）三层结构平面图……顶层结构平面图。

5）楼梯结构图，包括平面图和详图。

6）其他结构构件详图。

5. 给水排水施工图

1）给水排水设计总说明、总平面图。

2）室外给水排水平面图。

3）底层给水排水平面图……

4）二层给水排水平面图……顶层给水排水平面图。

5）系统图。

6）节点详图。

6. 暖通空调施工图

1）暖气通风设计总说明。

2）室外供暖平面图。

3）管沟剖面图。

4）底层室内采暖平面图。

5）二层室内采暖平面图……顶层室内采暖平面图。

6）采暖系统图。

7）节点详图。

8）通风系统平面图。

9）通风系统剖面图。

10）通风系统轴测图。

7. 电气施工图

1）电气设计总说明。

2）底层电气平面图。

3）二层电气平面图……顶层电气平面图。

4）电气系统图。

5）安装详图。

6）电气元件材料表。

◇◇◇◇ 第五节　建筑施工图识读要点

一、建筑施工图的识读方法

1）施工图是根据正投影原理绘制的，用图样表明房屋建筑的设计及构造做法，所以要看懂施工图，应掌握正投影原理和熟悉房屋建筑的基本构造。

2）施工图采用了一些图例符号以及必要的文字说明，共同把设计内容表现在图样上，因此要看懂施工图，必须记住常用的图例符号。

3）看图时要注意从粗到细，从大到小。先粗看一遍，了解工程的概貌，然后再仔细看。细看时应先看总说明和基本图样，然后再深入看构件图和详图。

4）一套施工图是由各工种的许多张图样组成的，各图样之间是互相配合、紧密联系的。图样的绘制大体是按照施工过程中不同的工种、工序分成一定的层次和部位进行的，因此要有联系地、综合地看图。

5）结合实际看图。根据实践、认识、再实践、再认识的规律，看图时联系生产实践，就能比较快地掌握图样的内容。

二、建筑施工图的识读顺序

阅读图样应按下列顺序进行：

（1）读首页图　包括图样目录、设计总说明、门窗表以及经济技术指标等。

（2）读总平面图　包括地形地势特点、周围环境、坐标、道路等情况。

（3）读建筑施工图　从标题栏开始，依次读平面形状及尺寸和内部组成，建筑物的内部构造形式、分层情况及各部位连接情况等，了解立面造型、装修、标高等，了解细部构造、大小、材料、尺寸等。

（4）读结构施工图　从结构设计说明开始，包括结构设计的依据、材料标号及要求、施工要求、标准图选用等。读基础平面图，包括基础的平面布置及基础与墙、柱轴线的相对位置关系，以及基础的断面形状、大小、基底标高、基础材料及其他构造做法，还要读懂梁、板等的布置，以及构造配筋及屋面结构布置等，乃至梁、板、柱、基础、楼梯的构造做法。

（5）读设备施工图　包括管道平面布置图、管道系统图、设备安装图、工艺设备图等。读图时注意工种之间的联系，前后照应。

三、标准图的识读

在施工中有些构配件和构造做法，经常直接采用标准图集，因此识读施工图前要查阅本工程所采用的标准图集。

1. 标准图集的分类

1）经国家批准的标准图集，供全国范围内使用。

2）经各省、市、自治区等地方批准的通用标准图集，供本地区使用。

3）各设计单位编制的标准图集，供本单位设计的工程使用。

4）全国通用的标准图集，通常采用"J×××"或"建×××"代号表示建筑标准配件类的图集，用"G×××"或"结×××"代号表示结构标准构件类的图集。

2. 标准图的查阅方法

1）根据施工图中注明的标准图集名称和编号及编制单位，查找相应的图集。

2）识读标准图集时，应先阅读总说明，了解编制该标准图集的设计依据和使用范围、施工要求及注意事项等。

3）根据施工图中的详图索引编号查阅详图，核对有关尺寸及套用部位等要求，以防差错。

◇◇◇ 复习思考题

1. 剖面图和断面图有什么区别？
2. 剖切符号中剖切编号所在一侧是投影方向还是观察者所在一侧？
3. 断面图有哪几种？
4. 什么是基本建设程序？
5. 建筑设计通常分哪几个阶段进行？
6. 简述建筑施工图的排列顺序和图纸编号的方法。
7. 标准图集有哪几种类型？

第三章

建筑制图标准与规定

> **培训学习目标** 了解建筑制图标准体系，熟悉《房屋建筑制图统一标准》中的相关图例、符号等各种规定，以便正确阅读建筑工程施工图。

现行制图标准为 10 系列标准。即从 2010 年起，中华人民共和国住房和城乡建设部陆续颁布了最新国家制图标准，这些标准有：《房屋建筑制图统一标准》GB/T 50001—2010、《总图制图标准》GB/T 50103—2010、《建筑制图标准》GB/T 50104—2010、《建筑结构制图标准》GB/T 50105—2010、《给水排水制图标准》GB/T 50106—2010、《暖通空调制图标准》GB/T 50114—2010、《建筑电气制图标准》GB/T 50786—2012 等。

GB/T 50001—2010 是标准的代号，其含义如下：

GB——国家标准；T——推荐；50001——编号；2010——批准年份。

《房屋建筑制图统一标准》GB/T 50001—2010 是建筑工程制图的基本标准，是建筑、室内设计、结构、给水排水、暖通空调、电气各专业制图时首先必须遵照执行的，其他各专业制图标准则是根据各个不同专业的实际需要制定的，不同专业在制图时应同时执行基本标准和专业标准。本章主要介绍《房屋建筑制图统一标准》的主要内容。

《房屋建筑制图统一标准》共分 14 章和 2 个附录，主要包括：总则、术语、图纸幅面规格与图纸编排顺序、图线、字体、比例、符号、定位轴线、常用建筑材料图例、图样画法、尺寸标注、计算机制图文件、计算机制图文件图层、计算机制图规则。

◆◆◆ 第一节 图纸幅面规格

1. 图纸幅面

图纸幅面即图纸的大小，有五种规格。图上所有内容均需绘制在图框内。图纸幅面及图框尺寸应符合表 3-1 的规定。图纸的格式有横式（以图纸短边作为垂直边）和立式（以图纸长边作为垂直边）两种，横式的用于 A0 ~ A3，如图 3-1、图 3-2 所示，其区别在于标题栏的位置，一个在图纸底部，一个在右边。立式的用于 A0 ~ A4，如图 3-3 所示。

表 3-1 幅面及图框尺寸

尺寸代号＼幅面代号	A0	A1	A2	A3	A4
$\dfrac{b}{mm} \times \dfrac{l}{mm}$	841×1189	594×841	420×594	297×420	210×297
c/mm	10			5	
a/mm	25				

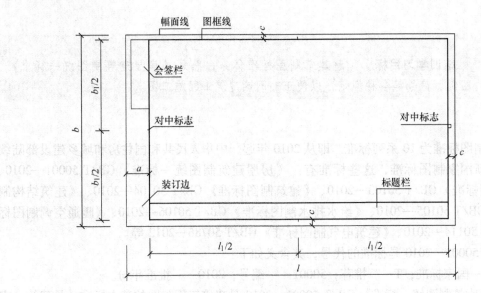

图 3-1 A0～A3 横式图纸样式（一）

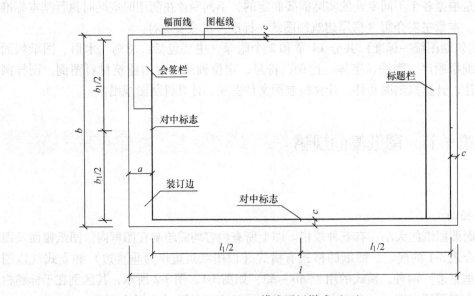

图 3-2 A0～A3 横式图纸样式（二）

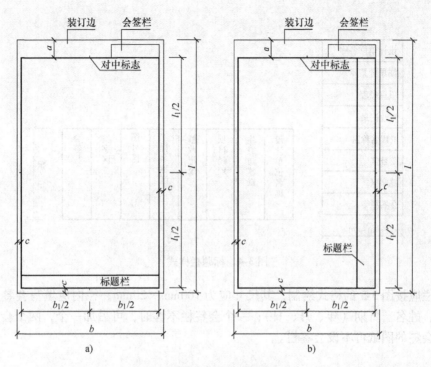

图 3-3 A0～A4 立式图纸样式

当建筑物较长时。为了方便绘图，可对图纸的长边进行加长。加长的基本单位是图纸长度的 1/8 或 1/4，具体尺寸详见表 3-2。图纸的短边不能加长。

表 3-2 图纸长边加长尺寸 （单位：mm）

幅面代号	长边尺寸	长边加长后尺寸						
A0	1189	1486	1635	1783	1932	2080	2230	2378
A1	841	1051	1261	1471	1682	1892	2102	
A2	594	743	891	1041	1189	1338	1486	1635
		1783	1932	2080				
A3	420	630	841	1051	1261	1471	1682	1892

注：有特殊需要的图纸，可采用 841mm×891mm 与 1189mm×1261mm 的幅面。

2. 标题栏与会签栏

标题栏位于图纸的底部或右边，格式如图 3-4 所示，具体的分区及分格尺寸可以根据工程的需要选择，通常各设计院都要自己固定的格式。签字栏应包括实名列和签名列，并应符合下列规定：

1）涉外工程的标题栏内，各项主要内容的中文下方应附有译文，设计单位的上方或左方，应加"中华人民共和国"字样。

2）在计算机制图文件中当使用电子签名与认证时，应符合国家有关电子签名法的规定。

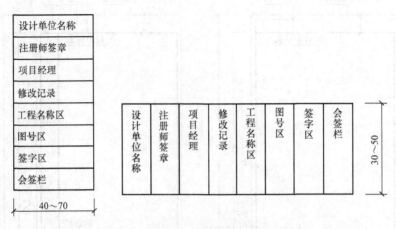

图 3-4　标题栏样式

会签栏应按图 3-5 的格式绘制，其尺寸应为 100mm×20mm，栏内应填写会签人员所代表的专业、姓名、日期（年、月、日）；一个会签栏不够时，可另加一个，两个会签栏应并列；不需会签的图纸可不设会签栏。

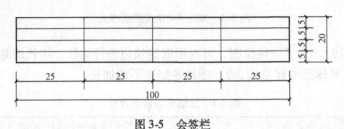

图 3-5　会签栏

◆◆◆ 第二节　图线、字体、比例

一、图线

（1）线宽　图线的宽度称为线宽。每种图线均有四种宽度，即粗线、中粗线、中线和细线，其比例关系为 1∶0.7∶0.5∶0.25。粗线的宽度称为基本线宽，一般为 1.0mm，如果图样简单，比例大，可以用 1.4mm；如果图纸较大，或比例较小，也可选用 0.7 mm 或 0.5mm。基本线宽选定后，相应的线宽应按统一比例选用。

（2）线型　房屋建筑制图中所用的图线有实线、虚线、单点长划线、双点长划线、折断线、波浪线六种线型，其中，实线和虚线的线宽有粗、中粗、中、细四种，单点长划线和双点长划线没有中粗，只有粗、中、细，而折断线和波浪线全为细线。各种线型的画法和具体应用范围参见表 3-3。

表 3-3　图线

名　称		线　型	线　宽	一般用途
实线	粗		b	主要可见轮廓线
	中粗		$0.7b$	可见轮廓线
	中		$0.5b$	可见轮廓线、尺寸线、变更云线
	细		$0.25b$	图例填充线、家具线
虚线	粗		b	见各专业制图标准
	中粗		$0.7b$	不可见轮廓线、图例线
	中		$0.5b$	不可见轮廓线
	细		$0.25b$	图例填充线、家具线
单点长画线	粗		b	见各专业制图标准
	中		$0.5b$	见各专业制图标准
	细		$0.25b$	中心线、对称线、轴线
双点长画线	粗		b	见各专业制图标准
	中		$0.5b$	见各专业制图标准
	细		$0.25b$	假想轮廓线成型前原始轮廓线
折断线	细		$0.25b$	断开界线
波浪线	细		$0.25b$	断开界线

（3）图线绘制要求

1）相互平行的图例线，其净间隙或线中间隙不宜小于 0.2mm。

2）虚线、单点长画线或双点长画线的线段长度和间隔宜各自相等。

3）单点长画线或双点长画线，当在较小图形中绘制有困难时，可用实线代替。

4）单点长画线或双点长画线的两端，不应是点。点画线与点画线交接点或点画线与其他图线交接时，应是线段交接。

5）虚线与虚线交接或虚线与其他图线交接时，应是线段交接。虚线为实线的延长线时，不得与实线相接。

6）图线不得与文字、数字或符号重叠、混淆，不可避免时，应首先保证文字的清晰。

7）单点长画线或双点长画线，当在较小图形中绘制有困难时，可用实线代替。

二、字体

1）图纸上所需书写的文字、数字或符号等，均应笔画清晰、字体端正、排列整齐；标点符号应清楚正确。

2）文字的字高，应从表 3-4 中选用。字高大于 10mm 的文字宜采用 TRUETYPE 字体，如需书写更大的字，其高度应按$\sqrt{2}$的倍数递增。

表3-4　长仿宋体字高宽关系 （单位：mm）

字 体 种 类	中文矢量字体	TRUETYPE 字体及非中文矢量字体
字高	3.5、5、7、10、14	3、4、6、8、10、14、20

3）图样及说明中的汉字，宜采用长仿宋体，大标题、图册封面、地形图等的汉字，也可书写成其他字体，但应易于辨认。

三、比例

图上尺寸与实物尺寸之比称为比例。由于建筑物的尺寸较大，建筑制图中的比例均为缩小的比例，基本图如平面图、立面图、剖面图等一般采用较小比例，如1∶50、1∶100等。建筑详图则采用较大比例如1∶10、1∶20等。

◇◇◇ 第三节　符　　号

建筑制图中的各种符号主要包括剖切符号、索引符号、详图符号、引出线、对称符号、连接符号及指北针等。剖切符号在第二章已经介绍，这里主要介绍其他几种符号。

一、索引符号与详图符号

1）图样中的某一局部或构件，如需另见详图，应以索引符号索引，如图3-6a所示。索引符号是由直径为10mm的圆和水平直径组成，圆及水平直径均应以细实线绘制。索引符号应按下列规定编写：

索引出的详图，如与被索引的详图同在一张图纸内，应在索引符号的上半圆中用阿拉伯数字注明该详图的编号，并在下半圆中间画一段水平细实线，如图3-6b所示。

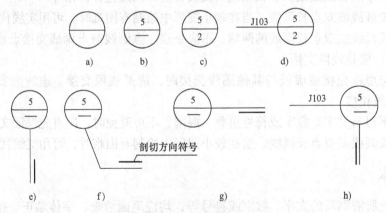

图3-6　索引符号

a）～d）索引符号　e）～h）索引剖面详图的索引符号

索引出的详图，如与被索引的详图不在同一张图纸内，应在索引符号的上半圆中用阿拉伯数字注明该详图的编号，在索引符号的下半圆中用阿拉伯数字注明该详图所在图纸的编号，如图 3-6c 所示。数字较多时，可加文字标注。

　　索引出的详图，如采用标准图，应在索引符号水平直径的延长线上加注该标准图册的编号，如图 3-6d 所示。

　　2）索引符号如用于索引剖面详图，应在被剖切的部位绘制剖切位置线，并以引出线引出索引投射方向。剖面详图索引符号的编写同一般详图的规定，如图 3-6e ~ h 所示。

　　3）零件、钢筋、杆件、设备等的编号直径宜以 5 ~ 6mm 的细实线圆表示，同一图样应保持一致，其编号应用阿拉伯数字按顺序编写。消火栓、配电箱、管井等的索引符号，直径宜以 4 ~ 6mm 为宜。

　　4）详图应按次序编号，详图符号的圆应以直径为 14mm 粗实线绘制，如图 3-7 所示。

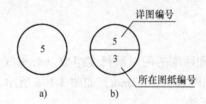

图 3-7　详图符号

a）详图与被索引的图在同一张图内　b）详图与被索引的图不在同一张图内

二、引出线

　　1）引出线应以细实线绘制，宜采用水平线或与水平方向成 30°、45°、60°、90° 的直线，或经以上角度再折成水平线。文字说明宜注写在水平线的上方或端部，索引详图的引出线，应与水平直径线相连接，如图 3-8a ~ c 所示。

　　2）同时引出几个相同部分的引出线，宜互相平行，如图 3-8d 所示，也可画成集中于一点的放射线，如图 3-8e 所示。

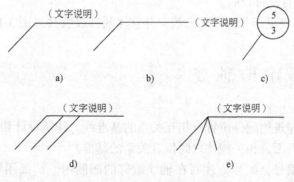

图 3-8　引出线与共用引出线

　　3）多层构造或多层管道共用引出线，应通过被引出的各层。文字说明宜注写在水平线的上方，或注写在水平线的端部，说明的顺序应由上至下，并应与被说明的层次相互一致；

如层次为横向排序，则由上至下的说明顺序应与由左至右的层次相互一致，如图3-9所示。

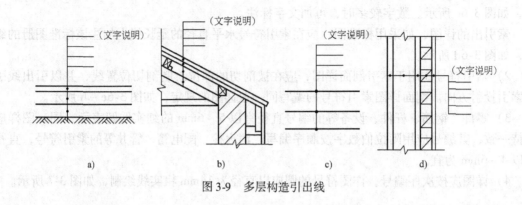

图3-9 多层构造引出线

三、其他符号

1）对称符号。由对称线和两端的两对平行线组成。对称线为细点画线；平行线为细实线，其长度宜为6~10mm，间距宜为2~3mm，如图3-10a所示。

2）连接符号。应以折断线表示需连接的部位。两部位相距过远时，折断线两端靠图样一侧应标注大写拉丁字母表示连接编号。两个被连接的图样必须用相同的字母编号，如图3-10b所示。

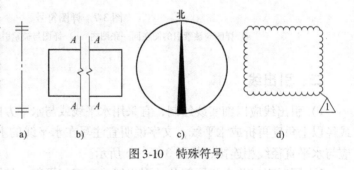

图3-10 特殊符号

3）指北针。指北针的形状宜用图3-10c所示的方法表示，圆的直径宜为24mm，用细实线绘制；指针尾部的宽度宜为3mm，指针头部应注"北"或"N"字。需用较大直径绘制指北针时，指针尾部宽度宜为直径的1/8。

4）对图纸中局部变更部分宜采用云线，并宜注明修改版次（图3-10d）。

◆◇◆◇ 第四节 定位轴线

定位轴线是确定建筑构配件位置及相互关系的基准线。建筑设计和建筑施工需要引入定位轴线作为确定建筑平面及相关构件之间位置关系的基准。

定位轴线应进行编号，编号应注写在轴线端部的圆圈内。圆圈用细实线绘制，直径为8~10mm，圆心在定位轴线的延长线上或延长线的折线上。

水平方向定位轴线的编号从左到右依次用阿拉伯数字表示，垂直方向从下到上依次用大写拉丁字母字母表示，但其中I、O、Z不能使用，防止和1、0、2混淆，如图3-11所示。

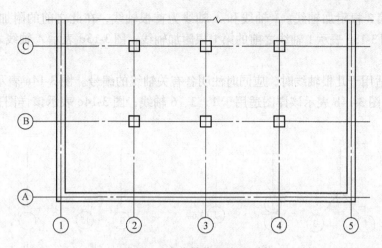

图3-11　定位轴线的编号顺序

　　如果字母数量不够用，可增用双字母或单字母加数字注脚，如 AA、BA…YA 或 A1、B1…Y1。组合较复杂的平面图中定位轴线也可采用分区编号，编号的注写形式应为"分区号-该分区编号"。分区号采用阿拉伯数字或大写拉丁字母表示，如图3-12 所示。

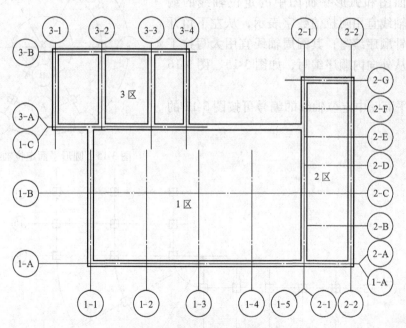

图3-12　定位轴线的分区编号

　　附加定位轴线的编号，应以分数形式表示，并应按下列规定编写：两根轴线间的附加轴线，应以分母表示前一轴线的编号，分子表示附加轴线的编号，编号宜用阿拉伯数字顺序编写。图3-13a 表示2、3轴线之间2轴线之后的第1根附加轴线；图3-13b 表示C、D轴线之间

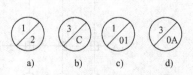

图3-13　附加定位轴线的编号

C 轴线之后的第 3 根附加轴线。1 轴线和 A 轴线为首根轴线，在此之前的附加轴线应以 01 或 0A 表示，图 3-13c 表示 1 轴线之前的第 1 根附加轴线；图 3-13d 表示 A 轴线之前的第 3 根附加轴线。

一个详图适用于几根轴线时，应同时注明各有关轴线的编号。图 3-14a 表示该详图适用于 1、3 轴线；图 3-14b 表示该详图适用于 1、3、6 轴线；图 3-14c 表示该详图适用于 1～15 轴线。

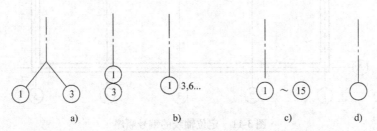

图 3-14　详图的轴线编号

通用详图中的定位轴线，应只画圆，不注写轴线编号，如图 3-14d 所示。

圆形平面图和弧形平面图中的定位轴线的编号，其径向轴线宜用阿拉伯数字表示，从左下角开始，按逆时针顺序编写；其圆周轴线宜用大写拉丁字母表示，从外向内顺序编写，如图 3-15、图 3-16所示。

折线形平面图中定位轴线的编号可按图 3-17 的形式编写。

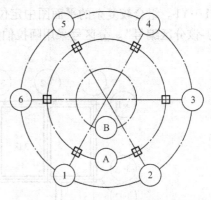

图 3-15　圆形平面定位轴线的编号

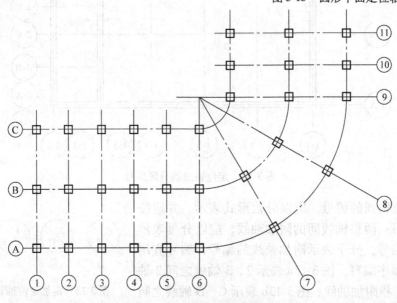

图 3-16　弧形平面定位轴线的编号

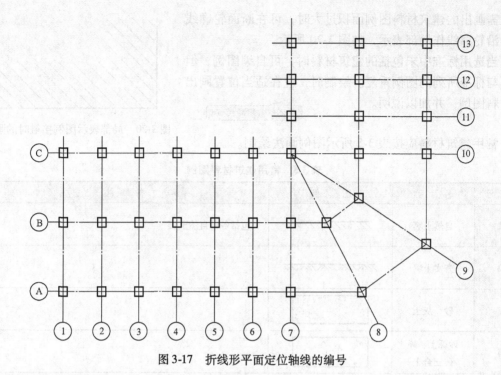

图 3-17　折线形平面定位轴线的编号

◇◇◇ 第五节　常用建筑材料图例

　　为了形象地表示各种不同的建筑材料，建筑制图中采用固定的图例来表示不同的材料。常用材料的图例按照相关制图标准的规定采用，特殊材料或新型材料可以自定义图例，但必须在图纸中画出图例并用文字标明。

　　常用建筑材料应按表 3-5 所示图例画法绘制。

　　不同品种的同类材料使用同一图例时（如某些特定部位的石膏板必须注明是防水石膏板时），应在图上附加必要的说明。两个相同的图例相接时，图例线应错开或使倾斜方向相反，如图 3-18 所示。两个相邻的涂黑图例（如混凝土构件、金属件）间，应留有空隙，其宽度不得小于 0.5mm，如图 3-19 所示。

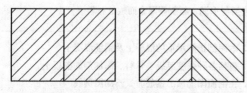

图 3-18　相同图例接触时的画法

图 3-19　相邻涂黑图例的画法

　　当一张图纸内的图样只用一种图例或图形较小无法画出建筑材料图例时，可不加图例，但应加文字说明。

需画出的建筑材料图例面积过大时，可在断面轮廓线内，沿轮廓线作局部表示，如图 3-20 所示。

当选用标准中未包括的建筑材料时，可自编图例，但不得与标准所列的图例重复。绘制时，应在适当位置画出该材料图例，并加以说明。

要记住常用的图例！

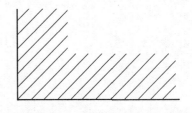

图 3-20　局部表示图例接触时的画法

常用建筑材料应按表 3-5 所示图例画法绘制。

表 3-5　常用建筑材料图例

序　号	名　称	图　例	备　注
1	自然土壤		包括各种自然土壤
2	夯实土壤		
3	砂、灰土		
4	砂砾土、碎砖三合土		
5	石材		
6	毛石		
7	普通砖		包括实心砖、多孔砖、砌块等砌体。断面较窄不易绘出图例线时，可涂红并在图纸备注中加以注明
8	耐火砖		包括耐酸砖等砌块
9	空心砖		指非承重砖砌体
10	饰面砖		包括铺地砖、马赛克、陶瓷锦砖、人造大理石等
11	焦渣、矿渣		包括与水泥、石灰等混合而成的材料
12	混凝土		1. 本图例指能承重的混凝土及钢筋混凝土 2. 包括各种强度等级、骨料、添加剂的混凝土
13	钢筋混凝土		3. 在剖面图上画出钢筋时，不画图例线 4. 断面图例小，不易画出图例线时，可涂黑
14	多孔材料		包括水泥珍珠岩、沥青珍珠岩、泡沫混凝土、非承重加气混凝土、软木、蛭石制品等

（续）

序 号	名 称	图 例	备 注
15	纤维材料		包括矿棉、岩棉、玻璃棉、麻丝、木丝板、纤维板等
16	泡沫塑料材料		包括聚苯乙烯、聚乙烯、聚氨酯等多孔聚合物类材料
17	木材		1. 上图为横断面，左上图为垫木、木砖或龙骨 2. 下图为纵断面
18	胶合板		应注明为×层胶合板
19	石膏板		包括圆孔、方孔石膏板、防水石膏板等
20	金属		1. 包括各种金属 2. 图形小时，可涂黑
21	网状材料		1. 包括金属、塑料网状材料 2. 应注明具体材料名称
22	液体		应注明具体液体名称
23	玻璃		包括平板玻璃、磨砂玻璃、夹丝玻璃、钢化玻璃、中空玻璃、加层玻璃、镀膜玻璃
24	橡胶		
25	塑料		包括各种软、硬塑料及有机玻璃等
26	防水材料		构造层次多或比例大时，采用上面图例
27	粉刷		本图例采用较稀的点

注：图例中的斜线、短斜线、交叉斜线等一律为45°。

◈◈◈ 第六节 图样画法

一、视图配置

1）如在同一张图纸上绘制若干个视图时，各视图的位置宜按图3-21的顺序进行配置。

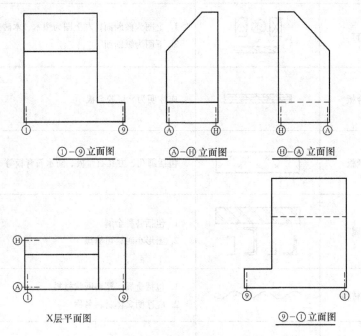

① — ⑨ 立面图 Ⓐ — Ⓗ 立面图 Ⓗ — Ⓐ 立面图

X层平面图 ⑨ — ① 立面图

图3-21　视图配置

2）每个视图一般均应标注图名。各视图图名的命名，主要包括：平面图、立面图、剖面图或断面图、详图。同一种视图多个图的图名前加编号以示区分。平面图，以楼层编号，包括地下二层平面图、地下一层平面图、首层平面图、二层平面图等等。立面图和以该图两端头的轴线号编号，剖面图或断面图以剖切号编号。详图以索引号编号。图名宜标注在视图的下方或一侧，并在图名下用粗实线绘一条横线，其长度应以图名所占长度为准（图3-32）。使用详图符号作图名时，符号下不再画线。

3）分区绘制的建筑平面图，应绘制组合示意图，指出该区在建筑平面图中的位置。各分区视图的分区部位及编号均应一致，并应与组合示意图一致，如图3-22所示。

4）同一工程不同专业的总平面图，在图纸上的布图方向均应一致；单体建（构）筑物平面图在图纸上的布图方向，必要时可与其总平面图上的布图方向不一致，但必须标明方位；不同专业的单体建（构）筑物平面图，在图纸上的布图方向均应一致。

5）建（构）筑物的某些部分，如与投影面不平行（如圆形、折线形、曲线形等），在画立面图时，可将该部分展至与投影面平行，再以正投影法绘制，并应在图名后注写"展开"字样。

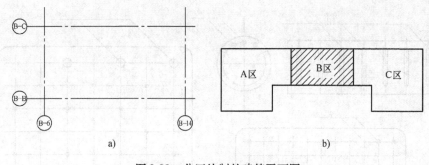

图 3-22　分区绘制的建筑平面图

二、简化画法

1）构配件的视图有 1 条对称线，可只画该视图的一半；视图有 2 条对称线，可只画该视图 1/4，并画出对称符号，如图 3-23 所示。图形也可稍超出其对称线，此时可不画对称符号，如图 3-24 所示。

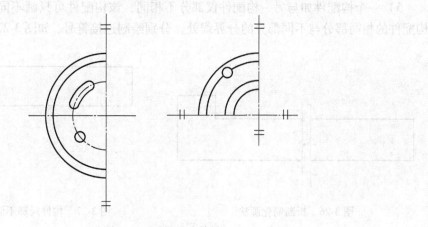

图 3-23　画出对称符号

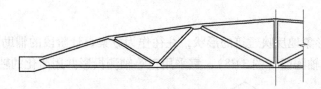

图 3-24　不画对称符号

对称的形体需画剖面图或断面图时，可以对称符号为界，一半画视图（外形图），一半画剖面图或断面图。

2）构配件内多个完全相同而连续排列的构造要素，可仅在两端或适当位置画出其完整形状，其余部分以中心线或中心线交点表示，如图 3-25a 所示。如相同构造要素少于中心线交点，则其余部分应在相同构造要素位置的中心线交点处用小圆点表示，如图 3-25b 所示。

3）较长的构件，如沿长度方向的形状相同或按一定规律变化，可断开省略绘制，断开处应以折断线表示，如图 3-26 所示。

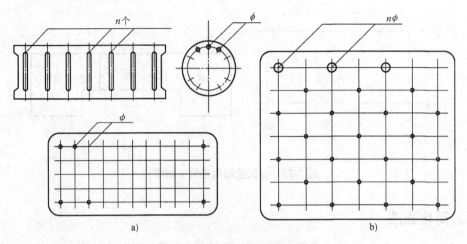

图 3-25 相同要素的简化画法

4）一个构配件，如绘制位置不够，可分成几个部分绘制，并应以连接符号表示相连。

5）一个构配件如与另一构配件仅部分不相同，该构配件可只画不同部分，但应在两个构配件的相同部分与不同部分的分界线处，分别绘制连接符号，如图 3-27 所示。

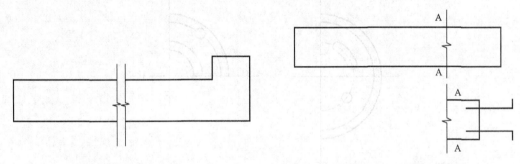

图 3-26 折断简化画法   图 3-27 构件局部不同的简化画法

三、轴测图

轴测图能比较形象地反映建筑的形状，往往作为方案设计阶段的辅助图形。

1）房屋建筑的轴测图（图 3-28），宜采用正等轴测投影并用简化的轴向伸缩系数绘制：

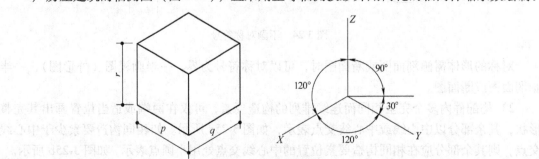

图 3-28 正等测的画法
$p = q = r = 1$

2）轴测图的可见轮廓线宜用中实线绘制，断面轮廓线宜用粗实线绘制。不可见轮廓线一般不绘出，必要时，可用细虚线绘出所需部分。

3）轴测图的断面上应画出其材料图例线，图例线应按其断面所在坐标面的轴测方向绘制，如以45°。斜线为材料图例线时，应按图3-29的规定绘制。

4）轴测图线性尺寸，应标注在各自所在的坐标面内，尺寸线应与被注长度平行，尺寸界线应平行于相应的轴测轴，尺寸数字的方向应平行于尺寸线，如出现字头向下倾斜时，应将尺寸线断开，在尺寸线断开处水平方向注写尺寸数字。轴测图的尺寸起止符号宜用小圆点，如图3-30所示。

5）轴测图中的圆的直径尺寸，应标注在圆所在的坐标面内；尺寸线与尺寸界线应分别平行于各自的轴测轴。圆弧半径和小圆直径尺寸也引出标注，但尺寸数字应注写在平行于轴测轴的引出线上，如图3-31所示。

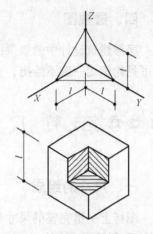

图3-29 轴测图断面图例线画法

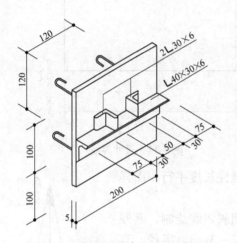

图3-30 轴测图线性尺寸的标注方法

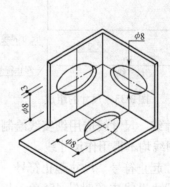

图3-31 轴测图中的圆的直径尺寸的标注方法

6）轴测图的角度尺寸，应标注在该角所在的坐标面内，尺寸线应画成相应的椭圆弧或圆弧，尺寸数字应水平方向注写，如图3-32所示。

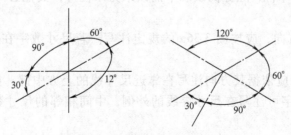

图3-32 轴测图角度的标注方法

四、透视图

房屋建筑设计中的效果图，宜采用透视图。透视图中的可见轮廓线，宜用中实线绘制。不可见轮廓线一般不绘出，必要时，可用细虚线绘出所需部分。

◆◆◆ 第七节 尺寸标注

一、尺寸的组成

图样上一道完整的尺寸包括尺寸界线、尺寸线、尺寸起止符号和尺寸数字四个部分，如图 3-33 所示。

（1）尺寸界线 尺寸界线应用细实线绘制，一般应与被注长度垂直，其一端应离开图样轮廓线不小于 2mm，另一端宜超出尺寸线 2～3mm。图样轮廓线可用作尺寸界线，如图 3-34 所示。

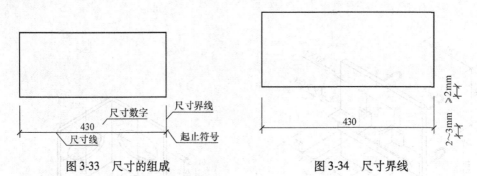

图 3-33 尺寸的组成 　　　　　　　　图 3-34 尺寸界线

（2）尺寸线 尺寸线应用细实线绘制，应与被注长度平行。图样本身的任何图线均不得用作尺寸线。

（3）尺寸起止符号 尺寸起止符号一般用中粗斜短线绘制，其倾斜方向应与尺寸界线成顺时针 45°角，长度宜为 2～3mm。半径、直径、角度与弧长的尺寸起止符号，宜用箭头表示，如图 3-35 所示。

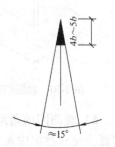

（4）尺寸数字

1）图样上的尺寸，应以尺寸数字为准，不得从图上直接量取。

2）图样上的尺寸单位，除标高及总平而以米为单位外，其他必须以毫米为单位。

图 3-35 箭头的画法

3）尺寸数字的方向，应按图 3-36a 的规定注写。若尺寸数字在 30°斜线区内，宜按图 3-36b 的形式注写。

4）尺寸数字一般应依据其方向注写在靠近尺寸线的上方中部。如没有足够的注写位置，最外边的尺寸数字可注写在尺寸界线的外例，中间相邻的尺寸数字可错开注写，如图 3-37 所示。

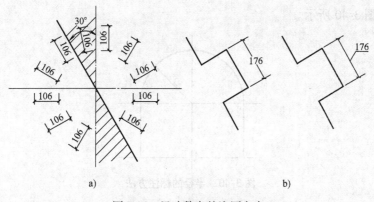

图 3-36 尺寸数字的注写方向

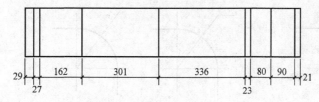

图 3-37 尺寸数字的注写位置

二、尺寸的排列与布置

1) 尺寸宜标注在图样轮廓以外，不宜与图线、文字及符号等相交，如图 3-38 所示。

2) 互相平行的尺寸线，应从被注写的图样轮廓线由近向远整齐排列，较小尺寸应离轮廓较近，较大尺寸应离轮廓线较远，如图 3-39 所示。

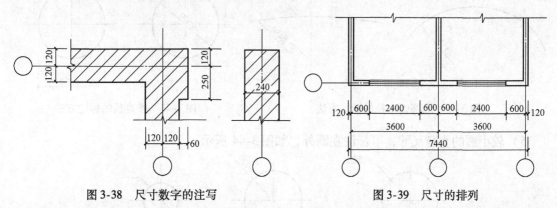

图 3-38 尺寸数字的注写   图 3-39 尺寸的排列

3) 图样轮廓线以外的尺寸界线，距图样最外轮廓之间的距离，不宜小于 10mm。平行排列的尺寸线的间距，宜为 7~10mm，并应保持一致。

4) 总尺寸的尺寸界线应靠近所指部位，中间的分尺寸的尺寸界线可稍短，但其长度应相等。

三、半径、直径、球的尺寸标注

1) 半径的尺寸线应一端从圆心开始，另一端以箭头指向圆弧。半径数字前应加注半径符号"R",如图3-40所示。

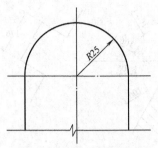

图 3-40　半径的标注方法

2）较小圆弧的半径,可按图3-41所示的形式标注。

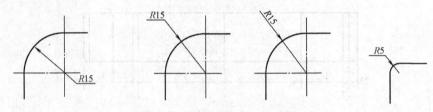

图 3-41　小圆弧半径的标注方法

3）较大圆弧的半径,可按图3-42形式标注。

4）标注圆的直径尺寸时,直径数字前应加直径符号"φ"。在圆内标注的尺寸线应通过圆心,两端画箭头指至圆弧,如图3-43所示。

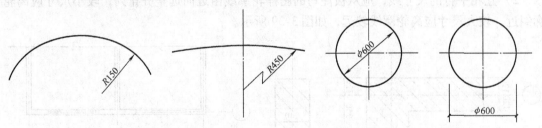

图 3-42　大圆弧半径的标注方法 　　　　　　　　 图 3-43　圆直径的标注方法

5）较小圆的直径尺寸,可标注在圆外,如图3-44所示。

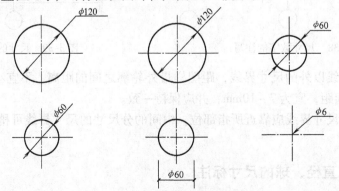

图 3-44　小圆直径的标注方法

6）标注球的半径尺寸时，应在尺寸前加注符号"SR"。标注球的直径尺寸时，应在尺寸数字前加注符号"Sφ"。注写方法与圆弧半径和圆直径的尺寸标注方法相同。

四、角度、弧度、弧长的标注

1）角度的尺寸线应以圆弧表示。该圆弧的圆心应是该角的顶点，角的两条边为尺寸界线。起止符号应以箭头表示，如没有足够位置画箭头，可用圆点代替，角度数字应按水平方向注写，如图3-45所示。

2）标注圆弧的弧长时，尺寸线应以与该圆弧同心的圆弧线表示，尺寸界线应垂直于该圆弧的弦，起止符号用箭头表示，弧长数字上方应加注圆弧符号"⌒"，如图3-46所示。

3）标注圆弧的弦长时，尺寸线应以平行于该弦的直线表示，尺寸界线应垂直于该弦，起止符号用中粗斜短线表示，如图3-47所示。

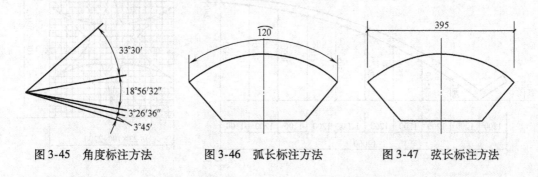

图3-45 角度标注方法   图3-46 弧长标注方法   图3-47 弦长标注方法

五、薄板厚度、正方形、坡度、非圆曲线等的尺寸标注

1）在薄板板面标注板厚尺寸时，应在厚度数字前加厚度符号"t"，如图3-48所示。

2）标注正方形的尺寸，可用"边长×边长"的形式，也可在边长数字前加正方形符号"□"，如图3-49所示。

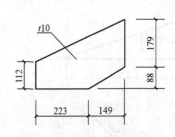
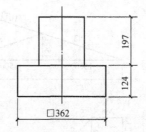

图3-48 薄板厚度标注方法   图3-49 正方形的尺寸标注方法

3）标注坡度时，应加注坡度符号"←"，该符号为单面箭头，箭头应指向下坡方向。坡度也可用直角三角形形式标注，如图3-50所示。

4）外形为非圆曲线的构件，可用坐标形式标注尺寸，如图3-51所示。

5）复杂的图形，可用网格形式标注尺寸，如图3-52所示。

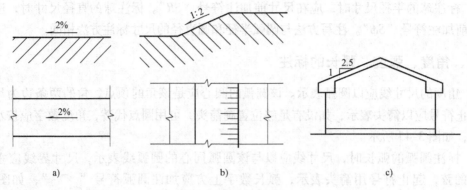

图 3-50　坡度标注方法

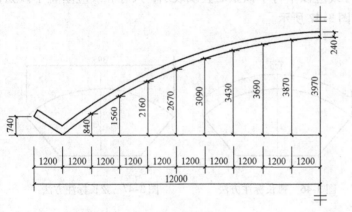

图 3-51　坐标法标注非圆曲线尺寸

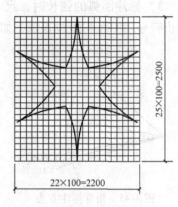

图 3-52　网格法标注非圆曲线尺寸

六、尺寸的简化标注

1）杆件或管线的长度，在单线图（桁架简图、钢筋简图、管线简图）上，可直接将尺寸数字沿杆件或管线的一侧注写，如图 3-53 所示。

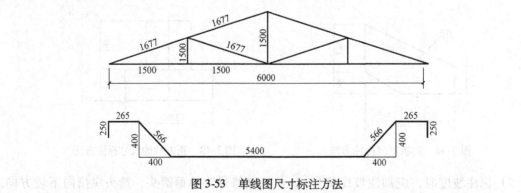

图 3-53　单线图尺寸标注方法

2）连续排列的等长尺寸，可用"个数 × 等长尺寸 = 总长"的形式标注，如图 3-54 所示。

3）构配件内的构造因素（如孔、槽等）如相同，可仅标注其中一个要素的尺寸，如

图 3-55 所示。

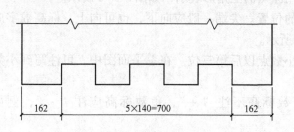

图 3-54 等长尺寸的简化标注方法

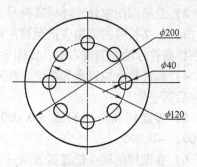

图 3-55 相同要素尺寸的标注方法

4）对称构配件采用对称省略画法时，该对称构配件的尺寸线应略超过对称符号，仅在尺寸线的一端画尺寸起止符号，尺寸数字应按整体全尺寸注写，其注写位置宜与对称符号对齐，如图 3-56 所示。

5）两个构配件，如个别尺寸数字不同，可在同一图样中将其中一个构配件的不同尺寸数字注写在括号内，该构配件的名称也应注写在相应的括号内，如图 3-57 所示。

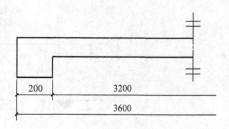

图 3-56 对称构配件尺寸的标注方法

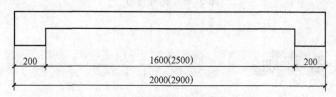

图 3-57 相似构配件尺寸的标注方法

6）数个构配件，如仅某些尺寸不同，这些有变化的尺寸数字，可用拉丁字母注写在同一图样中，另列表格写明其具体尺寸，如图 3-58 所示。

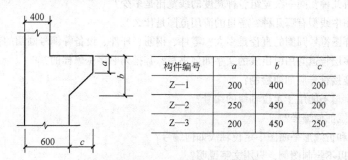

构件编号	a	b	c
Z—1	200	400	200
Z—2	250	450	200
Z—3	200	450	250

图 3-58 相似构配件尺寸的表格式标注方法

七、标高

1）标高符号应以直角等腰三角形表示，按图 3-59a 所示形式用细实线绘制，如标注位置不够，也可按图 3-59b 所示形式绘制。

2）总平面图室外地坪标高符号，宜用涂黑的三角形表示，如图 3-59c 所示。

3）标高符号的尖端应指至被注高度的位置。尖端一般应向下，也可向上。标高数字应注在标高符号的左侧或右侧，如图 3-59d 所示。

4）标高数字应以米为单位，注写到小数点以后第三位。在总平面图中，可注写到小数点以后第一位。

5）零点标高应注写成 ± 0.000，正数标高不注 " + "，负数标高应注 " - "，例如 3.000、-0.600。

6）在图样的同一位置需表示几个不同标高时，标高数字可按图 3-59e 的形式注写。

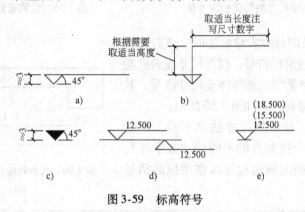

图 3-59　标高符号

◆◆◆ 复习思考题

1. 标准代号 "GB/T 50001—2010" 中，各部分的含义是什么？

2. A0 ~ A2 图纸幅面尺寸分别是多少？

3. 图纸加长时是否可以随意加长？如果不是，应遵照什么原则？

4. 图线的宽度有几种？同一线宽组各种宽度的线宽比是多少？

5. 房屋建筑制图中线型有哪几种？各自的应用范围是什么？

6. 索引符号、详图符号圆圈的直径是多大？零件、钢筋、杆件、设备等编号圆圈的直径是多大？

7. 多层构造或多层管道共用引出线的文字如何书写？其排列顺序是怎样的？

8. 对称符号与连接符号应如何绘制？

9. 哪几个拉丁字母不能用于定位轴线的编号？

10. 附加定位轴线如何编号？

11. 圆形平面图和折线形平面图中定位轴线如何编号？

12. 什么情况可以不绘制图例，只用文字说明？

13. 构配件内有多个完全相同而连续排列的构造要素时，其画法应如何简化？

14. 一个构配件如与另一构配件仅部分不相同时，其画法应如何简化？

15. 举例说明半径、直径、球的尺寸标注方法。

16. 举例说明角度、弧长的标注方法。

17. 标高数字应注写到小数点以后第几位？

第 四 章

建筑施工图

培训学习目标 了解总平面图及施工说明的主要内容、图示方法及相关规定，熟悉建筑平面图、立面图、剖面图及详图的主要内容、图示方法及相关规定，能看懂一般难度的建筑施工图。

建筑施工图是房屋建筑全套施工图的第一部分，详细反映了房屋建筑各部分的组成、布置、构造做法、外形尺寸。建筑施工图主要包括总平面图、施工说明、各层平面图、各立面立面图、复杂部位的剖面图、节点详图等。

◇◇◇ 第一节 施工首页图

在工程实际中，图纸目录放在首页，用 A4 图纸画出。图纸目录按专业列出了整套图纸的编号和图样内容，参见表4-1。

从表4-1中可以看出，本套施工图共有35张图样，其中建筑施工图12张，结构施工图6张，给水排水施工图5张，采暖施工图6张，电气施工图6张。看图前首先要检查各施工图的数量、图样内容等与图样目录是否一致，防止缺页、缺项。

表 4-1 某住宅楼图样目录

序号	图样内容	图　号	序号	图样内容	图　号
1	设计说明、门窗表、工程做法表	建施01	10	楼梯详图	建施10
			11	外墙墙身剖面详图	建施11
2	总平面图	建施02	12	单元平面图	建施12
3	底层平面图	建施03	13	结构设计说明	结施01
4	二～五层平面图	建施04	14	基础平面图、详图	结施02
5	地下室平面图	建施05	15	楼层结构平面图	结施03
6	屋顶平面图	建施06	16	屋顶结构平面图	结施04
7	南立面图	建施07	17	楼梯结构图	结施05
8	北立面图	建施08	18	雨篷配筋图	结施06
9	侧立面图、1—1剖面图	建施09	19	给水排水设计说明	水施01

（续）

序号	图样内容	图 号	序号	图样内容	图 号
20	底层给水排水平面图	水施 02	28	地下室采暖平面图	暖施 05
21	楼层给水排水平面图	水施 03	29	采暖系统图	暖施 06
22	给水系统图	水施 04	30	底层照明平面图	电施 01
23	排水系统图	水施 05	31	楼层照明平面图	电施 02
24	采暖设计说明	暖施 01	32	供电系统图	电施 03
25	底层采暖平面图	暖施 02	33	底层弱电平面图	电施 04
26	楼层采暖平面图	暖施 03	34	楼层弱电平面图	电施 05
27	顶层采暖平面图	暖施 04	35	弱电系统图	电施 06

图纸目录下面的第一张图纸称为施工首页图，主要内容包括设计说明、工程做法表、门窗表、总平面图。当如果内容较多，可以分几张图来布置。如果工程较大，总平面图是作为总图专业的图纸列在前面的，对于较小的工程则放在建筑施工图中。

一、设计说明

设计说明是对图样中无法表达清楚的内容用文字的形式加以补充说明，这些内容用文字的形式来表达比用图样更加方便、直观、清晰。

设计说明通常按专业编写，列在各专业图的首页，如建筑设计说明、结构设计说明、给水排水设计说明等。建筑设计说明通常也指建筑设计总说明，主要内容有：

1. 工程概况

工程概况主要介绍工程的总尺寸、总高度、结构形式、建筑面积、总投资等。

2. 设计依据

在设计依据中，需详细列出工程的设计批准文号，耐久年限、耐火等级、抗震设防烈度、设计所依据的国家规范、部门规章或地方性法规、政策以及设计合同文件等。

3. 套用标准图集代号

在工程设计中，构造设计或构配件的选用经常套用标准做法，这些标准做法在全国或各地的标准图集中，均有详细的设计和说明。选用时，应指明所套用的标准图集代号、名称、页码、做法或详图编号。套用时，如需做某些改变，应详细说明或用图样说明所做改变。

4. 装饰装修及构造做法、材料要求等

装饰装修及构造做法、材料要求等，在建筑立面图上和工程做法表中均有详细的标注，但具体要求仍需说明清楚。

5. 各专业之间的配合及设计人员对施工单位的要求

各类不同专业的设计人员从本专业的角度对其他相关人员通常需提出相应的要求，如材料质量、施工进度、施工方法以及在工程施工中遇到突发事件时的处理程序、处理方法等。

下面是某工程的建筑设计说明。

一、工程概况

1. 本工程为××科技发展有限公司新厂区职工宿舍楼，主体四层，局部五层，砖混结构。

2. 本工程建筑面积 1794.2m²。

3. 体型系数 0.23。

二、设计标准与等级

1. 建筑物类别为Ⅲ类，耐久等级为二级，结构耐久年限为 50 年。

2. 抗震设防烈度为 7°，设计基本地震加速度为 0.15g。

3. 消防耐久等级为二级。

4. 屋面防水等级为Ⅱ级。

三、设计依据

1. 批准的设计任务书。

2. 方案批准文件和批准的方案。

3. 规划部门对本工程规划方案的批复文件。

4. 国家及××市规划、环保、抗震、消防等部门现行的有关规定。

5. 建设单位提供的基地范围的工程地质勘察报告。

6.《建筑设计防火规范》、《民用建筑设计通则》、《宿舍建筑设计规范》及其他有关规范、规定、条文。

四、施工说明

1. 设计标高 ±0.000 相当于本工程地质勘察报告中的假设高程 0.2m。

2. ±0.000 以下采用粘土实心砖，M5 水泥砂浆砌筑，±0.000 以上采用 Kp1 型承重空心砖（孔隙率≤15%）。一～三层采用 M7.5 混合砂浆，三层以上采用 M5 混合砂浆砌筑。

3. 墙基防潮：防水砂浆防潮层，参见苏 J01-2005-1/1。

4. 地面做法：水泥地面，参见苏 J01-2005-2/2。

5. 楼面做法：水泥楼面，参见苏 J01-2005-2/3（除楼梯间外不做面层）。

6. 踢脚做法：水泥踢脚（暗），参见苏 J01-2005-1/4，高 120mm。

7. 护脚线做法：水泥护脚线，参见苏 J01-2005-30/5。

8. 内墙面做法：

（1）楼梯间混合砂浆粉刷，参见苏 J01-2005-5/5。

（2）其余内墙面粉刷做法见苏 J01-2005-3/5。面层甲方自理。

9. 外墙面做法：

（1）南北外墙面做法参见苏 J/T16-2004（二）

（2）西外墙保温隔热做法参见苏 J/T16-2004（三）

（3）东西外墙防水：1：2 水泥砂浆掺 5% 防水剂一道。

10. 屋面做法：

（1）上人平屋顶为倒置式保温屋面，建筑找坡，挤塑保温板，厚度 25mm。做法参见苏 J9801-2/9。

（2）坡屋顶黑色水泥瓦贴面，做法参见苏 J01-2005-4/55。

11. 平顶做法：

（1）楼梯间板底做水泥砂浆平顶，白色涂料，做法参见苏 J01-2005-4/8。

（2）其余平顶做法：板底做水泥砂浆平顶，不刷涂料，做法参见苏 J01-2005-4/8。

12. 油漆：

（1）木门漆调和漆，做法参见苏 J01-2005-2/9。

（2）楼梯木扶手漆调和漆，做法参见苏 J01-2005-2/9。

（3）楼梯栏杆漆银粉漆，做法参见苏 J01-2005-23/9。

13. 混凝土散水：做法参见苏 J08-2006-8/39。

14. 台阶：做法参见苏 J08-2006-5/40。

五、门窗

1. 所有外窗均为白色塑料窗，入户门为塑料门，做法参见苏 J30-2008。其余内门均为木板门，做法参见苏 J73-2。底层宿舍南立面窗户均须安装扁铁防盗窗。

2. 门窗制作前应仔细核对实际施工后的洞口尺寸。

六、建筑构配件

1. 烟道出屋面：参见苏 J9810-14，苏 J9810-14.2-2/13。

2. 烟道选用：苏 J9810-A-1. D-1。

3. 水斗及落水管参见苏 J9503-1/47PVC 型材，管径 ϕ110mm。

4. 楼梯栏杆参见苏 J9504-2/3。

七、其他

1. 施工中应加强土建与水电工种之间的协调与配合，预埋的各种管线严禁事后凿洞。

2. 图中尺寸除标高以 m 计外，其余均以 mm 计。

3. 凡本说明及图上未及之处均按现行国家规范、规程执行。

4. 图上构造柱以结构图为准。

5. 滴水线为黑色 UPVC 成品滴水线。

6. 所有色彩应先做小样，待设计人员验收合格后方可施工。

7. 每层管道井待管井施工完毕后用防火材料隔离。

8. 卫生间四周浇高混凝土止水坎（除门的位置外）。

9. 所有外窗为白色塑钢窗，5mm 厚白玻加纱窗。

二、工程做法表

工程做法表是用表格的形式对建筑各部位的构造做法的详细说明，见表4-2。对构造做法种类较多、变化较大的工程，使用工程做法表可使施工单位在进行工程量统计和材料用量统计时更加方便。

表4-2　工程做法表

编号	名　称		施工部位	做　法
1	砖　墙		±0.000 以下	黏土实心砖，M5 水泥砂浆
			一～三层	Kp1 型承重空心砖，M7.5 混合砂浆
			三层以上	Kp1 型承重空心砖，M5 混合砂浆
2	防潮层	防水砂浆防潮层	墙基	苏 J01-2005-1/1
3	地面	水泥地面		苏 J01-2005-2/2
4	楼面	水泥楼面	楼梯间	苏 J01-2005-2/3（做面层）
		水泥楼面	除楼梯间	苏 J01-2005-2/3（不做面层）
5	踢脚	水泥踢脚		苏 J01-2005-1/4（暗，高 120mm）

（续）

编号	名 称	施 工 部 位	做 法
6	护脚线	水泥护脚线	苏 J01-2005-30/5
7	内墙面	混合砂浆粉刷 楼梯间	苏 J01-2005-5/5
		混合砂浆粉刷 除楼梯间	苏 J01-2005-3/5（面层甲方自理）
8	外墙面	保温隔热 南北外墙面	苏 J/T16-2004（二）
		保温隔热 西外墙	苏 J/T16-2004（三）
		防水 东西外墙	1：2水泥砂浆掺5%防水剂一道
9	屋面	倒置式保温屋面 上人平屋顶	苏 J9801-2/9（建筑找坡，挤塑保温板，厚度25mm）
		黑色水泥瓦贴面 坡屋顶	苏 J01-2005-4/55
10	平顶	水泥砂浆平顶 楼梯间	苏 J01-2005-4/8（白色涂料）
		水泥砂浆平顶 除楼梯间	苏 J01-2005-4/8（不刷涂料）
11	油漆	漆调和漆 木门	苏 J01-2005-2/9（双面乳白色）
		漆调和漆 楼梯木扶手	苏 J01-2005-2/9（褐红色）
		漆银粉漆 楼梯栏杆	苏 J01-2005-23/9
12	散水	混凝土散水	苏 J08-2006-8/39
13	台阶		苏 J08-2006-5/4
14	门窗	白色塑料窗 所有外窗	苏 J002-2000
		为塑料门 入户门	苏 J002-2000
		木板门 其余内门	苏 J73-2
		扁铁防盗窗 底层宿舍南立面	
15	建筑构配件	烟道出屋面	苏 J9810-14，苏 J9810-14.2-2/13
		烟道	苏 J9810-A-1.D-1.
		水斗及落水管	苏 J9503-1/47PVC 型材（管径 φ110mm）
		楼梯栏杆	苏 J9504-2/3
		滴水线	UPVC 成品滴水线（黑色）

在工程做法表中应详细列出工程做法的分类名称、做法名称、适用部位、套用标准图集的代号，采用非标准做法或对标准做法做适当改变的应在备注中注明。

三、门窗表

门窗表是对整个建筑门窗的全面统计。施工单位根据门窗表可以非常方便的统计出门窗的类型、尺寸、数量，对工程的预决算和材料准备、施工组织与管理极为方便。

门窗表通常分为序号、编号、洞口尺寸、数量、选用标准图集的代号、在图集内的门窗编号、备注几栏，见表5-3。门窗的编号通常按照洞口尺寸的大小依次编写，门的编号为 M—1、M—2、M—3……，窗的编号为 C—1、C—2、C—3……，有时也可以直接采用门窗在图集内的编号或用洞口尺寸进行编号，参见表4-3。

表4-3　门窗表

序　号	门窗编号	洞口尺寸/mm		数　量	套用标准图集代号	备　注
		宽	高			
1	C—1	1800	1700	40	苏J002—2000	塑料窗
2	C—2	3560	1700	40	苏J002—2000	塑料窗
3	C—3	3200	1700	3	苏J002—2000	塑料窗
…	…	…	…	…	…	…
12	M—1	900	2700	49	苏J73—2	木板门
13	M—2	800	2700	44	苏J73—2	双面三合板门
14	M—3	1600	2700	2	苏J002—2000	塑料门
…	…	…	…	…	…	…

◆◆◆ 第二节　总平面图

一、总平面图概述

　　总平面图主要用来表示新建房屋基地范围内的新建、拟建、原有和拟拆除的建筑物、构造物及周边环境，包括地形、地貌、地面设施及障碍物、地下设施（如管道、光缆等）。从总平面图上可以了解到新建房屋的位置、平面形状、朝向、标高、层数，新建道路和绿化，原有房屋、道路、河流、水电设施等。总平面图是新建房屋定位、施工放线、土方施工、水电管网布置及施工现场的材料、制品和施工机械的堆放和布置的依据，同时也是其他专业管线设置的依据。如果地形起伏较大，应画出等高线。由于总平面图包括的地域范围较大，一般采用1∶500、1∶1000、1∶2000的小比例绘制。

二、总平面图的图示方法

　　总平面图是根据正投影的原理将各种地面物和地下物向水平方向投影而得到的正投影图。由于总平面图上要表示的内容很多，而比例又很小，因而只能用图例来代表。《总图制图标准》（GB/T50103—2010）给出了规定的图例，绘制总平面图时应严格执行这些标准图例，现将部分常用的标准图例摘录于表4-4～表4-7。在较复杂的总平面图中，若国家标准规定的图例还不够选用，可按照标准的有关规定，自行画出某种图形作为补充图例，但必须在图中适当的位置另加说明。总平面图中的坐标、距离、标高等均以米为单位，并精确到小数点后两位，但坐标为三位。

表4-4 总平面图图例

序号	名 称	图 例	说 明
1	新建的建筑物	$X=$ $Y=$ ①12F/2D $H=59.00m$	地上新建建筑物粗实线、地下粗虚线、悬挑部分细线
2	原有的建筑物		用细实线表示
3	计划扩建的预留地或建筑物		用中粗虚线表示
4	拆除的建筑物		用细实线表示
5	建筑物下面的通道		
6	散状材料露天堆场		需要时可注明材料名称
7	其他材料露天堆场或露天作业场地		
8	铺砌场地		
9	敞棚或敞廊		
10	高架式料仓		
11	漏斗式贮仓		左右为底卸式，中为侧卸式
12	冷却塔（池）		应注明冷却塔或冷却池
13	水塔、贮罐		左图为水塔或立式贮罐；右图为卧式贮罐

（续）

序号	名　称	图　例	说　明
14	水池、坑槽	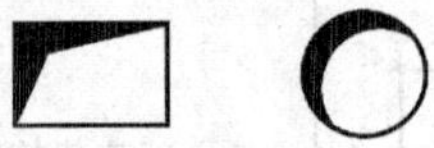	也可以不涂黑
15	烟囱		实线为烟囱下部直径，虚线为基础，必要时可注写烟囱和上下口直径
16	围墙及大门		
17	挡土墙	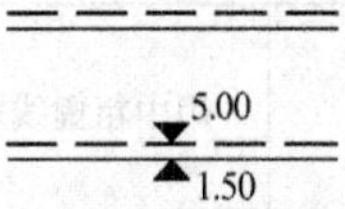 ▽ 5.00　1.50	根据不同的设计阶段标注墙顶标高、墙底标高
18	挡土墙上设围墙		
19	台阶及无障碍坡道	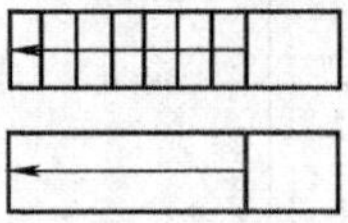	
20	露天桥式起重机	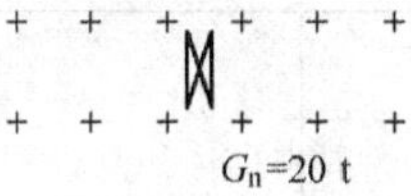 $G_n=20$ t	"＋"为柱子位置 "＋"为支架位置
21	露天电动葫芦	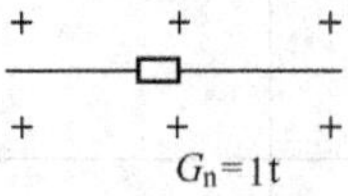 $G_n=1$ t	
22	架空索道	 I　　I	"I"为支架位置
23	坐标	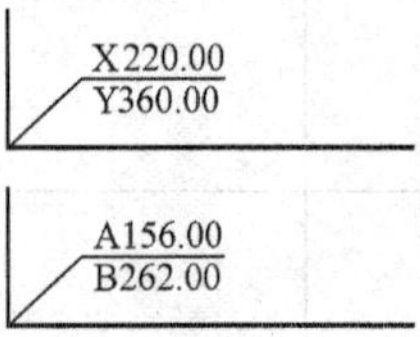 X 220.00 Y 360.00 A 156.00 B 262.00	上图为测量坐标；下图为建筑坐标
24	方格网交叉点标高	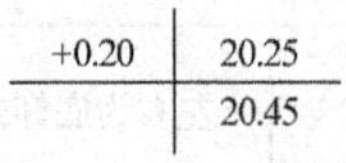 ＋0.20 ┃ 20.25 20.45	20.25 为原地面标高，20.45 为设计标高，＋0.20 为施工高度，＋为填方，－为挖方
25	填方区、挖方区、未整平区及零点线	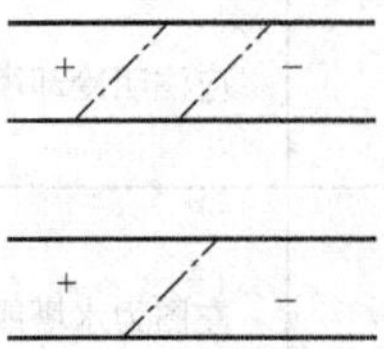 ＋　－ ＋　－	"＋"表示填方区；"－"表示挖方区；中间为未整平区；点画线为零点线

（续）

序号	名　称	图　例	说　明
26	填挖边坡		
27	地表排水方向		
28	洪水淹没线		洪水最高水位以文字标注
29	截水沟	$\frac{1}{40.00}$	"1"表示1%的沟底纵向坡度，"40.00"表示变坡点间的距离，箭头表示流水方向
30	排水明沟	20.45 $\frac{1}{40.00}$　20.45 $\frac{1}{40.00}$	上图用于较大比例，下图较小比例。余同29
31	有盖板排水沟	$\frac{1}{40.00}$　$\frac{1}{40.00}$	
32	雨水井		依次表示雨水口、原有雨水口、双落式雨水口
33	消火栓井		
34	拦水（闸）坝		
35	透水路面		边坡较长时可在一端或两端局部表示
36	过水路面		
37	室内标高	$\frac{40.00}{\pm 0.00}$	
38	室外标高	20.45	室外标高也可采用等高线表示
39	盲道		
40	地下车库入口		机动车停车场
41	地面露天停车场		
42	露天机械停车场		

表4-5　道路与铁路

序号	名　　称	图　例	说　　明
1	新建道路		R6 表示道路转弯半径；120.45 为道路中心线交叉点设计标高；0.3% 表示道路坡度；102.00 表示变坡点间的距离。两种表示方法均可
2	道路断面		上图：双坡立道牙、双坡平道牙下图：单坡立道牙、单坡平道牙
3	原有道路		
4	计划扩建道路		
5	拆除的道路		
6	人行道		
7	道路隧道		
8	汽车洗车台		左图为贯通式，右图为尽头式
9	新建标准轨距铁路		
10	原有标准轨距铁路		
11	计划扩建标准轨距铁路		
12	拆除的标准轨距铁路		
13	原有窄轨铁路	GJ762	GJ762 指轨距 762mm
14	新建标准轨距电气铁路		
15	原有标准轨距电气铁路		
16	原有车站		
17	拆除原有车站		
18	新设计车站		
19	规划车站		

（续）

序号	名 称	图 例	说 明
20	工况企业车站		
21	单开道岔	n	n 表示道岔号
22	单式交叉道岔	$1/n$ 3	$1/n$ 表示道岔号数
23	交叉渡线	n n n n	n 表示道岔号
24	警冲标		
25	坡度标	GD112.00 6 8 110.00 180.00 56 54	GD112.00 轨顶标高，6 为纵坡6‰，110.00 为变坡点间距，56 为至前后百尺标距离
26	铁路曲线段	JD2 T T $a-R-T-L$	JD2 为曲线转折点编号，a 为曲线转向角，R 为曲线半径，T 为切线长度，L 为曲线长度
27	轨道衡		粗线表示铁轨
28	站台		
29	煤台		粗线表示铁轨
30	高柱色灯信号机		
31	矮柱色灯信号机		
32	灯塔		左、中、右的材料分别为钢筋混凝土、木、铁
33	灯桥		
34	铁路隧道		
35	码头		左为固定码头，右为浮动码头
36	发电站		左为运行的，右为规划的
37	桥梁		上图为公路桥，下图为铁路桥；用于旱桥时应注明

（续）

序号	名 称	图 例	说 明
38	跨线桥	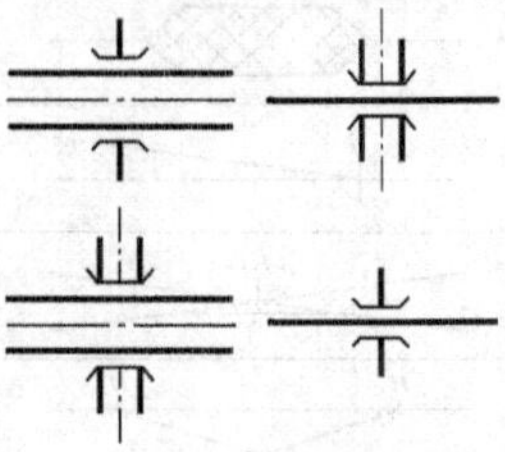	上图：道路跨铁路、铁路跨道路 下图：道路跨道路、铁路跨铁路
39	变电站、配电所	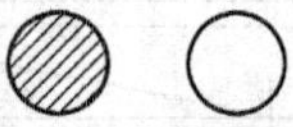	左为运行的，右为规划的

表4-6 管线图例

序 号	名 称	图 例	说 明
1	管线	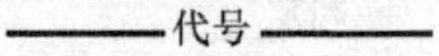 ——代号——	管线代号以国家现行标准标注
2	地沟管线	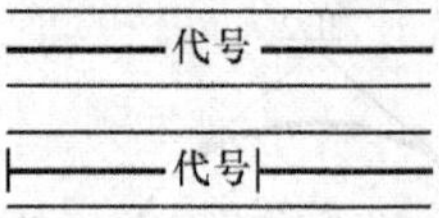 ——代号—— ——代号——	
3	管桥管线	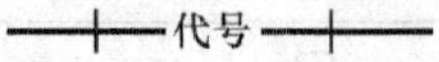 ——┼—代号—┼——	
4	架空电力、电信线	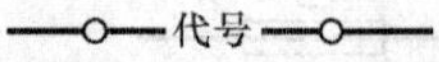 ——○—代号—○——	圆圈表示电杆

表4-7 园林景观绿化图例

序号	名 称	图 例	序号	名 称	图 例
1	常绿针叶树	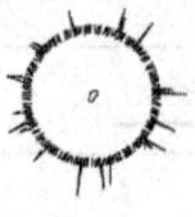	6	落叶针叶树	
2	常绿阔叶灌木	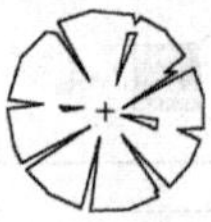	7	绿篱	
3	常绿阔叶乔木	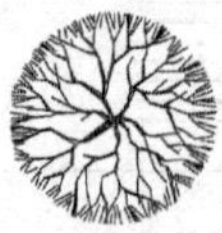	8	花卉	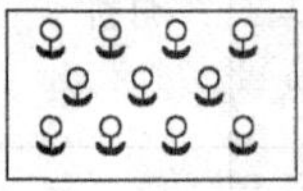
4	落叶阔叶乔木		9	草坪（上图自然的，下图人工的）	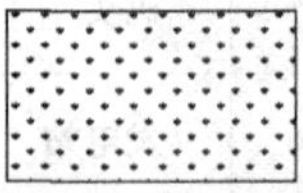 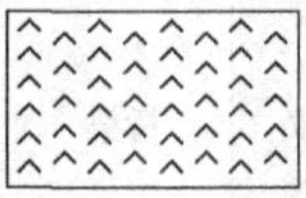
5	落叶阔叶灌木	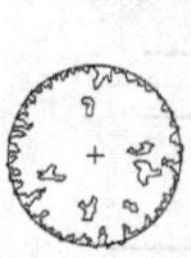			

（续）

序号	名 称	图 例	序号	名 称	图 例
10	竹丛		15	独立景观	
11	棕榈植物		16	喷泉	
12	水生植物		17	自然水体	
13	植草砖				
14	土石假山		18	人工水体	

三、总平面图的图示内容

总平面图上通常应表示出以下内容：

1. 新建工程基地范围内的地形、地貌

如果地形的起伏较大，应画出等高线。

2. 新建工程的范围、位置、标高、层数。

（1）新建工程的范围　指新建工程的水平轮廓线，用粗实线表示。

（2）新建工程的标高　指新建工程底层地面（即 ±0.000 处）的绝对标高。我国绝对标高的零点在青岛附近的黄海平面，某点与该处的垂直高差称为该点的绝对标高。新建工程的标高直接标注在新建工程的轮廓线范围内。

（3）新建工程的层数　应用相应数量的小圆点标注在新建工程轮廓线范围内的某一角上。例如，新建工程为五层，就画五个小圆点。

（4）新建工程的定位　方法有三种：

1）用新建建筑与原有建筑间的距离定位。通常在总平面图上标出新建建筑某一角的纵横定位轴线的交点与原有建筑（应选择相对较新的永久建筑）某一角的纵横两个方向的水平投影距离。

2）用施工坐标定位。新建建筑可利用总平面图中的坐标网定位，坐标网分为测量坐标网和建筑坐标网两种。

测量坐标网的坐标代号用"X、Y"表示，X 表示南北方向，Y 表示东西方向，坐标网格为十字线，其比例与地形图相同。用测量坐标给建筑物定位时应至少标注建筑物任意三个角的坐标。

如果建筑物的朝向不是正南正北或正东正西，其主轴线与测量坐标网不平行，这时，可增画一个与房屋主轴线平行的坐标网——建筑坐标网。建筑坐标网画成网格通线，坐标代号用 A、B 表示，A 为横轴，B 为纵轴。用建筑坐标给建筑物定位时应至少标注建筑物任意两对角的坐标。测量坐标网和建筑坐标网如图 4-1 所示。

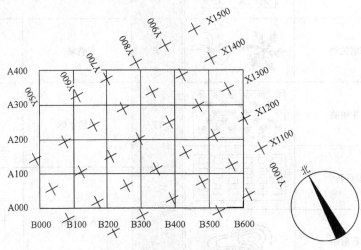

图 4-1　测量坐标网和建筑坐标网

同时画有测量和建筑两种坐标系统时，应在附注中注明两种坐标系统的换算公式。如无建筑坐标系统时，应标出主要建筑物的轴线与测量坐标轴线的交角。

> 当建筑物的数量不多，体量不大时，可以不画出坐标网，只要标出新建建筑与邻近现有建筑物在两个方向上的距离即可。

3）用新建建筑与周围道路间的距离定位。周围道路中心线可以看成坐标轴，在总平面图上标出新建建筑物某一角点至附近两条相交道路中心线间的距离即可完全确定新建建筑物的位置。

3. 相邻原有建筑物、拆除建筑物的位置或范围

4. 附近的地形、地物等

新建建筑附近的地形是指山丘、土坡、河流、水沟、道路等；地物是指场地现存的树木、花草、电线杆等。地面起伏较大时应绘出等高线，绘制道路时应注明道路的起点、变坡、转折点、终点以及道路中心线的标高、坡向等。

5. 指北针或风向频率玫瑰图

建筑物的朝向是指建筑物较长立面（或主要立面）的指向，我国地处北半球，大部分建筑的朝向均为正南方向，但也有很多建筑的朝向为南偏东（0~30°）或南偏西（0~15°），城市中沿街建筑的朝向多面向道路。为方便绘图，图上的建筑通常画成正的，因而在总平面图上及底层平面上必须画出指北针或带有指北针的风向频率玫瑰图，用以指明正北方向。

风向频率玫瑰图也称为风玫瑰图，是根据当地多年平均统计的各方向吹风次数的百分数，按一定比例绘制而成的，风的吹向是指由外向内吹。实线表示全年风向频率，虚线表示6、7、8 三个月的风向频率（夏季），如图 4-2 所示。从风玫瑰图上可以清楚地看到当地的

常年主导风向和夏季主导风向，以便更好地选择建筑物的位置和朝向，合理布置总平面，合理选择建筑材料和建筑构造方案。

6. 绿化规划和管道布置

四、总平面图识读实例

图4-3 所示为某学校总平面图，图上表示了以下内容：

1. **图名和比例**

图名：总平面图；比例：1:500。

2. **新建建筑**

新建建筑的工程名称为2号学生宿舍，图上用粗实线表示；层数为5层。

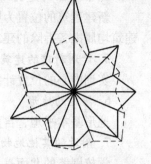

图4-2 风向频率玫瑰图

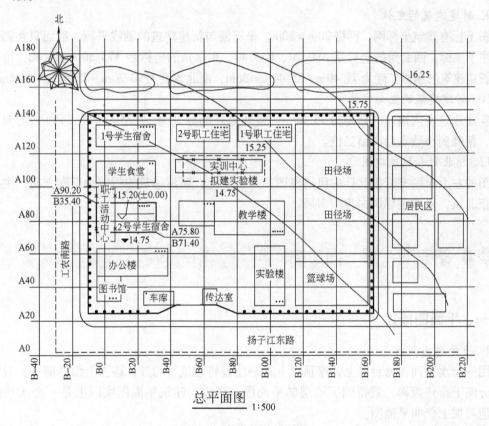

图4-3 某学校总平面图

3. **原有建筑**

新建建筑的北面是学生食堂，2层；再往北是1#学生宿舍，5层；新建建筑的南面是办公楼，4层；再往南是图书馆，3层；新建建筑的东面是教学楼，5层，局部4层；教学楼的南面是实验楼，3层；1#学生宿舍的东面依次是2#职工住宅、1#职工住宅，均为5层。原有建筑在图上用细实线表示。

4. 拟拆除的建筑

新建建筑的位置为原职工活动中心，2 层；新建建筑的东北是实训中心，1 层。这两幢建筑均属准备拆除的建筑，在图上用细实线加"×"表示。

5. 计划新建的建筑

实训中心的位置计划新建实验楼，图上用虚线表示。

6. 场地的地形

地形基本平坦，自西南向东北稍稍升高，高差约 1.5m，可从四条等高线上看出。

7. 附近的其他地物

学校围墙的北面是三个小河塘，东面是居民区，南面是扬子江东路，西面是工农南路。教学楼的东面是田径场、篮球场。

8. 附近的道路、绿化

9. 新建建筑的定位

图上标有建筑坐标网，网格 20m×20m。坐标轴与新建建筑的轴线平行，因而只在两对角上标注了坐标，西北角的坐标是 A90.20、B35.40，东南角的坐标是 A75.80、B71.40，可以推算出新建建筑的东西长度为 71.40m－35.40m＝36m，南北宽度为 90.20m－75.80m＝14.4m。

10. 新建建筑的竖向定位

新建建筑室内地面的标高为 15.20m，室外地坪的标高为 14.75m（黑三角），均为绝对标高，精确到小数点后面第二位。

11. 指北针和风玫瑰图

图的左上角画有带指北针的风玫瑰图，可以看出，新建建筑的朝向为正南方向，主导风向为正北风，夏季主导风向为东南风。

◇◇◇ 第三节　平　面　图

一、平面图概述

1. 平面图的形成

用一个水平面在窗台以上、窗顶以下某一位置将建筑物切开，移去上面的部分，对剩下的部分向下作正投影，就得到了该层的平面图。所以，建筑平面图实际上是一个水平剖面图，但习惯上仍叫平面图。

按照剖面图的画法，凡是剖到的部分均应用粗实线表示，剖切平面以下未被剖切到的部分用中实线表示，看不到的部分用虚线表示。由于建筑的特殊性，建筑平面图并不能完全按照剖面图画法的规定来绘制。

2. 平面图的内容

> 为使平面图更加清晰，除了高窗、墙洞外，平面图上虚线一般均不画出！

平面图反映了建筑水平方向的大小和整体形状，反映了建筑中各个不同的功能分区的名称、大小、位置、布局及相互联系——通过走廊（走道）、门厅（过厅）等水平交通设施和楼梯、电梯、自动扶梯等垂直交通设施将各房间有机地联系在一起，反映了墙、柱等垂直承重构件的数量、位置和断面尺寸，反映了通过墙、柱分割形成的各房间的名称、大小、形状及布置，反映了所有门窗的洞口宽度、位置和编号，反映了位于房屋外部的雨篷、阳台、落水管、台阶、坡道、花池等建筑构配件的数量、位置和平面尺寸。

3. 平面图的作用

平面图是建筑施工图中最重要和最核心的图样，有完整的轴线网，墙、柱及门窗洞口等主要结构和构配件的布局、位置、尺寸等在平面图上都有明确的标注。平面图是建筑施工和工程预算的重要依据。

施工放线是建筑施工中的首要任务。放线时，根据平面图提供的轴线网和尺寸标注，在经过抄平的楼面或地面上按1∶1的比例画出各定位轴线，画出墙、柱及门窗洞口等主要结构和构配件的中心线、边缘位置线，然后再进行砌墙、浇筑混凝土、安装门窗、设备等施工过程。

编制施工组织设计、班组作业计划、材料及机具设备计划以及工程预（决）算时，首先要计算工程量，而墙体、门窗、柱（构造柱）以及卫生设备等，其工程量的计算依据主要是平面图。

4. 平面图的分类、名称

建筑的层数往往较多，每层的布局、结构、设备、装修等并不完全相同，而另一方面，建筑的内部非常复杂，为了避免过多的虚线影响读图，原则上每层建筑应有一个平面图，将该层窗洞至下层窗洞范围的建筑布局、结构或构件以及设备的数量、位置、尺寸等用正投影的方法清晰地表示出来。

从室外进到室内的第一层，习惯上称为底层平面图，往上依次叫二层平面图、三层平面图……顶层平面图、屋顶平面图，往下依次叫地下一层平面图、地下二层平面图……

许多多层建筑或高层建筑中，从第二层起，往往有很多楼层的布局、结构甚至装修完全相同，这时，只要画出一层即可，这一层称为标准层。比如，2～10层完全相同，只要画出二层平面，在图的下面标上图名，图名可以是"标准层平面图"或"2～10层平面图"，也可以用标高的形式来表示，如："3.600～25.200平面图"，"3.600"表示二层的楼面标高，"25.200"表示十层的楼面标高。

某些楼层仅局部稍有不同，这时也可以用局部平面图的形式画出不同的部分，其余部分用折断线断开。标准层中间如果个别楼层有变化，可将其单独画出。

顶层平面图一般不同于其他楼层，需单独画出，屋顶平面图更是不同于所有的平面图，必须单独画出。

如前所述，为避免虚线过多和表达清晰，平面图是分层单独表示的，每层表示的内容仅限于该层剖切平面至下一层剖切平面的范围，比如，底层的雨篷在底层平面的剖切平面位置以上，二层剖切平面位置以下，因而在底层平面图上不能画出，在二层平面图上必须画出，但在三层平面图上又不能画出。

二、平面图的图示方法及有关规定

1. 图线

建筑施工图中所用各种图线，首先应满足《房屋建筑制图统一标准》（GB/T50001—2010）的规定，然后按照《建筑制图标准》（GB/T50104—2010）的有关规定执行。

平面图中各种图线的宽度和应用范围参见表4-8。

表4-8 平面图中各种图线

序号	名　称	线宽	应用范围
1	粗实线	b	平、剖面图中被剖切到的轮廓线；立面图中的外轮廓线；详图中被剖切到的轮廓线、构配件的轮廓线；剖切符号；图名下划线
2	中粗实线	$0.7b$	平、剖面图中被剖切到的次要建筑构造轮廓线、建筑构配件的轮廓线；详图及构配件的一般轮廓线
3	中实线	$0.5b$	尺寸线、尺寸界线、轴线编号圈、标高、索引符号、标高符号、引线、粉刷线、保温层线、地面和墙面高差分界线
4	细实线	$0.25b$	图例填充线、家具线、纹样线
5	中粗虚线	$0.7b$	详图及构配件不可见轮廓线；平面图中起重机（吊车）轮廓线；拟建、扩建建筑物轮廓线
6	细虚线	$0.25b$	图例填充线、家具线、高窗及墙洞等不可见轮廓线
7	粗单点长划线	b	起重机（吊车）轨道线
8	细单点长划线	$0.25b$	定位轴线、结构（构件）中心线、对称线
9	折断线	$0.25b$	断开界线
10	波浪线	$0.25b$	局部视图中的分层界线、断开界线

2. 图例

由于建筑的尺寸较大，平立剖面图作为建筑的基本图必须表示出建筑在各不同方向上的全貌，受图纸空间的限制，其比例往往很小，多采用1∶100，有时也采用1∶50或1∶200。在这种小比例的图上，建筑的很多细部，如门窗的断面，墙柱的粉刷、楼梯、卫生设备等无法用真实的投影来表示，只能用相应的图例来表示。

《建筑制图标准》（GB/T50104—2010）规定了各种建筑构造和配件以及各种水平和垂直运输装置的图例，详见表4-9、表4-10。熟悉了这些常用图例，看图时就非常轻松了。

表4-9 常用建筑构造及配件图例

序号	图　名	图　例	序号	图　名	图　例
1	墙体		5	楼梯	
2	隔断				
3	玻璃幕墙				
4	栏杆				

（续）

序号	图 名	图 例	序号	图 名	图 例
6	坡道		15	通风道	
7	台阶		16	新建的墙和窗	
8	平面高差		17	空门洞	$h=$
9	检查孔	不可见　　可见	18	单开单扇门	
10	孔洞				
11	坑槽				
12	墙预留洞（槽）	宽×高或φ 标高　宽×高或φ×深 标高	19	双开单扇门	
13	地沟				
14	烟道		20	双层单扇平开门	

（续）

序号	图名	图例	序号	图名	图例
21	单开双扇门		28	推拉门	
22	双层双扇平开门		29	门连窗	
23	折叠门		30	旋转门	
24	推拉折叠门		31	两翼智能旋转门	
25	墙洞外单扇推拉门		32	自动门	
26	墙中单扇推拉门		33	折叠上翻门	
27	墙中双扇推拉门				

（续）

序号	图　名	图　例	序号	图　名	图　例
34	提升门		40	单侧双层卷帘门	
35	分节提升门		41	双侧单层卷帘门	
36	人防单扇防护密闭门		42	固定窗	
37	人防双扇密闭门		43	上悬窗	
38	横向卷帘门		44	中悬窗	
39	竖向卷帘门		45	下悬窗	

（续）

序号	图 名	图 例	序号	图 名	图 例
46	立悬窗	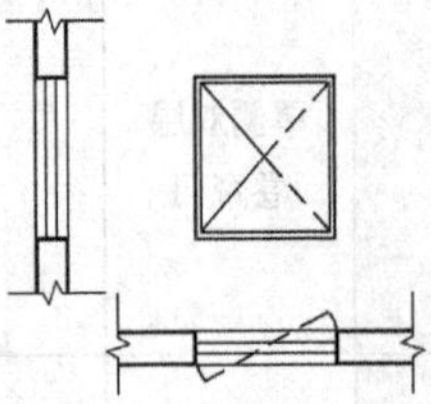	51	上推窗	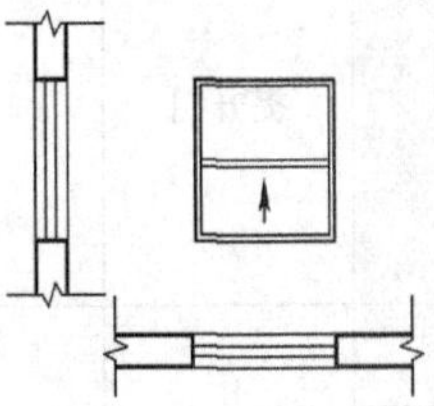
47	单层外开平开窗	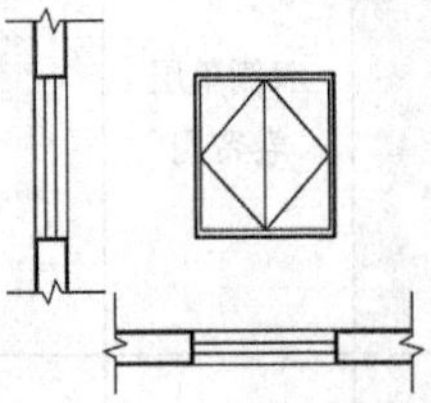	52	百叶窗	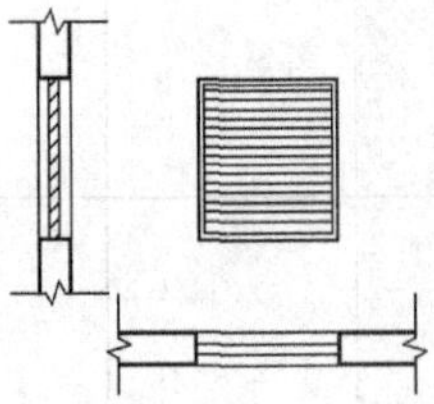
48	单层内开平开窗	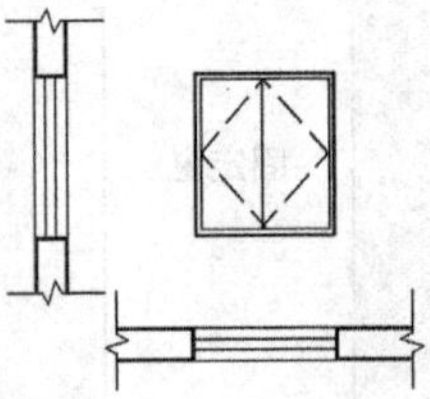	53	高窗	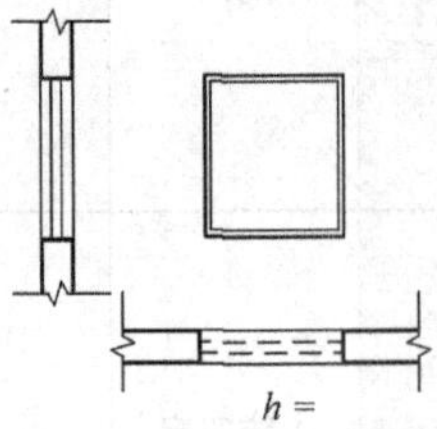
49	双层内外开平开窗	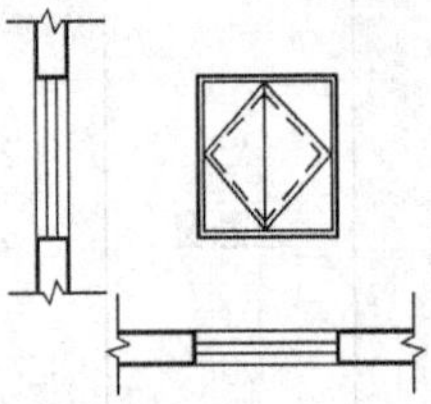	54	平推窗	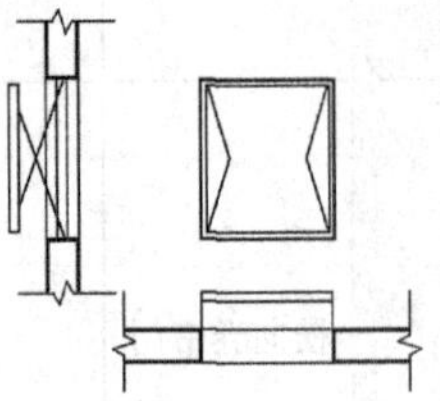
50	单层推拉窗	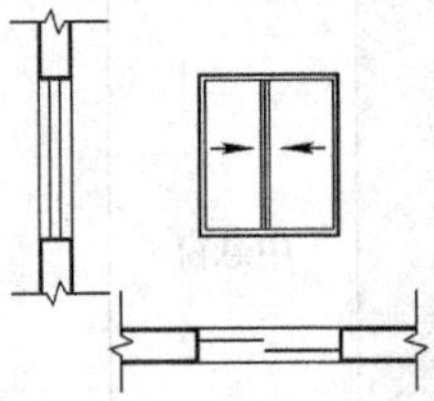			

表 4-10　水平及垂直运输装置图例

序号	图 名	图 例	序号	图 名	图 例
1	铁路		3	手、电动葫芦	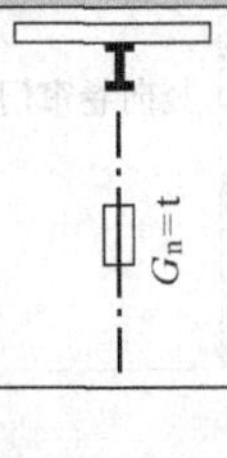
2	起重机轨道				

（续）

序号	图　名	图　例	序号	图　名	图　例
4	梁式悬挂起重机	$G_n=t$ $S=m$	9	壁柱式起重机	$G_n=t$ $S=m$
5	多支点悬挂起重机	$G_n=t$ $S=m$	10	壁行式起重机	$G_n=t$ $S=m$
6	梁式起重机	$G_n=t$ $S=m$	11	定柱式起重机	$G_n=t$ $S=m$
7	桥式起重机	$G_n=t$ $S=m$	12	传送带	
8	龙门式起重机	$G_n=t$ $S=m$	13	电梯	
			14	自动人行道	
			15	自动人行坡道	上

　　建筑的某些局部可能比较复杂，在平面图上无法表示清楚，这时应另画详图表示，但在平面图上应画出详图索引符号。

　　3. 定位轴线

　　建筑的墙柱等主要承重构件，应使其中心线或边缘处与定位轴线重合，以便施工时能正确定位。定位轴线是平面图上的主要内容，在画图和施工时都是首先要确定的。定位轴线是

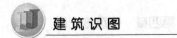

确定建筑各部分平面位置的基本依据。

4. 尺寸及标高

除了定位轴线外，平面图上还必须标注完整、详细的尺寸，才能完全确定建筑各部分的平面位置和具体尺寸。在平面图的下方和左侧应标注至少三道尺寸，其他两侧如果有变化，也应标注三道尺寸。

第一道尺寸，即最里面的一道，用来标注外墙上的门窗洞口、墙段、柱等细部的大小和位置，称为细部尺寸。每一个标注对象必须标出其长度（称为定形尺寸）和与附近的定位轴线之间的尺寸（称为定位尺寸）。

第二道尺寸，即中间的一道，用来标注各定位轴线之间的尺寸。根据这道尺寸，可以一眼看出各房间的开间（指进门后视野开阔方向的尺寸）和进深（指进门后径直走下去的深度）。

第三道尺寸，即最外面的一道，用来标注该方向的建筑总长度，要注意该尺寸是指建筑的外包尺寸，即墙的外缘至外缘的尺寸。

建筑的内部尺寸应就近标注，不能标在外围，否则标注离得太远，不便看图，而且容易与外围尺寸混淆。内部尺寸通常只需标注一道。

三、底层平面图

1. 底层平面图的图示内容

1）图名、比例。

2）定位轴线及编号。

3）房间名称、形状、尺寸。

4）楼梯、走道、门厅等交通联系设施。

5）墙和柱的数量、位置、断面形状和尺寸。

6）门窗的数量、位置、洞口宽度及编号。

7）卫生间、厨房等固定设施的布置。

8）房间、走道等地面高差分界线。

9）台阶、花台、散水、明沟、落水管等室外构配件的位置、形状、尺寸及排水坡向等。

10）尺寸和标高。

11）剖切符号及编号。

12）索引符号及编号。

13）指北针。

14）对称符号。

2. 底层平面图的识读要点

底层平面图在整套建筑施工图中最为重要，其内容表达和各种标注最为丰富。读懂了底层平面图并将其内容和标注熟记在心，就能轻松地阅读其他的施工图，从而将整套建筑施工图牢记于心。

1）先粗略查看，后详细阅读。粗略查图名、定位轴线、房间、楼梯、走道及外围两道尺寸，对房屋的整体轮廓有一个初步的了解，再详细阅读其余的细节。

2）按照上述图示内容的顺序逐个阅读。

3）重点查看定位轴线、墙和柱与定位轴线的关系、门窗洞口的位置和宽度及编号、三道尺寸、标高等。

　　4）注意与其他楼层平面图、剖面图对照阅读。不同楼层的结构类型、墙体布置、房间大小等可能不同，应仔细阅读，注意它们的区别；不同楼层的层高、门窗的位置和尺寸、室内外各种构配件可能也不同。

　　5）要特别注意不同地面的微小高差等细节变化。同一楼层中，各部分的标高有所不同，特别是厨房、卫生间、阳台等部分，常常比相邻主体部分的地面低 20~30mm；某些建筑中，不同房间的层高可能相差 1/3 以上，甚至几层合并成一层。这些相邻高差的分界处有一条分界线，并且分别标注了各自的标高。

　　6）注意剖切符号的位置，并对照相应的剖面图；注意指北针、对称符号等。

　　3. 底层平面图识读实例

　　（1）某传达室平面图识读　图 4-4 所示为某传达室的平面图。从图中可以看出，该传达室坐北朝南，平面形状为两个错开的矩形，东西总长 89.40m，南北总长 98.40m。

　　东西方向共有四道墙，厚度全部为 240mm，1~4 号轴线分别通过墙体中心，南北方向也是四道墙，厚度也全部为 240mm，A~D 号轴线分别通过墙体中心。8 道墙错开组成 3 个房间，其中传达室开间 6m，进深 5.1m，两个值班室的开间分别为 5.1m、3.6m，进深均为 3.6m。

> 所谓"开间"，是指进门后视野开阔方向的尺寸，而"进深"则指径直走下去的距离。并非小的尺寸为开间，大的尺寸为进深。

　　三间房屋共有四扇门，编号均为 M1，洞口宽度 900mm，高度 2.1m，如图 4-5、图 4-6 所示。除了传达室入口处门洞边缘的墙垛为 490mm（距 C 号轴线 610mm）外，其余门洞边缘的墙垛为 120mm；外墙上共有四扇窗户，其中 C1 的宽度为 3.6m，C2 的宽度为 3.0m，C3 的宽度为 1.8m，窗洞的高度均为 1.8m，4 号轴线上的 C3 距 A 号轴线 600mm，其余窗洞全部居中。

　　从图 4-4 中还可以看到，房屋的六个外角均设有构造柱，其断面尺寸均为 240mm × 240mm。另外，图 4-4 中还清楚地画出了 1—1 剖面的剖切位置和投视方向；1 号轴线墙的外侧有两个落水管；传达室和值班室的入口处各有三级台阶，其宽度为 300mm，高度为 150mm，上面的平台宽度分别为 1.38m 和 1.68m（2.40 − 0.12 − 0.30 − 0.30 = 1.68）。

　　（2）某住宅底层平面图识读　图 4-7 所示为某住宅的底层平面图，从图中可以看到该住宅为一梯两户，两户的布局完全相同，以 4 号轴线为对称中心线。该住宅平面形状为矩形，东西方向共有七道墙体，厚度均为 240mm，其中心线作为横向定位轴线，编号从左到右依次为 1~7，建筑总长度 15.84m；南北方向共有五道墙体，厚度均为 240mm，其中心线作为纵向定位轴线，编号自下而上依次为 A~D，第二道墙为楼梯间的外墙，由于较短，其中心线采用附加定位轴线，编号为 1/A，建筑总宽度 9.54m。

　　从每个住宅单元的功能布局来看，该住宅为两室两厅一厨一卫。从楼梯上来首先进入客厅，客厅的开间和进深分别为 4.2m 和 3.9m，在所有房间中最大，客厅再往里走是餐厅，餐厅的开间和进深分别为 3.0m 和 2.4m；通过餐厅可以分别进入厨房、卫生间和两个卧室；厨房和餐厅相邻，卫生间位于两个卧室中间；厨房和客厅的外面分别设有阳台。住宅的整体布局紧凑，功能分区明确，空间利用率高。

　　从第二道尺寸（轴线尺寸）可以看到各房间的开间和进深尺寸，主卧室的开间 3.6m，

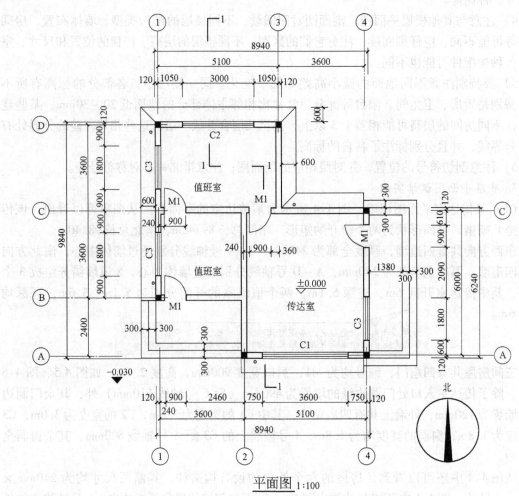

平面图 1:100

图4-4 某传达室平面图

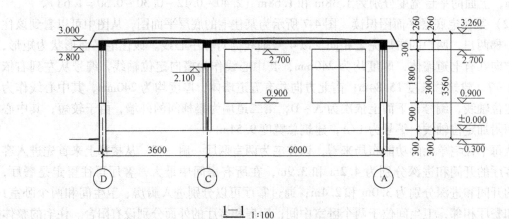

1—1 1:100

图4-5 某传达室1—1剖面图

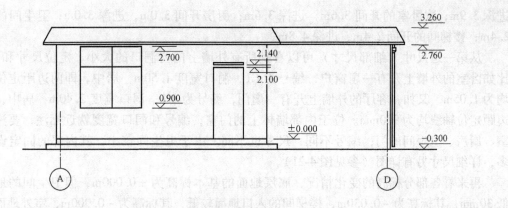

东立面图 1:100

图4-6　某传达室东立面图

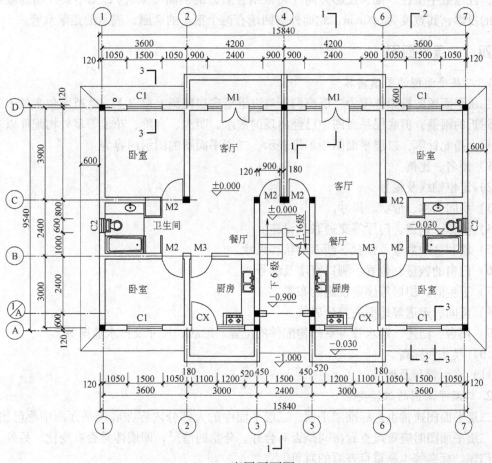

底层平面图 1:100

图4-7　某住宅底层平面图

进深3.9m；次卧室的开间3.6m，进深3.6m；厨房开间3.0m，进深3.0m；卫生间的开间2.4m；楼梯间的开间2.4m，进深4.8m。

从第一道尺寸（细部尺寸）可以看到所有外墙上门窗洞口的大小、定位尺寸和编号，比如卧室的外墙上开有一扇窗户，编号为C1，洞口宽度1.50m，居中，即两边距定位轴线均为1.05m，又如，客厅的外墙上开有一扇门，编号为M1，洞口宽度2.40m，居中，即两边距定位轴线均为900mm。位于内部墙体上的门窗，编号和洞口宽度就近标注，要注意卧室、厨房、卫生间的门，编号不同，尺寸也不同。由于卫生间较小，其内部的固定设备较多，详细尺寸另有详图（参见图4-21）。

再来看各部分标高的变化情况，底层地面的基本标高为±0.000m，但卫生间的地面要低30mm，其标高为-0.030m，楼梯间的入口地面较低，其标高为-0.900m，室外地面的标高为-1.000m。在楼梯入口处，由于没有标注门的编号，也没有画出门的图例，因而没有门，只有门洞，其宽度为2.40m。

此外，从图中还可以清楚地看到两个剖面的剖切符号及其编号，其中1—1剖面为转折剖面，注意数字所在一侧为投影方向（可以结合后面的剖面图来看）；图中最外面的细线是散水的投影，其宽度为600mm，北面外墙两端有两个很小的圆圈，表示的是落水管。

四、二层平面图

1. 二层平面图的图示内容

二层平面图的投影范围为二层窗洞下口以下至底层窗洞上口以上，此范围包含位于二层楼面附近的雨篷，但底层平面图中已经出现的散水、明沟、台阶、花池等室外构配件以及剖切符号、指北针等，二层平面图中不再表示。二层平面图的图示内容为：

1）图名、比例。

2）定位轴线及编号。

3）房间名称、形状、尺寸。

4）楼梯、走道、门厅等交通联系设施。

5）墙和柱的数量、位置、断面形状和尺寸。

6）门窗的数量、位置、洞口宽度及编号。

7）卫生间、厨房等固定设施的布置。

8）房间、走道等地面高差分界线。

9）阳台、雨篷、落水管等室外构配件的位置、形状、尺寸及排水坡向等。

10）尺寸和标高。

11）索引符号及编号。

2. 二层平面图的识读要点

二层平面图通常也是标准层平面，二层平面中的大部分内容在底层平面图中都已出现。阅读二层平面图时应重点查看房间是否有合并、分割的情况，即墙体是否有变化。另外，柱子、门窗、标高等也是重点查看的对象。

3. 二层平面图识读实例

图4-8是某住宅的二层平面图，该住宅共有三层，楼梯间局部四层。二、三层基本相同。对照图4-7可以看出，二层平面与底层平面在墙体布置、房间大小、门窗位置及编号方

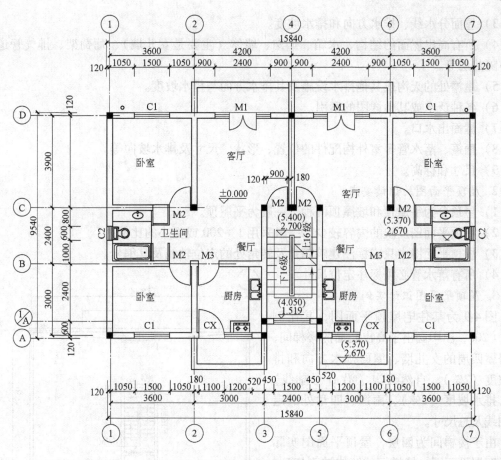

标准层平面图 1:100

图4-8 某住宅二层平面图

面基本相同，但仍有多处不同，主要区别如下：

1）在1/A轴上的楼梯间外墙上的门洞变成了窗户，其尺寸为1.50m，居中。

2）楼梯间的画法不同，二层平面中的楼梯间画出了一~二层间完整的投影，分为上行16级和下行16级两部分，中间用折断线断开。

3）楼梯间的标高不同，楼层处平台的标高与楼面基本标高一致，为2.700m，休息平台的标高为1.519m。此处标高原本应为1.350m，为提高休息平台下的净空高度，将休息平台提高了一级台阶的高度，三层则恢复原貌，为2.700m + 1.350m = 4.050m。

4）卫生间、阳台的标高为2.700m - 0.030m = 2.670m。

5）室外的散水、台阶及指北针在二层平面图上没有。

五、屋顶平面图

1. 屋顶平面图的图示内容

1）图名、比例。

2）定位轴线及编号。

3）屋面分水线、排水方向和排水坡度。

4）所有高出屋面的结构、水箱、烟囱、墙体（主要是女儿墙）、葡萄架、排气管道及架空隔热层等。

5）屋檐处的天沟或其他排水设施及其排水方向与排水坡度。

6）各种泛水或其他详图的索引。

7）屋面出水口。

8）雨篷、落水管等室外构配件的位置、形状、尺寸及排水坡向等。

9）尺寸和标高。

2. 屋顶平面图的识读要点

1）屋顶分为平屋顶和坡屋顶两种，一般为平屋顶。

2）屋顶平面图反映的内容较少，一般采用1:200或更小的比例。

3）屋顶平面图中只需标注建筑四角及转角处的定位轴线及其编号。

4）所有落水管必须标注定位尺寸。

3. 屋顶平面图识读实例

图4-9为某住宅屋顶平面图，其比例为1:200，图中画出了高出屋面的楼梯间、沿房屋四周的女儿墙、屋面排水方向和排水坡度（2%）、自然天沟（沿D号轴线）及其排水坡度（2%）、雨篷、四角处的定位轴线及总尺寸。

由于楼梯间为四层，屋顶平面图实际上是四层平面图，楼梯间的墙体被剖切到，用粗实线，其余投射线则用中实线。楼梯间两处平台的标高分别是8.100m和5.750m，从四层到三层，下行16级。

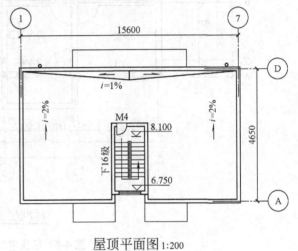

屋顶平面图 1:200

图4-9 某住宅屋顶平面图

◇◇◇ 第四节 立 面 图

一、立面图的命名

将房屋的各外墙面分别向与其平行的投影面进行投影，所得到的正投影图就是立面图。立面图有三种命名方式：

（1）主次命名法 将房屋主要出入口或较显著地反映房屋特征的那个立面图叫做正立面图，其余外墙面的投影分别称为背立面图、左侧立面图、右侧立面图。

（2）方位命名法 按照房屋外墙面的朝向命名，分别有东立面图、西立面图、南立面图、北立面图等。

（3）轴线命名法 按照各立面两端的轴线来命名，比如图4-13所示的某住宅南立面图，也可以叫做①~⑦立面图，则北立面图应叫做⑦~①立面图。

二、立面图的图示方法及有关规定

1）投影面必须平行于建筑立面，某些建筑的立面可能是圆形、弧形或折线形，这时应分段展开绘制立面图，并在图名后加注"展开"二字。

2）房屋的外围轮廓线、凸出的较大形体的外围轮廓线用粗线，地坪线用加粗线，门窗、柱、阳台等主要结构构件的轮廓线用中线，其余均用细线，但向内开的门窗的开启线用细虚线。

3）立面图中门窗的图例线画法参见表4-6。

4）立面图中各部分的外装修用引线加文字直接标注在装修部位的附近，具体做法以施工说明和工程做法表为准。

5）相同的门窗、阳台、外墙装修、构造做法等可在局部重点表示，绘出其完整图形，其余部分只画轮廓线。

6）立面图中不标注尺寸，但应在两侧对齐标注屋面、楼面、地面、门窗洞口、凸出构件的上下面的标高，个别离两侧较远的构件可就近标注。

7）标高有建筑标高和结构标高之分，当标注构件的顶面标高时，应标注建筑标高，即包括粉刷层在内的完成面标高，如女儿墙顶面；当标注构件底面标高时，应标注结构标高，即不包括粉刷层在内的结构底面，如雨篷；门窗洞口尺寸均不包括粉刷层。

8）立面图中两端的定位轴线必须标出。

9）比较简单的完全对称的建筑，在不影响构造处理和施工的情况下，立面图可绘制一半，并在对称轴线处画对称符号。通常情况下，一半画南（正）立面，一半画北（背）立面。

三、立面图的图示内容

1）图名、比例。

2）定位轴线及编号。

3）地平线。

4）勒脚、门窗洞口、檐口、阳台、窗台、雨篷、台阶、花台、柱子等。

5）门窗扇、阳台栏杆、雨水管、装饰线脚、墙面分格线以及引出线等。

6）各种外装修。

7）标高。

8）索引符号、对称符号。

四、立面图识读实例

立面图比较简单，阅读时可按照线条的粗细依次进行，即先看粗线和中线表示的主要轮廓，再看细线表示的次要轮廓和图例。

（1）某传达室立面图识读 图4-6所示是某传达室的东立面图，图4-10～图4-12分别是西立面图、南立面图和北立面图。图中分别画出了从不同方向看到的屋顶、墙角、门窗、雨篷、台阶、落水管等的投影及各有关标高、两端的定位轴线、地平线等。

（2）某住宅立面图识读 图4-13和图4-14所示分别为某住宅的南立面图和东立面图，从图中可以看出，该住宅共有三层，位于中部的楼梯间局部四层，楼梯间女儿墙顶的标高为

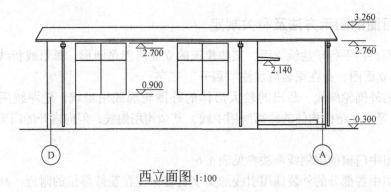

西立面图 1:100

图 4-10　某传达室西立面图

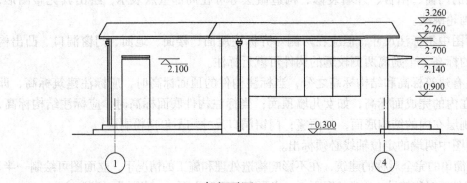

南立面图 1:100

图 4-11　某传达室南立面图

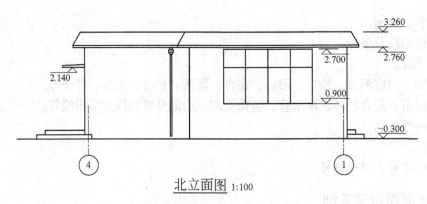

北立面图 1:100

图 4-12　某传达室北立面图

10.900m，主体部分的最大标高（女儿墙顶）为 9.150m，室外地面的标高为 −1.000m，室内地面和屋顶（标志标高）的标高自底层向上依次 ±0.000、2.700m、5.400m 和 8.100m，三层窗洞的标高比上一层楼面标高分别低 0.300m，分别为 2.400m、5.100m 和 7.800m；阳台顶面标高比楼面标高高出 1.050m，一、二、三层分别为 1.050m、3.750m 和 6.450m，底面标高比楼面标高低 0.180m，一、二、三层分别为 −0.180m、2.520m 和 5.220m，雨篷顶面的标高为 8.100m。

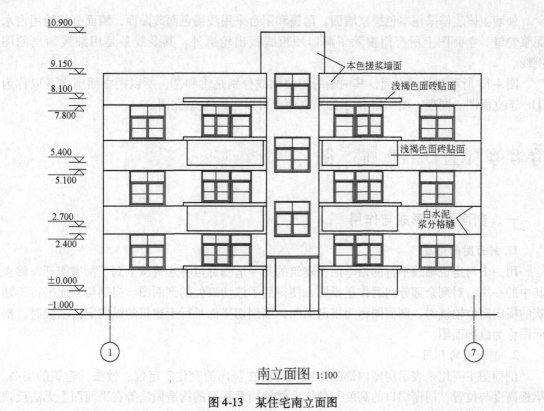

南立面图 1:100

图 4-13 某住宅南立面图

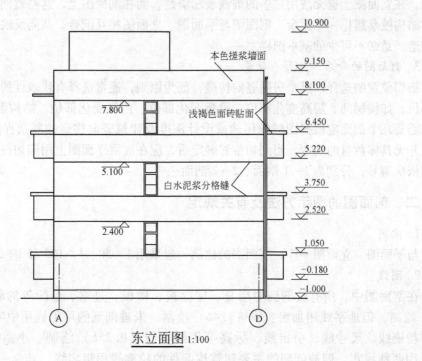

东立面图 1:100

图 4-14 某住宅东立面图

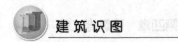

外墙主体装修采用本色搓浆墙面，雨篷和阳台采用浅褐色面砖贴面，墙面分格缝用白水泥浆勾缝。立面图上所有门窗除了洞口用粗线画出轮廓外，其余线条是用细线画出的图例线。

图 4-13 所示的是南立面，其两端的定位轴线分别是①和⑦，所以南立面图也可以称为①～⑦立面图。同理，图 4-14 所示的东立面也可以叫做Ⓐ-Ⓓ立面。

◆◆◆ 第五节 剖 面 图

一、剖面图的形成与作用

1. 剖面图的形成

用一个与定位轴线平行的铅垂面在建筑的某一适当部位将建筑从上到下彻底切开，移去其中的一块，对剩余部分向后作正投影，便得到了该切口处的剖面图。当剖切平面平行于建筑的横向定位轴线时，剖面图称为横剖面图，当剖切平面平行于建筑的纵向定位轴线时，剖面图称为纵剖面图。

2. 剖面图的作用

剖面图主要用来表示房屋内部的结构和构造在竖向的变化、定位、做法。建筑的层高、梁板高度与位置、门窗洞口的高度与位置、楼地面及屋面的构造做法等在平面图上无法反映出来，在立面图上也无法用过多的虚线表示清楚，而在剖面图上，这些被剖切平面完全剖切到的结构被暴露得一览无余。剖面图与平面图、立面图相互配合，共同反映了建筑三维的结构构造，是必不可少的基本图样之一。

3. 剖面图的命名、位置、数量

剖切位置的选择以反映房屋竖向构造特征为原则，通常选择有代表性的部位和特殊变化的部位，如楼梯间、层高变化部位、梁板变化部位、门窗变化部位、结构形式变化部位等。究竟需要几个剖面应根据图样的用途或设计深度及建筑竖向构造的复杂程度和变化情况确定，并无具体数量的规定。当剖切位置确定后，应在底层平面图上用剖切符号标出，并从左到右依次编号，分别为 1—1 剖面、2—2 剖面……

二、剖面图的图示方法及有关规定

1. 比例

与平面图、立面图一样，剖面图的比例一般采用 1：50、1：100 和 1：200。

2. 图线

在剖面图中，所有被剖到的墙身、屋面板、楼板、过梁、台阶等的轮廓线用粗实线（b）绘制，但地平线用加粗实线（$1.4b$）绘制，未被剖到的可见线用中实线（$0.5b$）绘制。粉刷线、尺寸线、引出线、标高等用细实线（$0.25b$）绘制。小型建筑的剖面图，可采用两种线宽，即被剖到的主要建筑构配件的轮廓线用粗实线，其余一律用细实线。

3. 图示范围

地面以下的基础在剖切时也被剖到，但基础属于结构施工图的内容，在建筑剖面图中无须画出，通常在地面以下适当的位置用折断线将墙体折断；剖面图中某些不需反映的结构可用折断线断开。

4. 图例的省略画法

当比例不小于 1：50 时，应画出抹灰层、楼地面面层线及材料图例；当比例不大于 1：100 时，抹灰层、楼地面面层线可以省略不画，材料图例则可以采用简化画法，钢筋混凝土涂黑，砖墙可以涂红或不填充。

5. 尺寸标注

剖面图上应在竖直方向和水平方向同时标注尺寸，尺寸标注的道数应根据设计深度和图样的用途确定。

竖直方向通常标注三道尺寸，最里边一道为细部尺寸，主要标注勒脚、窗下墙、门窗洞口等外墙上细部构造的高度尺寸；中间一道为层高尺寸，主要标注楼地面之间的高度，这一道亦为定位尺寸；最外边一道为总高尺寸，标注室外地坪至屋顶的距离。

水平方向通常标注两道尺寸，里边一道为轴线尺寸，外边一道为总尺寸。

6. 标高标注

与立面图一样，剖面图上应标出室外地坪、室内地坪、地下层地面、楼地面、屋顶、阳台、平台、檐口、门窗洞口上下边缘、台阶等处的标高。标高所注的高度位置与立面图相同。室内的楼梯休息平台、平台梁和大梁的底部、顶棚等处的标高及相应的尺寸，也应就近标出。

7. 索引

根据需要对房屋某些细部如外墙身、楼梯、门窗、楼屋面、卫生间等的构造做法需放大画成详图的地方标注上详图索引符号。

8. 多层构造引出线

对某些比较简单的房屋，可在剖面图中对楼地面、屋面等处用多层构造引出线引出，并按其构造层次顺序逐层以文字进行说明。

三、剖面图的图示内容

1）图名、比例。

2）定位轴线及定位轴线间的尺寸。

3）所有剖切到的结构、构件，主要包括楼地面、顶棚、屋顶、散水、明沟、台阶、门窗、过梁、圈梁、承重梁、连系梁、楼梯梯段及楼梯平台、雨篷、阳台等。

4）所有没有剖切到但投影时可见的部分，主要包括看到的墙面、阳台、雨篷、门窗、踢脚、勒脚、台阶、雨水管、楼梯段、栏杆、扶手等。

5）尺寸和标高。

6）详图索引符号。

7）装修做法。

四、剖面图识读要点

1）查看剖面图的图名与底层平面图中标注的剖切编号是否一致，根据底层平面图中的剖切位置，仔细查看定位轴线的编号、轴线间的尺寸是否一致。

图 4-15 所示为某住宅的 1—1 剖面图，比例为 1∶100，其剖切位置可以在底层平面图中找到，对照图 4-7 可以发现，1—1 剖面为阶梯剖面，从客厅中央剖开，转折后通过楼梯间，投影方向从右向左。被剖切到的墙体有 1/A 轴、C 轴和 D 轴，其间距分别为 2400mm、2400mm 和 3900mm，A、B 轴墙体在楼梯间断开，未被剖切到，但 A 轴墙与 3 轴墙的外轮廓交线在投影时是可见的，图中用中实线绘出。

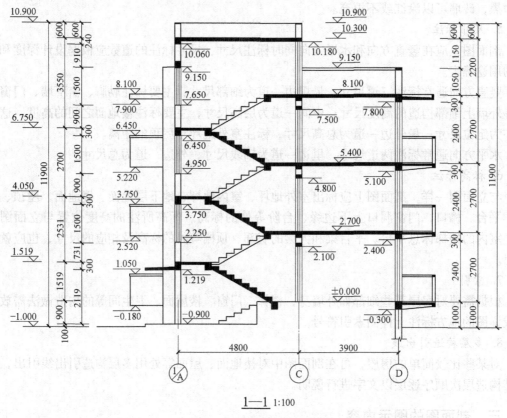

1—1 1:100

图 4-15 某住宅 1—1 剖面图

图 4-16 所示为该住宅的 2—2 剖面图，比例为 1∶100，其剖切位置在 6 轴线与 7 轴线之间，沿房屋横向通剖。由于投影方向向右，剖面图中反映出的轴线从左到右分别为 ⓓ、ⓒ、ⓑ、ⓐ，相应的轴线间距分别为 3.9m、2.4m 和 3.0m。

2）查看剖面图中剖切到的墙体、柱子、楼板、地面、屋顶等主要结构的位置与间距，了解建筑空间结构构件的分布和排列，为进一步详细阅读剖面图奠定基础。

在平面图中，建筑结构和构件的定位是通过纵横定位轴线网络来确定的，在剖面图中又该如何实现呢？墙体、柱子等竖向结构构件的定位依赖横向定位轴线（横剖面图），而楼板、地面、屋顶等水平结构构件的定位则依赖于竖向定位轴线。所谓竖向定位轴线，实际上是指楼板、地面、屋顶这些主要水平结构构件的表面标高（建筑标高），其间距（层高）即为轴线尺寸，在剖面图的尺寸标注中放在第二道。

从 1—1 剖面图中可以看到，该住宅的主体部分有三层，层高均为 2.7m，楼梯间局部四层，第四层的层高为 2.2m；室内外高差 1.0m，高出屋面的女儿墙，其高度分别为 1.05m 和

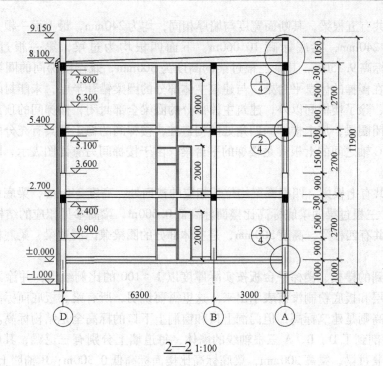

$$2—2 \quad 1:100$$

图 4-16 某住宅 2—2 剖面图

600mm；建筑总高 11.900m。

3）查看内外墙体上门窗洞口的高度、位置、标高等。

门窗洞口的宽度、水平定位、编号等在平面图中可以找到，其高度和式样在门窗表中可以一一找到，但其竖向的定位必须在剖面图中才能查找到，主要是通过最里面的一道尺寸和标高来确定的。

从 1—1 剖面图中可以看到，D 轴线墙上的门洞高度为 2.4m，落地，洞口顶面的标高分别为 2.400m、5.100m、7.800m，比相应的楼面标高低 0.300m；C 轴线上的门洞共有四个，下面三个是楼梯间通往客厅的门，门洞高度 2.1m，洞口顶面的标高分别为 2.100m、4.800m、7.500m，比相应的楼面标高低 0.600m，而顶层的门洞则是楼梯通往屋顶的门，其洞口高度为 2.08m，洞口顶面和底面的标高分别为 10.180m 和 8.100m。1/A 轴线是楼梯间的外墙，底层是门洞，高度为 2.119m，洞口顶面的标高 1.219m，下面是通往室外的平台，标高 −0.900m，上面三个是楼梯间外墙采光窗，洞口高度全是 1.5m，洞口下标高比相应的休息平台高 0.900m，但第一个休息平台上的窗洞由于平台上提 0.169m，窗洞下口至休息平台的高差为 731mm。

2—2 剖面图中反映出住宅主体部分外墙上窗洞的高度和定位，所有窗洞的高度均为 1.5m，窗洞下口至楼面的高差为 900mm（窗台高度），窗洞上口至楼面的高差为 300mm（圈梁兼过梁的高度）。

4）查看梁、板的断面、位置、标高。

1—1 剖面同时剖切到 1/A 轴、C 轴、D 轴墙体和楼梯间，这些部分被剖到的梁、板全部用涂黑的形式表示出来，并在适当的位置标注了相应的标高。

1/A 轴上共有五根梁，其断面宽度与墙厚相同，均为 240mm，最上面一根是楼梯间的封闭圈梁，梁高 240mm，梁底标高 10.060m，下面四根均为过梁，第一根过梁的高度为 240mm，梁底标高 9.150m，其余三根过梁的高度为 300mm，兼作楼梯间的圈梁。由于这三根过梁的位置在楼梯的休息平台处，与建筑主体部分的圈梁错开半层，未能封闭，但从平面图上可以看出，除了楼梯间以外，建筑主体部分的圈梁全部封闭，楼梯间的顶部和基础顶面各设有一道封闭圈梁，加上楼梯间四角处的构造柱，楼梯间的稳定性具有充分的保证。

1/A 轴与 C 轴之间的七根梁是楼梯的平台梁，由于楼梯间另有详图表示，图中没有标注平台梁的标高。

C 轴墙上共有七根梁，四根圈梁均位于相应的楼面处，高度 240mm，梁底标高比楼面标高低 0.240m；三根过梁的梁底标高比楼面标高低 0.600m，梁高参见相应的结构施工图。

D 轴墙上共有四根梁，高度 300mm，是主体部分的圈梁兼门洞过梁，梁底标高比楼面标高低 0.300m。

所有被剖到的楼板、楼梯平台板按实际厚度以 1：100 的比例绘出，并涂黑。由于比例小，板上的面层和板底粉刷没有表示出来。这里需要说明，所有梁、板底面标高均为结构标高，而板顶标高则是建筑标高，但门洞上口和窗洞上下口的标高全是结构标高。

2—2 剖面剖到了 D、B、A 三根轴线的墙体，每道墙上分别有三道梁，其中 D、A 轴墙上的梁为圈梁兼过梁，梁高 300mm，梁底标高比楼面标高低 0.300m；B 轴墙上的梁为圈梁，梁高 240mm，梁底标高比楼面标高低 0.240m。

5）查看雨篷、阳台、散水等室外构件的断面、位置、尺寸、标高。

从 1—1 剖面上可以看到，楼梯间底层出口处的门洞上方设有雨篷，雨篷板底标高 1.219m，雨篷板的具体尺寸和配筋另有详图；D 轴墙外侧每层均设有阳台，阳台板外围边梁的底部标高比楼面标高低 0.180m，阳台栏板的顶面标高比楼面标高高 1.050m，底层阳台的栏板顶面标高和边梁底部标高分别为 1.050m 和 −0.180m。三层阳台的上方设有雨篷，雨篷板底标高 7.900m。雨篷、阳台、散水的详细构造另有详图。

6）查看可视部分的投影。

1—1 剖面上未能剖切到但投影中能看到的部分是 1/A 轴外面的雨篷、阳台和屋顶女儿墙顶部的压顶以及墙外的落水管，这些部分的投影全部用细实线画出。

◇◇◇ 第六节 建筑详图

一、建筑详图概述

1. 建筑详图的作用

建筑平、立、剖面图表现了房屋建筑的整体布局和空间分布，为了反映全面，只能采用较小的比例，使得房屋的许多细部（如散水、明沟、窗台、泛水、楼地面层等）的构造以及各种构、配件（如门窗、楼梯栏杆、阳台等）的断面尺寸等无法表示清楚。作为工程施工的直接依据的施工图必须清楚、明确地反映出建筑每一个细部的详细构造和尺寸，这就需要专门的图样——详图来反映这些不清楚的地方。详图是建筑平、立、剖等基本图样的补充，与基本图样共同组成完整的建筑施工图。

2. 建筑详图的分类

建筑详图可以是平、立、剖面图中某一局部的放大图，也可以是某一断面、某一建筑节点或某一构件的放大图。

建筑的许多细部和各种构、配件通常采用一些成熟的定型设计，这种设计是许多设计人员和工程施工人员在长期的工程实践中总结出来的，既满足规范的规定，又能适应各地的具体的情况，通常以地方标准图（也可选用全国通用的标准图或者结合使用）的形式出现。直接套用标准图可以大大减轻设计人员的工作量，提高设计效率。

对标准图中的设计做部分更改的必须在索引中加以说明，同时对更改部分专门绘制详图；单独设计的，必须专门绘制详图。

3. 建筑详图的比例

建筑详图的比例以表达清楚为原则，对不同的详图采用不同的比例。

常用比例为 1：1、1：2、1：5、1：10、1：20、1：50。根据实际也可采用 1：25、1：30、1：6、1：8 等比例。各种详图的常用比例见表 4-11。

表 4-11 详图的比例

名 称	比 例	名 称	比 例
墙身剖面详图	1：10、1：20	楼梯栏杆、扶手、踏步	1：5、1：10、1：20
局部平面图	1：20、1：50	泛水、天沟、落水管等	1：10、1：20
分层剖面图	1：10、1：20	散水、明沟、花池等	1：20、1：30、1：50
楼梯平面图	1：20、1：30、1：50	雨篷、阳台等	1：10、1：20
楼梯剖面图	1：20、1：30、1：50	各种节点详图	1：2、1：5、1：10

4. 建筑详图的图示内容

1）详图名称、比例。

2）详图符号及编号。

3）详图所示实体：详图中应以合适的比例清晰地表示出详图所示实体的形状、层次、尺寸、材料、做法、施工要求等以及实体与周围构配件之间的连接关系。

4）定位轴线及其编号。

5）标高。

5. 建筑详图的索引

建筑详图表示的部位在基本图上必须有明确的标注，通常以索引符号引出。

二、建筑详图识读

1. 墙身剖面详图

墙身剖面详图主要指外墙墙身从上到下的垂直剖面，详细反映了各节点的细部构造。外墙身详图可用剖切符号在底层平面图中直接标注其编号和投影方向，如图 4-7 中的 3—3 剖面，也可在建筑剖面图的外墙上用索引符号标注出各节点，如图 4-16 中的详图索引，并依次在各节点详图旁标注出详图符号。被剖切或被索引的编号，必须与详图的编号相一致，如图 4-18 ~ 图 4-20 所示。

为了节约图纸，常将窗洞口缩短，即在窗洞口中间折断，将外墙折断成为几个节点，此时，一般要画出底层节点（室外地坪至底层窗洞）、顶层节点（顶层窗洞至屋顶）；而中间若干个节点视其构造而定，如为多层房屋且中间各层节点构造完全相同时，只画一个中间节点（相邻两层的窗洞至窗洞）即可代表整个中间部分的外墙身，但在标注标高时，要在中间节点详图的楼面、窗洞等处标注出中间各层的建筑标高，除本层标高外，其他各层标高应画上括弧，如图 4-17 所示。

详图中，在被剖到的地方应画出材料图例，并对多层构造采用共用引出线对其各层进行说明，也可另外列表说明；对外墙上各部分要标注出详细的尺寸，如窗间墙、窗台、遮阳板、檐口、散水等，对被折断的窗洞口标注尺寸时，应标注其实际的长度和标高。

如几个外墙身的构造做法完全相同，则可只画一个详图，在标注外墙身的轴线时，按标准规定进行标注：一个详图适用于几根定位轴线时，应同时注明各有关轴线的编号；通用详图的定位轴线，应只画圆不注写轴线编号。

图 4-17 详细表明了 A、D 轴外墙身各节点的构造做法。将图 4-17 分成三段就成了图 4-18 ~ 图 4-20 所示的单独表示的图 4-16 中索引出的三个节点详图。

从图 4-18 中可以看到外墙与室外地面交接处的勒脚和散水。勒脚采用 20mm 厚 1：2 水泥砂浆，高度 500mm，做勒脚主要是为了保护外墙墙身防止受到撞击；散水的做法是在夯实土壤上先用 100mm 厚的碎砖加黏土夯实作为垫层，然后用 80mm 厚的 C15 混凝土提浆抹面。为了便于排水，散水的顶面作成 5% 的坡度，散水的宽度为 800mm，可从底层平面图中查到。为了防止散水与主体建筑的不均匀沉降造成散水处的开裂，散水和外墙粉刷做至散水的垫层处。从图中还可以看到室内地面的分层构造做法及踢脚的投影，室内外地坪有 1.0m 的高差，室内地坪 ±0.000m 标高以下 60mm 处设防潮层，底层窗台的标高为 0.900m。

图 4-19 为中间层节点，从图上可以看到二、三层楼面的分层剖面构造，踢脚线、圈梁兼过梁、窗下墙及窗的断面及构造做法，各部分的具体材料、尺寸、位置、标高。楼板采用 120mm 厚钢筋混凝土预制板，两端由横墙支承，板边与纵墙平行；板上的面层采用 25mm 厚 1：2.5 的干硬性水泥砂浆（结合层）粘贴 20mm 厚的大理石，粘贴前先在板上抹一道纯水泥浆，板底用 10mm 厚纸筋灰粉刷，再刷白二道；踢脚板的材料与楼面相同，采用 20mm 厚的大理石，高度 150mm；圈梁的高度为 300mm，兼作过梁使用，梁底标高分别是 5.100m 和 2.400m。需要提醒的是楼面标高 5.400m 和 2.700m 是建筑标高，即面层做完后的标高，因而施工时应扣除面层的厚度确定楼板的标高，而圈梁底标高 5.100m 和 2.400m 则是结构标高，不包括 20mm 厚的粉刷层；窗下墙的高度 900mm，所以窗台的标高比楼面标高高0.900m，但窗台的标高是结构标高。

图 4-20 为顶层节点，从图上可以看到屋面板与楼板相同，采用 120mm 厚钢筋混凝土预制板，楼板向下的构造与楼层节点完全相同，但楼板向上则完全不同。先来看屋面的构造做法，板上先用纯水泥浆刷一道，然后用 25mm 厚 1：3 的水泥砂浆找平，再 1：6 水泥炉渣找坡，起始厚度 80mm，坡度 2%，找坡层上面再用 25mm 厚 1：3 的水泥砂浆找平，然后浇筑 40mm 厚 C30 细石混凝土整浇层作为刚性防水层，细石混凝土中加 5% 的防水剂，配置 φ8 @200 双向钢筋网片。

外墙高出屋面的部分称为女儿墙，建筑主体部分的女儿墙高度为 1.05m，女儿墙顶设有宽 300mm、两端高度分别为 40mm 和 30mm 的钢筋混凝土预制板，称为压顶，压顶内配有 3

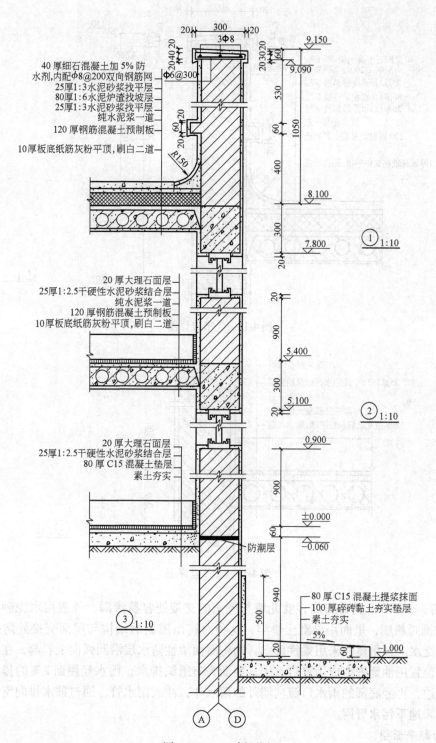

40厚细石混凝土加 5% 防
水剂,内配φ8@200双向钢筋网
25厚1:3水泥砂浆找平层
80厚1:6水泥炉渣找坡层
25厚1:3水泥砂浆找平层
纯水泥浆一道
120 厚钢筋混凝土预制板
10厚板底纸筋灰粉平顶,刷白二道

20厚大理石面层
25厚1:2.5干硬性水泥砂浆结合层
纯水泥浆一道
120 厚钢筋混凝土预制板
10厚板底纸筋灰粉平顶,刷白二道

20厚大理石面层
25厚1:2.5干硬性水泥砂浆结合层
80 厚 C15 混凝土垫层
素土夯实

防潮层

80 厚 C15 混凝土提浆抹面
100 厚碎砖黏土夯实垫层
素土夯实

图 4-17 3—3 剖面图

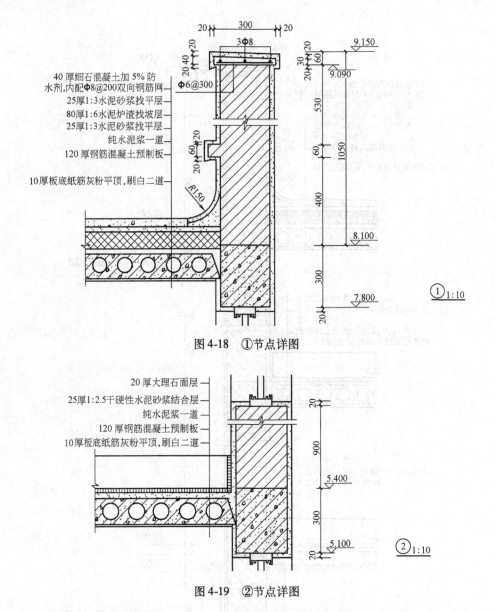

图 4-18 ①节点详图

图 4-19 ②节点详图

φ8 的纵筋、φ6@300 的分布筋；女儿墙与屋面的交接处容易渗漏，外表用水泥砂浆作 R = 150mm 的圆弧粉刷，里面用混凝土垫牢，这种对高出屋面的结构与屋面交接处防止渗漏的构造称为泛水。如果屋面采用柔性防水，则将屋面柔性防水层沿圆弧向上卷起，在女儿墙内侧的适当位置用油膏嵌牢或用铁钉钉牢；屋面为有组织排水，雨水经屋面 2% 的排水坡度排至女儿墙边，再经底部的雨水口流向墙外的雨水斗，注入雨水管，通过散水排向室外地面或经明沟排入地下污水管网。

2. 局部平面图

某些房间如厨房、卫生间、锅炉房等，固定设备多，地面高差变化大且设有排水坡度和地漏（楼板上预留的排水孔）等，为清晰地反映这些房间的构造，必须用较大的比例单独绘制详图。局部平面图也可以只绘制建筑的某一个角落或需要专门表示的某一个局部，采用

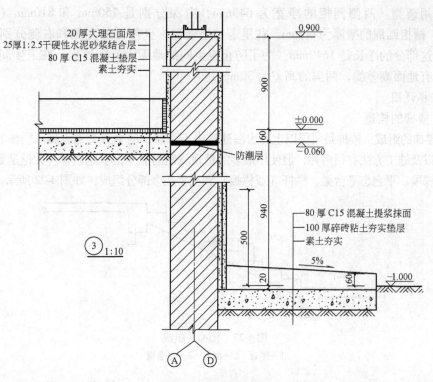

20 厚大理石面层
25厚1:2.5干硬性水泥砂浆结合层
80 厚 C15 混凝土垫层
素土夯实

0.900

900

±0.000
60
−0.060

防潮层

940

500

③ 1:10

80 厚 C15 混凝土提浆抹面
100 厚碎砖粘土夯实垫层
素土夯实

5%

20

60

−1.000

A D

图 4-20 ③节点详图

多大的比例要视具体情况而定，以反映清晰为原则，一般采用 1 : 50。

图 4-21 所示为某住宅的卫生间平面图，比例 1 : 50。卫生间的开间和进深分别是 2.4m

和 3.0m，四周墙体的轴线编号分别是 1、2 和 B、C。从图 4-7 和图 4-8 中可以看出，通过饭厅可以进入到厨房和卫生间，由卫生间的前厅分别进入到两个卧室。所以卫生间实际上分为两个部分，即前厅（通道）和卫生间。

如图 4-21 所示，卫生间的前厅与饭厅紧密相连，两端卧室的门洞宽度为 900mm，墙垛宽度为 60mm，因而卫生间的净长（进深）为 3600mm − 180mm − 900mm − 120mm = 2400mm = 2.4m。

进入卫生间的洞口宽度是 780mm，左侧是一个橱柜，用来放置雨伞等零星杂物，也可放置小型洗衣机；右侧是主卧室的橱柜，用

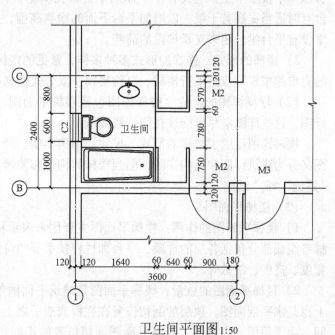

卫生间平面图 1:50

图 4-21 某住宅卫生间平面图

来放置家用杂物。两侧橱柜的净宽为 640mm，净深分别是 750mm 和 810mm（570mm + 240mm），橱柜四周的壁厚为 60mm。往里走是坐便器，坐便器的左侧和右侧分别是浴缸和梳妆台，这部分的净长是 1640mm。为了防止卫生间的地面水流到外面，在卫生间和橱柜的分界处设有地面高差线，两侧的高差为 30mm。

3. 楼梯详图

（1）楼梯的构造

1）楼梯的组成：楼梯是两层以上的房屋建筑中不可缺少的垂直交通设施。楼梯的材料、形式、结构以及施工方法有很多种，但使用最多的是现浇钢筋混凝土双跑楼梯。无论是哪一种，楼梯总是由梯段、平台、平台梁、栏杆（或栏板）和扶手几个部分组成，如图 4-22 所示。

图 4-22　楼梯的组成
1—平台　2—梯段　3—平台梁

楼梯段即中间的斜段，是楼梯的主体，每一个踏步的水平面叫踏面，铅垂面叫踢面。梯段的两端是平台，与楼层等高的平台，叫楼层平台；位于梯段中间的平台叫中间平台或休息平台，因为每一个梯段的踏步最多不能超过 18 级，否则会造成人的行走疲劳而影响安全，所以一个楼层中至少应设有一个休息平台，在双跑楼梯中通常位于正中间（底层的休息平台有时适当提高若干级，以增加平台下面的净空高度，便于通行）；平台与梯段的交接处通常设有平台梁，用来支承梯段的荷载。

2）楼梯的形式：楼梯的形式多种多样，常见的楼梯形式如图 4-23 所示，其中用得较多的有单跑楼梯、双跑平行楼梯、三跑楼梯、双分式楼梯和双合式楼梯。

（2）楼梯详图的组成　楼梯详图包括楼梯平面图、楼梯剖面图、踏步和栏杆、扶手的详图，这些详图应尽可能放在同一张图纸上。

楼梯详图反映了楼梯的形式、尺寸、结构类型、踏步、栏杆扶手及装修做法等。楼梯详图又分为建筑详图和结构详图，但当楼梯的构造和装修比较简单时，两者可合并绘制，编入"建施"或"结施"。

（3）楼梯平面图

1）楼梯平面图的作用：楼梯平面图主要用来表示楼梯的位置、楼梯间的墙身厚度、楼梯各组成部分包括各层的梯段、平台和栏杆扶手等的位置、尺寸和具体构造以及梯段踏步的宽度、高度、级数等。

2）楼梯平面图的数量：楼梯平面图是建筑平面图中楼梯间部分的局部放大图，它实际上也是水平剖面图。顶层的剖切位置在栏板或扶手之上，其余各层则在该层上行第一跑的中间。由于顶层、中间层、底层平面图剖切位置的不同，反映的内容也有所不同，应分别绘制。所以，楼梯的平面图至少有三个，但当中间各层的踏步高度、位置或级数甚至楼梯的形

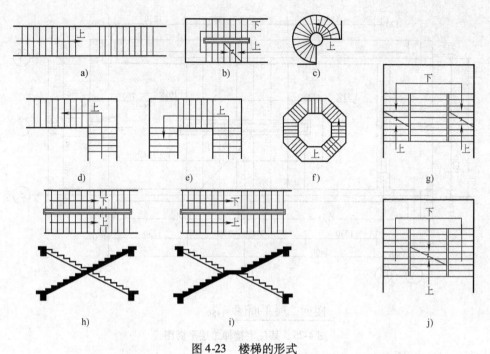

图 4-23　楼梯的形式

a）直跑楼梯　b）双跑楼梯　c）圆形楼梯　d）转角楼梯　e）三跑楼梯

f）八角楼梯　g）双合式楼梯　h）剪刀式楼梯　i）交叉式楼梯　j）双分式楼梯

式有所变化时，应分别绘制这些变化的楼层平面图。图 4-24 ~ 图 4-27 所示是某住宅的楼梯平面图，由于底层第一个上行梯段的级数与第二个上行梯段不同，第二层和第三层应分别绘制，加上底层和顶层共有四个平面图。

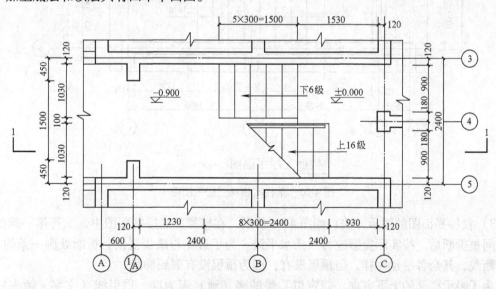

楼梯底层平面图　1:50

图 4-24　某住宅楼梯底层平面图

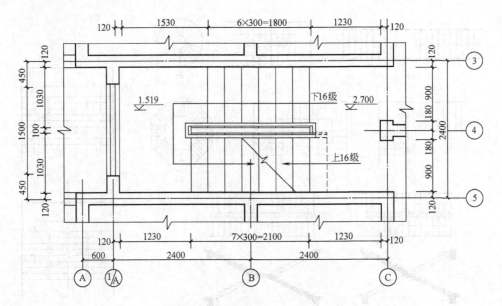

楼梯二层平面图 1:50

图 4-25　某住宅楼梯二层平面图

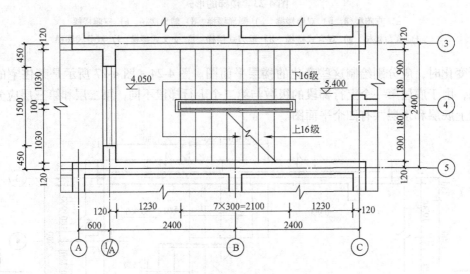

楼梯三层平面图 1:50

图 4-26　某住宅楼梯三层平面图

3）楼梯平面图的图示方法：如图 4-24 所示，在楼梯的底层平面图中，上行第一跑的梯段中间被折断后，按实际投影应为一条水平线。为了避免与踏步混淆，折断处画一条约 30°的折断线，其余各层也一样，但顶层没有，因为顶层没有剖到梯段。

为了表示楼梯的上下方向，规定以某层的楼（地）面为准，用引线（文字＋箭头）表示"上"或"下"，"上"是指到上一层，"下"是指到下一层。底层平面图只有"上"，顶层平面图只有"下"。引线上的文字表示"上"或"下"的级数，应写在引线的端部，并与引线平行。从图中可以看到，该住宅楼梯的每层均有 16 级踏步。

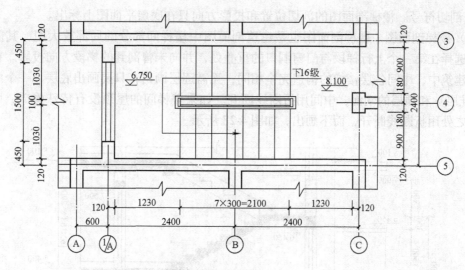

楼梯顶层平面图 1:50

图 4-27 某住宅楼梯顶层平面图

在底层平面图中，由于只有一个被剖到的梯段，只要将剖切位置以下的梯段踏步画全，并标出起点位置和踏步的宽度和级数即可。其他各层平面图中，由于投影时看到平台，应将平台画出，并标注出平台的位置和尺寸。在中间各层平面图中，折断线两侧分别表示该层至上层和下层至该层的投影。以图 4-25 为例，折断线一侧是二层至三层的楼梯投影，图中画出了二层剖切位置至二层楼面的投影，剖切位置以上的部分则由上面的平面图表示，但引线上仍标注"上 16 级"，不能只标注实际看到的级数。折断线的另一侧则反映了底层至二层的投影，同样也只能看到其中的一部分，与上行梯段重叠的部分不再绘制，而标注时仍按底层至二层的全部级数标注，即"下 16 级"。

4）楼梯平面图的标注内容：

① 定位轴线及编号。用来表明楼梯在建筑平面图中的位置。

② 尺寸。楼梯的尺寸标注通常分两道，外道尺寸主要标注楼梯间的开间和进深尺寸，从图 4-24 ~ 图 4-27 中可以看出，该住宅楼梯的开间和进深分别为 2.4m 和 4.8m；里道尺寸则应详细标明梯段的长度和宽度、楼梯井的宽度、楼梯平台的长度和宽度、四周墙体上的门窗洞口的宽度和墙体的宽度以及定位尺寸。梯段的长度标注方式为踏面宽 × 踏面数 = 梯段长度。从图 4-24 中可以看出，底层出口处门洞宽度 1.5m，居中；楼梯井宽度 100mm，梯段宽度 1.03m；上行梯段有九级，八个宽度，梯段长度为 300mm × 8 = 2400mm，起点位置距 C 轴墙内侧 930mm，下行梯段有六级，五个宽度，梯段长度为 300mm × 5 = 1500mm，起点位置距 C 轴墙内侧 1530mm。各层平面图中，窗洞的宽度和位置相同，梯段和楼梯井的宽度也相同，但楼梯踏步的数量和位置有所区别，其中二层平面图中的下行梯段七级，与其他梯段相比在休息平台处缩进一步，其长度为 300mm × 6 = 1800mm，因而休息平台为 L 形，一边的宽度为 1530mm，另一边为 1230mm，其余梯段的长度均为 300mm × 7 = 2100mm，两边平台的宽度均为 1230mm。

③ 标高。应分别标注楼层平台、中间平台、地面、室内平台、室外平台、室外地面的标高。

④ 剖切符号。楼梯剖面图的剖切位置和投影方向只在底层平面图上标出。

（4）楼梯剖面图　楼梯剖面图也是建筑剖面图中楼梯间部分的局部放大图，其剖切位置通常选择在第一个上行梯段与门窗洞口的重叠处，并向未曾剖到的梯段方向投影。在多层及高层建筑中，中间各层楼梯的构造完全相同，无需逐层画出，只要画出底层、一个中间层（即标准层）和顶层的剖面，中间用折断线断开。如果楼梯间的屋顶没有特殊构造，可在楼梯顶部之处用折断线断开，而不画出，如图 4-28 所示。

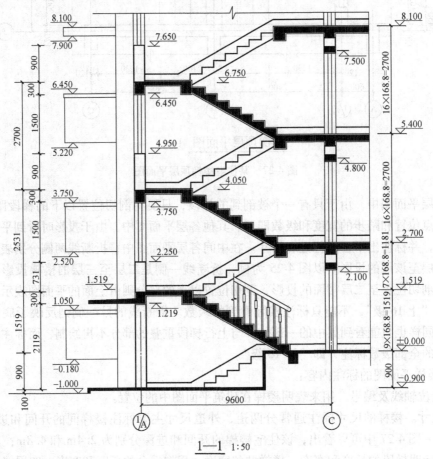

$$1—1 \quad 1:50$$

图 4-28　楼梯剖面图

在楼梯剖面图的竖直方向应标注出楼梯间外墙的墙段、门窗洞口的尺寸和标高；标注出各层梯段的高度尺寸，其标注方法与平面图相同，即：步级数×踢面高＝梯段高度；标注出各层楼地面、平台面、平台梁下口的标高；此外，还应标注出扶手的高度，其高度一般为900mm，要注意扶手的高度是指从踏面中心垂直向上到扶手顶面的距离。

在楼梯剖面图的水平方向应标注出梯间墙身的轴线编号、梯段的水平长度和其轴线尺寸，标注出雨篷、底层局部台阶等细部尺寸和标高。

（5）楼梯细部详图　楼梯细部详图主要有楼梯踏步、栏杆、扶手以及梯段端部节点的构造详图，其比例较大，通常采用1∶10、1∶20。

图 4-29 所示为楼梯的栏杆详图，比例为1∶20，图中详细画出了栏杆的具体构造，但栏杆方钢与踏步、扶手的连接及踏步、扶手的具体构造仍不清晰，图中又通过索引的方式再次

引出 A、B 两个节点详图，如图 4-30 和图 4-31 所示。

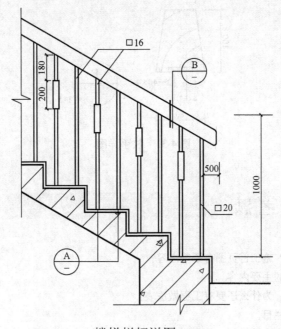

楼梯栏杆详图 1:20

图 4-29　楼梯栏杆详图

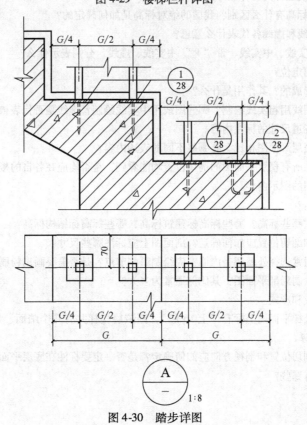

图 4-30　踏步详图

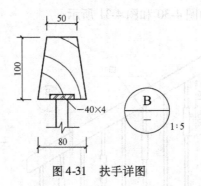

图 4-31 扶手详图

◇◇◇ 复习思考题

1. 什么是施工首页图？施工首页图有哪些内容？

2. 简述建筑设计说明的主要内容。

3. 有了建筑设计说明，为什么还要有工程做法表？

4. 简述门窗表的主要栏目。

5. 总平面图一般采用多大的比例？其主要内容有哪些？

6. 测量坐标网和建筑坐标网有什么不同？

7. 绝对标高与相对标高有什么区别？我国的绝对标高是如何确定的？

8. 风玫瑰图上的实线和虚线各代表什么意思？

9. 总平面图上的粗实线、中实线、带"×"中实线、虚线，分别表示什么？

10. 新建建筑应如何定位？

11. 平面图是如何形成的？其作用是什么？

12. 平面图中哪些图线用粗实线绘制？哪些图线用中实线绘制？虚线是否代表被挡住的不可见部分？

13. 简述平面图中三道尺寸的标注内容。

14. 底层平面图与楼层平面图相比，有哪些不同的表达内容？

15. 底层的雨篷，在所有楼层平面图的剖切位置均能看到，是否均应在各自的楼层平面图画出？

16. 简述屋顶平面图的图示内容。

17. 立面图如何命名？

18. 立面图上应标注哪些标高？哪些标高标建筑标高，哪些标高标结构标高？

19. 剖面图的数量和剖切位置应如何确定？剖面图上应标注哪些尺寸？

20. 墙身剖面详图通常选择外墙还是内墙？应绘制哪些节点？是否需要画出粉刷线？其图名如何注写？

21. 哪些部分需要绘制局部平面图？其比例通常为多大？

22. 简述楼梯的组成和形式。

23. 某双跑楼梯，楼梯平面图上标有"上16级"，则该层楼梯共有几个踏面、几个踢面？楼面至该层休息平台有16级踏步吗？

24. 楼梯剖面图的剖切位置和剖视方向应如何确定？是否一定要标注在底层平面图上？

25. 楼梯细部详图有哪些？

第 五 章

结构施工图

> **培训学习目标** 了解结构施工图的作用、组成，各种常见结构施工图的图示方法和图示内容，能正确识读常见结构施工图。

◆◆◆ 第一节 结构施工图概述

一、建筑结构与结构设计

1. 建筑结构

任何建筑都是由基础、墙（柱）、楼地面、屋顶、楼梯、门窗等六大基本部分以及各种辅助部分（如雨篷、阳台、散水等）和各种装修组成。在这些组成部分中，每一项都发挥着各自不同的作用，以实现建筑的预定功能，比如外墙和屋顶主要起围护作用，楼梯用作上下层的交通联系，窗户主要用作采光和通风等。

为了实现房屋建筑的预定功能，首先必须保证建筑的安全。建筑各组成部分的巨大重量以及作用在房屋上的各种外力，如风压、雪压、雨打以及人和家具、设备对楼地面的压力等，使得建筑的每一处都不同程度地受到"力"的作用，有可能被压破、撕裂或剪断。建筑中的基础、墙、柱、梁、板等部分组成了一个"骨架"，用来支承这些"力"，以确保整个建筑的安全。

2. 建筑的安全

建筑骨架的每一个组成部分称为结构构件，简称构件，整个骨架称为建筑结构，简称结构。建筑的安全不仅指建筑整体的安全，也包含建筑的每一个构件的安全。

所谓安全是指建筑结构或构件在建筑施工和使用期间可能遭遇的各种直接的或间接的作用（不仅包括各种"力"的作用，也包括光照、高温、冷冻、辐射、疲劳、老化等）下具有足够的：

强度——不被拉断压坏或剪断扭裂。

刚度——不产生太大的变形。

稳定性——不发生移动、滑动、倾覆、松动或压屈。

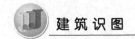

3. 建筑结构设计

为了保证建筑的安全，必须对建筑结构和构件进行正确合理的计算、选择和计算，这一过程称为结构设计。结构设计的具体任务是合理选择建筑结构的形式、进行正确的结构布置、合理选择建筑和结构材料、正确选取荷载、正确计算并合理确定建筑结构的内力、正确合理地确定结构构件的外形尺寸和断面形状及尺寸、计算并确定混凝土结构中的各种钢筋、绘制结构施工图、撰写结构设计说明。

二、结构施工图的组成

如果说建筑设计是房屋的功能、外观和形象设计，那么结构设计则是房屋的安全设计、骨架设计。结构设计是建筑设计的保证，为建筑设计描绘的功能提供安全和经济的足够保证。

与建筑施工图一样，结构施工图也是作为工程实施的具体指导文件，必须具备完整、翔实、清晰的图样和文字说明。所以，结构施工图应包含从地下到地上的所有结构和构件的分布图和详图，其具体内容和排列顺序是：

1）结构设计说明。

2）基础施工图。

3）各层结构平面图。

4）构件详图。

5）其他构造详图。

◈◈◈ 第二节　建筑结构制图标准及相关规定

建筑结构制图在满足《房屋建筑制图统一标准》（GB/T50001—2010）的基础上，还应遵照《建筑结构制图标准》（GB/T50105—2010）的相关规定。

《建筑结构制图标准》是建筑结构设计的专业制图标准，包含五章内容，分别是总则、一般规定、混凝土结构、钢结构和木结构。

为了正确识读结构施工图，现对标准中的一般规定和混凝土结构部分的内容做详细的介绍。有关钢结构和木结构读者可自行查阅。

一、建筑结构制图一般规定

1. 图线

建筑结构制图中所用图线的线型和线宽，按照表5-1的规定执行。

表 5-1　图线（GB/T50105—2010）

名　称	线　宽	一 般 用 途
粗实线	b	螺栓、主钢筋线、结构平面图中的单线结构构件线、钢木支撑及系杆线，图名下横线、剖切线
中粗实线	$0.7b$	结构平面图及详图中剖到或可见的墙身轮廓线，基础轮廓线，钢、木结构轮廓线，箍筋线

（续）

名　称	线　宽	一　般　用　途
中实线	0.5b	结构平面图及详图中剖到或可见的墙身轮廓线、基础轮廓线、可见钢筋混凝土构件轮廓线、箍筋线
细实线	0.25b	尺寸线、标注引出线、标高符号、索引符号
粗虚线	b	不可见的钢筋、螺栓线，结构平面图中的不可见的单线结构构件线及钢、木支撑线
中粗虚线	0.7b	结构平面图中的不可见构件、墙身轮廓线及不可见钢、木构件轮廓线，不可见钢筋线
中虚线	0.5b	结构平面图中的不可见构件、墙身轮廓线及不可见钢、木构件轮廓线，不可见钢筋线
细虚线	0.25b	基础平面图中的管沟轮廓线、不可见的钢筋混凝土构件轮廓线
粗单点长画线	b	柱间支撑、垂直支撑、设备基础轴线图中的中心线
细单点长画线	0.25b	定位轴线、对称线、中心线、垂心线
粗双点长画线	b	预应力钢筋线
细双点长画线	0.25b	原有结构轮廓线
折断线	0.25b	断开界线
波浪线	0.25b	断开界线

2. 比例

建筑结构制图中应根据图样的用途和复杂程度，选用表 5-2 中的常用比例，特殊情况下也可选用可用比例。

表 5-2　建筑结构制图比例

图　名	常用比例	可用比例
结构平面图、基础平面图	1:50、1:100、1:150	1:60、1:200
圈梁平面图、总图中管沟、地下设施等	1:200、1:500	1:300
详图	1:10、1:20、1:50	1:5、1:25、1:30

当构件的纵横向断面尺寸相差悬殊时，纵横向可采用不同的比例绘制，轴线尺寸和构件尺寸也可选用不同的比例绘制。

3. 图样画法

1）结构图应采用正投影法绘制，特殊情况下也可采用仰视投影绘制。

2）结构平面图中，构件应采用轮廓线表示，能单线表示清楚的可用单线表示，定位轴线应与建筑平面图或总平面图一致，并标注结构标高。

3）结构平面图中，若干部分相同时，可只绘制其中的一部分，其余部分用分类符号表示。分类符号用直径 8mm 或 10mm 的细实线圆圈，里面标注大写拉丁字母表示。

4）构件的名称采用代号表示，代号后面采用阿拉伯数字标注构件的型号或编号，也可为顺序号，顺序号为不带角标的连续数字，如 L1、L2……，而不是 L_1、L_2……。常用的构件代号参见表 5-3。

表5-3 常用构件代号 (GB/T50105-2010)

序号	名　称	代号	序号	名　称	代号	序号	名　称	代号
1	板	B	19	圈梁	QL	37	承台	CT
2	屋面板	WB	20	过梁	GL	38	设备基础	SJ
3	空心板	KB	21	连系梁	LL	39	桩	ZH
4	槽形板	CB	22	基础梁	JL	40	挡土墙	DQ
5	折板	ZB	23	楼梯梁	TL	41	地沟	DG
6	密肋板	MB	24	框架梁	KL	42	柱间支撑	ZC
7	楼梯板	TB	25	框支梁	KZL	43	垂直支撑	CC
8	盖板或沟盖板	GB	26	屋面框架梁	WKL	44	水平支撑	SC
9	挡雨板或檐口板	YB	27	檩条	LT	45	梯	T
10	吊车安全走道板	DB	28	屋架	WJ	46	雨篷	YP
11	墙板	QB	29	托架	TJ	47	阳台	YT
12	天沟板	TGB	30	天窗架	CJ	48	梁垫	LD
13	梁	L	31	框架	KJ	49	预埋件	M
14	屋面梁	WL	32	刚架	GJ	50	天窗端壁	TD
15	吊车梁	DL	33	支架	ZJ	51	钢筋网	W
16	单轨吊车梁	DDL	34	柱	Z	52	钢筋骨架	G
17	轨道连接	DGL	35	框架柱	KZ	53	基础	J
18	车挡	CD	36	构造柱	GZ	54	暗柱	AZ

5）桁架式结构的几何尺寸图可采用单线图表示。杆件的轴线长度尺寸应标注在杆件的上方，如图5-1所示。当杆件的布置和受力对称时，可在单线图的左半部分标注杆件的几何轴线尺寸，右半部分标注杆件的内力值或反力值；非对称结构中，可在单线图中杆件的上方标注杆件的几何轴线尺寸，杆件的下方标注杆件的内力值或反力值；竖杆则在左侧标注几何轴线尺寸，右左侧标注内力值或反力值。

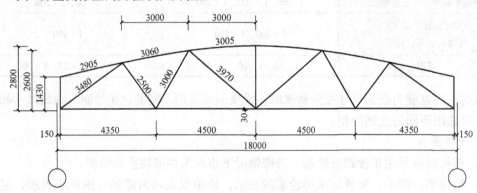

图5-1 对称桁架几何尺寸的标注方法

6）结构平面图中的剖面图、断面详图的编号顺序宜按下列顺序编排（见图5-2）：

①外墙按顺时针方向从左下角开始编号。

②内横墙从左至右，从上至下编号。

③内纵墙从上至下，从左至右编号。

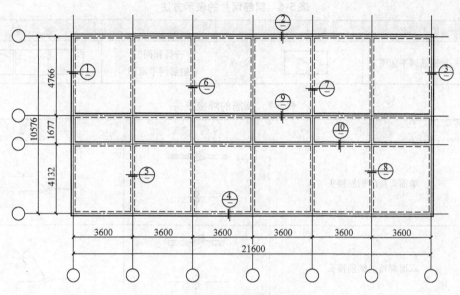

图 5-2 结构平面图中断面编号顺序

7）构件详图中，纵向较长、重复较多时，可用折断线断开，适当省去重复部分。

二、混凝土结构制图规定

1. 钢筋的一般表示方法

1）钢筋的一般表示方法应符合表 5-4 ~ 表 5-7 的规定。

表 5-4 一般钢筋的表示方法

序号	图　名	图　例	序号	图　名	图　例
1	钢筋横断面	●	6	无弯钩的钢筋搭接	
2	无弯钩的钢筋端部		7	带半圆弯钩的钢筋搭接	
3	带半圆形弯钩的钢筋端部		8	带直钩的钢筋搭接	
4	带直钩的钢筋端部		9	花篮螺丝钢筋接头	
5	带丝扣的钢筋端部		10	机械连接的钢筋接头	

表 5-5 预应力钢筋的表示方法

序号	图　名	图　例	序号	图　名	图　例
1	固定端锚具		5	锚具的端视图	
2	固定连接件		6	可动连接件	
3	后张法预应力钢筋断面		7	预应力钢筋或钢绞线	
4	单根预应力钢筋断面		8	张拉端锚具	

表5-6　钢筋网片的表示方法

序号	图　名	图　例	序号	图　名	图　例
1	一片钢筋网平面图	W—1	2	一行相同的钢筋网平面图	3W—1

表5-7　钢筋的焊接接头

序号	名　称	接头型式	标注方法
1	单面焊接的钢筋接头		
2	双面焊接的钢筋接头		
3	用帮条单面焊接的钢筋接头		
4	用帮条双面焊接的钢筋接头		
5	接触对焊的钢筋接头		
6	坡口平焊的钢筋接头		
7	坡口立焊的钢筋接头		
8	用角钢或扁钢做连接板焊接的钢筋接头		

（续）

序号	名　称	接头型式	标注方法
9	钢筋或螺（锚）栓与钢板穿孔塞焊的接头		

2）钢筋的画法应符合表5-8的规定。

表5-8　钢筋的画法

序　号	说　明	图　例
1	在结构平面图中配置双层钢筋时，底层钢筋的弯钩应向上或向左，顶层钢筋的弯钩应向下或向右	（底层）　（顶层）
2	钢筋混凝土配双层钢筋时，在钢筋立面图中，远面钢筋的弯钩应向上或向左，近面钢筋的弯钩应向下或向右（JM近面，YM远面）	
3	若在断面图中不能表达清楚钢筋的布置，应在断面图外增加钢筋大样图（如钢筋混凝土墙、楼梯等）	
4	图中所表示的钢筋、环筋等若布置复杂时，可加画钢筋大样图及说明	或
5	每组相同的钢筋、箍筋或环筋，可用一根粗实线表示，同时用一两端带斜短画线的横穿细线，表示其余钢筋及起止范围	

3）钢筋的标注：钢筋在平、立、剖面图中的表示方法如图5-3～图5-5所示。

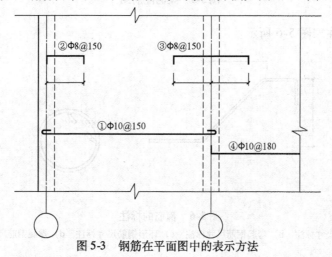

图5-3　钢筋在平面图中的表示方法

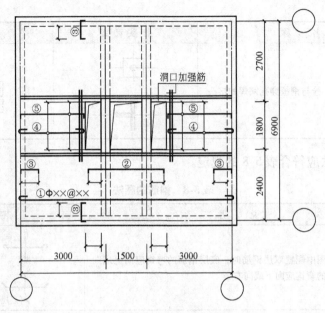

图 5-4　楼板配筋复杂的结构平面图

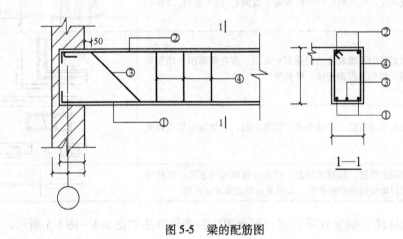

图 5-5　梁的配筋图

4）箍筋的标注如图 5-6 所示。

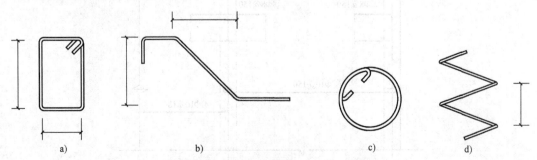

图 5-6　箍筋的标注

a）箍筋尺寸标注　b）弯起钢筋尺寸标注　c）环形钢筋尺寸标注　d）螺旋钢筋尺寸标注

2. 钢筋的简化表示方法

1）当构件对称时，钢筋网片可用一半或1/4表示，如图5-7所示。

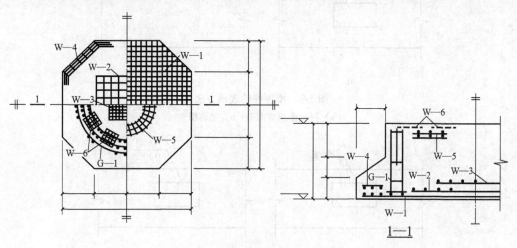

图5-7　钢筋网片的配筋简化图

2）配筋简单的钢筋混凝土结构可按下列规定绘制配筋平面图：独立基础在平面模板图的左下角绘制波浪线，只画出波浪线以外部分的钢筋，标注直径和间距，如图5-8a所示；其他构件则在某一部分画出钢筋，标注直径和间距，如图5-8b所示。

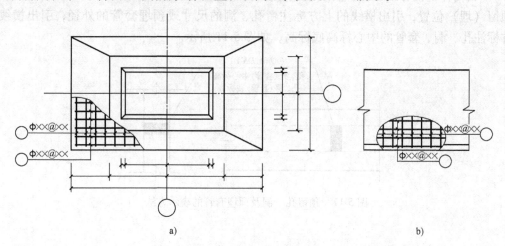

图5-8　简单配筋的配筋简化图

a）独立基础　b）其他构件

3）对称的钢筋混凝土构件，可在同一图样中一半绘制模板图，另一半绘制配筋图。

3. 预埋件、预留孔洞的表示方法

1）当混凝土构件上设有预埋件时，可在平面图或立面图上表示，用引出线指向预埋件，并标注预埋件的代号，如图5-9所示。

2）当混凝土构件的正反两面在同一位置均设有预埋件时，引出线为一条实线和一条虚线，同时指向预埋件。预埋件相同时，引出横线上标注正面预埋件代号，如图5-10所示；预埋件不同时，引出横线上方标注正面预埋件代号，下方标注反面预埋件代号，如图5-10b所示。

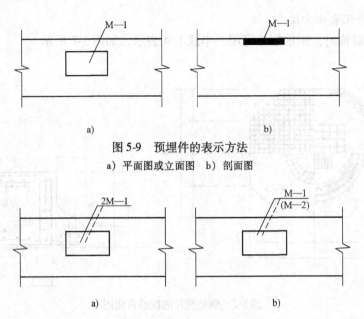

图 5-9　预埋件的表示方法

a）平面图或立面图　b）剖面图

图 5-10　正反两面设有预埋件的表示方法

a）两面相同　b）两面不同

3）当构件上设有预留孔、洞或预埋套管时，可在平面图或断面图中表示。用引出线指向预留（埋）位置，引出横线的上方标注留孔、洞的尺寸或预埋套管的外径；引出横线的下方标注孔、洞、套管的中心标高底标高，如图 5-11 所示。

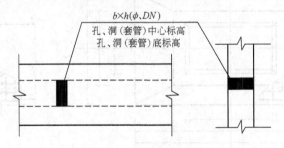

图 5-11　预留孔、洞及预埋套管的表示方法

◇◇◇◇ 第三节　结构设计说明

结构设计说明是结构施工图的总体概述，通常单独绘制，作为结构施工图的首页。其主要内容有工程概况（结构部分）、结构设计依据、材料、基本结构构造和有关注意事项。如果内容不多，也可并入基础图，但必须放在首页。下面是某工程的结构设计总说明。

一、工程概况和总则

1）本工程为四层砌体结构，室内外高差 450mm，建筑物高度（室外地面至主要屋面板的板顶）为 12.45m。设计标高 ±0.000 相当于本工程地质勘探报告中的假设高程 0.200m。

2）本工程结构体系为砖混结构。

3）本工程的结构设计使用年限为 50 年。

4）计量单位除注明外，长度一律为毫米（mm），角度一律为度（°），标高一律为米（m）。

5）建筑物应按建筑图中注明的使用功能使用，未经技术鉴定或设计许可，不得改变结构的用途和使用环境。

6）本工程砌体施工质量控制等级为 B 级。

7）本工程各楼层及屋面梁详《混凝土结构施工图平面整体表示方法制图规则和构造详图》图集编号 03G101-1。

8）结构施工图中除特别注明外，均以本总说明为准。

9）本说明未详尽之处，应遵照相关现行国家规范和规程进行施工。

二、设计依据

1）本施工图是按本工程的初步设计批文进行设计的。

2）主要依据下列规范和规程进行设计：

建筑结构荷载规范 GB 50009—2012　　混凝土结构设计规范 GB 50010—2010

建筑抗震设计规范 GB 50011—2010　　建筑地基基础设计规范 GB 50007—2011

砌体结构设计规范 GB 50003—2011　　砌体工程施工质量验收规范 GB 50203—2011

钢筋焊接及验收规程 JGJ 18—2003　　其他有关现行国家规范、设计条例、规定等

3）岩土工程勘察报告由江苏省工程勘测研究院提供，编号为 03007，建筑场地为中等液化场地。

4）本工程混凝土结构的环境类别为：室内正常环境为一类，室内潮湿、露天及与水土直接接触的部分为二类 a。

5）建筑抗震设防类别为丙类，建筑结构安全等级为三级，结构重要性系数为 1.0，抗震设防烈度为 7°，设计基本地震加速度为 0.15g，设计地震分组为第一组，场地类别为 Ⅲ 类。

6）楼面和屋面活荷载按建筑结构荷载规范 GB 50009—2001 取值，详见表 5-9。屋顶花池的活荷载不包括花圃土石等材料自重；屋顶有可能积水时，应按积水的可能深度确定屋面活荷载；卫生间活荷载不包括蹲式坐便器垫高部分的荷载。不得任意改变房间的用途，不得在楼面梁、板上增设建筑图中未标注的隔墙。

表 5-9　楼面和屋面活荷载取值　　　　　　　　　（单位：kN/m^2）

建筑部位	房 间	阳 台	走廊、门厅	卫 生 间	楼 梯
活荷载	2.0	2.5	2.0	2.0	2.5

三、材料

1. 混凝土

基础部分采用 C25，其余部分除注明外一律采用 C20。

2. 钢材

1）钢筋种类详见表 5-10。

表 5-10　钢筋种类

符　号	钢筋级别	钢筋等级	设计强度 f_y/MPa	焊条型号
Φ	HPB500	I	270	E43××
Φ	HRB335	II	300	E43××
Φ	HRB400	III	360	E55××

2）受力预埋件的锚筋应采用 HPB500 级、HRB335 级或 HRB400 级钢筋，严禁使用冷加工钢筋。吊环应采用 HPB500 级钢筋制作，严禁使用冷加工钢筋。吊环埋入混凝土的深度不得小于 30d，并焊接或绑扎在钢筋骨架上。

3）钢板和型钢采用 Q235 等级 B 的碳素结构钢或 Q345 等级 B 的低合金高强度结构钢。

4）所有外露铁件均应除锈涂红丹两道，刷防锈漆两遍。

5）电弧焊采用的焊条应符合现行国家标准 GB/T 5117《碳钢焊条》或 GB/T 5118《低合金钢焊条》的规定，其型号应根据设计确定。若设计没有规定，按表 5-11 选用。

表 5-11　电弧焊焊条型号

钢筋等级	绑条焊、搭接焊	坡口焊、熔槽绑条焊、预埋件穿孔塞焊	窄间隙焊	钢筋与钢板搭接焊、预埋件 T 型角焊
I	E4303	E4303	E4316　E4315	E4303
II	E4303	E5003	E5016　E5015	E4303
III	E5003	E5503	E6016　E6015	E5003

6）严禁使用改制钢材。施工期间任何钢筋的替换均应征得设计单位的同意。

3. 砌体

1）±0.000 以下或防潮层以下的砌体、潮湿房间的墙体采用 MU10 黏土实心砖、M5 水泥砂浆砌筑。±0.000 以上采用 KP1 型承重空心砖，其孔隙率小于等于 15%，重力密度≤16kN/m³。一至三层采用 M7.5 混合砂浆，三层以上采用 M5 混合砂浆。

2）所有砂浆不得采用红黏土作为砂浆掺和料。

3）施工质量等级为 B 级。

四、钢筋混凝土的一般构造

1. 钢筋的连接

1）纵向受拉钢筋的最小锚固长度 l_a 详见表 5-12。表中 d 为钢筋的直径或搭接钢筋的较小直径；$d \geqslant 25\text{mm}$ 时用括号内的数字；所有锚固长度 l_a 必须大于等于 250mm；光面钢筋两端必须加弯钩；地震区砌体结构纵向受拉钢筋的最小锚固长度 $l_a = 45d$。

表 5-12 纵向受拉钢筋的最小锚固长度 l_a

混凝土等级 钢筋种类	C20	C25
光面钢筋 HPB500	43d	37d
带肋钢筋 HRB335	41d（45d）	35d（39d）
带肋钢筋 HRB400	49d（51d）	42d（45d）
带肋钢筋 RRB400	49d（51d）	42d（45d）

2）纵向受拉钢筋的绑扎搭接长度 l_1：同一连接区段搭接接头面积小于等于 25% 时，$l_1 = 1.2 l_a$；同一连接区段搭接接头面积大于 25% 小于等于 50% 时，$l_1 = 1.4 l_a$。任何情况下，l_1 均应大于等于 300mm。

3）当钢筋的直径 $d \geqslant 22mm$ 时，应采用机械连接或焊接接头。

4）纵向钢筋的绑扎搭接接头应相互错开。连接区段的长度为 1.3l_a，凡搭接接头中点位于该连接区段的长度内均属于同一连接区段。位于同一连接区段内的受拉钢筋搭接接头面积对梁、板类构件和柱类构件分别为小于等于 25% 和 50%。

5）纵向受力钢筋的搭接接头范围内的箍筋直径应大于等于 0.25d_{max}（d_{max} 为搭接钢筋中的较大直径），箍筋的间距@ $\leqslant 5d_{min}$（d_{min} 为较小直径），当搭接钢筋的直径 $d > 25mm$ 时，应在搭接接头两端外 100mm 范围内各设两道箍筋。

6）纵向受力钢筋的机械连接或焊接接头应相互错开。连接区段的长度为 35d_{max}（d_{max} 为搭接钢筋中的较大直径），位于同一连接区段内的钢筋搭接接头面积小于等于 50%。焊接接头可采用电弧绑条焊、电弧搭接焊、和闪光电焊。机械连接的接头性能应符合《钢筋机械连接通用技术规程》JGJ107-2010 的 A 级接头性能。

2. 钢筋保护层

1）最外层钢筋的混凝土保护层厚度（钢筋外缘至混凝土外缘）应大于等于钢筋的公称直径，且符合表 5-13 的规定。

表 5-13 纵向受力钢筋的混凝土保护层厚度 （单位：mm）

构件类别及混凝土等级 环境类别	板、墙、壳		梁、柱、杆	
	C20、C25	C25 以上	C20、C25	C25 以上
一（室内正常环境和不与水土直接接触的环境）	20	15	25	20
二 a（室内潮湿、露天及与水土直接接触的环境）	25	20	30	25

2）基础中最外层钢筋的混凝土保护层厚度应大于等于 40mm，无垫层时应大于等于 70mm。

五、现浇板结构

1）跨度大于等于 3.6m（双向板为短跨）的楼板、屋面板均应按图 5-12 的要求配置板角板面加强筋。图中 D_n 为板的短向净跨，当为多跨时，D_n 为相邻板中较大的短向净跨。边梁板面支座负筋应锚入边梁内至少 l_a，板底钢筋锚入边梁内的长度应大于等于 10d。

2）楼板孔洞加强筋如图 5-13 所示。

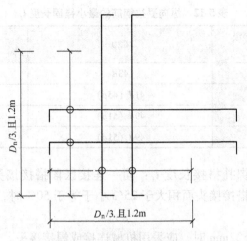

图 5-12　板角板面加强筋

注：配筋同边板负筋，且≥φ8，@ ≤150mm

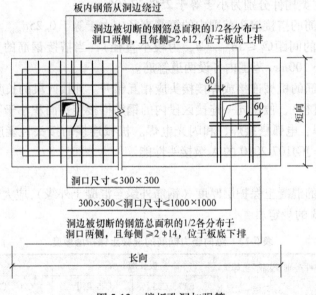

图 5-13　楼板孔洞加强筋

3）双向板的底筋，对一般板，短筋置于下层，长筋置于上层。楼板、屋面板的支座负筋应每隔 1.0m 放置φ10 骑马凳，施工时严禁踩踏，以确保板面负筋的有效高度。

4）跨度大于等于 3.0m 和跨度小于等于 4.2m 的单向板或双向板（双向板为短跨），其跨中上层未标明钢筋者，均设置φ6@200 双向钢筋网片，并与四周支座负筋搭接 180mm。

5）楼板伸入纵横承重墙内的长度同墙体厚度。

六、砌体工程

1）后砌的非承重隔墙和填充墙沿墙高每 500mm 配置 2φ6 钢筋与承重墙或构造柱拉结。每边伸入墙内大于等于 500mm 或伸入构造柱内大于等于 200mm。

2）长度大于7.2m的房间其外墙转角和内外墙交接处沿墙高每500mm配置2φ6钢筋与承重墙或构造柱拉结。每边伸入墙内大于等于1000mm。

3）砌体墙中的门窗洞口及设备预留孔洞顶部须设置过梁。当洞边为钢筋混凝土柱时，需在过梁标高处的柱内预埋过梁钢筋，待施工过梁钢筋时，将过梁底筋及架立筋与之焊接；当洞顶与结构梁、板底的距离小于上述各类过梁高度时，过梁须与结构梁、板浇成整体，梁宽同墙厚。过梁两端伸入砌体内长度大于等于墙厚，且大于等于240mm。

4）顶层和底层窗台标高处设置沿纵横墙相通的水平现浇钢筋混凝土带，高度60mm，宽度同墙体，纵筋大于等于3φ6。

5）屋顶女儿墙内设置钢筋混凝土构造柱与屋面梁相连。构造柱间隔小于等于2m，且设置压顶圈梁。

6）跨度大于6m的屋架和跨度大于4.8m的梁在砌体的支承处设置梁垫，并与圈梁浇成整体。

7）对24墙当梁的跨度大于等于5.0m，18墙当梁的跨度大于等于4.8m时，应在支承处加设壁柱。

七、圈梁与构造柱

1）各层全部承重墙内均设置钢筋混凝土封闭圈梁。除特别注明外，各层圈梁的梁顶标高与该层楼板相同。当圈梁兼作过梁时，在梁底另加1φ12纵筋，长度为洞口净宽加2倍墙厚。

2）圈梁由于楼面高差或设置洞口而被截断，当上下圈梁的高差小于等于300mm时，上下圈梁的搭接长度大于等于1000mm，大于等于2倍的高差。当上下圈梁的高差大于300mm时，应在洞口两边设置构造柱，并在洞顶或洞底设置附加圈梁，形成整体封闭。楼面圈梁的钢筋应可靠锚入两边的构造柱内。

八、地基基础

1）根据地质报告，本工程所在场地为中等液化场地。

2）本工程采用天然地基上的整板基础。以第二层（粉土）为持力层，基底标高－1.500，且埋入持力层大于等于200mm。不能满足时局部做砂垫层（1:1砂石回填，压实系数大于0.97。地基承载力特征值$f_{ak}=95kPa$。

3）基坑开挖前，应做好降水工作。

4）基坑开挖后，若发现地基土与勘探报告不符，应尽快通知设计单位和勘察单位共同研究处理。

九、其他

1）预留孔洞、预埋件或钓钩等应严格按照结构图并配合其他专业图纸施工，严禁擅自留洞、槽或事后凿洞。不得在承重墙上埋设通长水平管道或水平槽，不得在截面长边小于500mm的承重墙和独立柱内埋设管线。穿透钢筋混凝土板或承重墙的孔洞，应以结构图为准，其他专业图纸或设计修改通知与本条矛盾时，应征得结构设计人员的同意后采取必要的技术措施，方能施工。

2）悬臂构件必须在混凝土强度达到100%的设计强度后，且抗倾覆部分的砌体施工结束后，方能拆除支撑。

3）结构封顶后，应及时组织中间验收，验收合格后，才能粉刷。

4）构造柱、基础梁、混凝土基础或桩基础兼做防雷接地时，有关纵筋必须焊接。双面焊接长度大于等于$5d$，详见电施图。

5）外墙镶贴饰面砖时，应按有关要求进行强度试验。

◈◈◈ 第四节 基 础 图

一、概述

1. 基础的作用

其作用是基础是建筑物最下面的承重构件，通常埋在地面以下的土层中。将建筑物全部的荷载传给地层。由于土层相对软弱，为保证土层不被压坏或产生过大的沉降，通常把基础的面积做得很大，以降低土层单位面积上所受到的压力。所以，基础的作用实际上是将上部结构的荷载均匀地分散到地面以下的土层中，保证建筑物的安全使用。

2. 基础工程的要求

由于基础总是埋在地面以下的土层中，施工完成后必须用土掩埋，属于隐蔽工程。所以对基础的要求特别严格。对基础工程的要求包括基础和地基两方面。

（1）基础的要求

1）强度。不能被压坏、拉坏。通常通过正确选择基础材料、合理确定构造尺寸、进行必要的截面验算来保证。

2）刚度。不能产生过量的变形或产生裂缝。通常通过构造尺寸予以满足。

3）稳定性。必须坐落在坚硬稳定的土层上，同时具有足够的埋置深度。

4）耐久性。主要是防止地下水的侵蚀，使基础削弱或钢筋锈蚀，影响建筑物的安全。

（2）地基的要求

1）强度。基础下面一定范围的土层称为地基，地基受基础传来的荷载产生应力和变形，可能导致土层被剪切破坏，必须进行验算。

2）变形。应尽可能选择变形较小的土层，防止过大的沉降或不均匀沉降。

3）稳定性。应尽可能选择均匀、稳定的土层。

当天然土层不能满足上述要求时，可考虑桩基础等深基础形式或加固天然地基的方案以满足基础和土层的要求。

3. 基础的材料

基础通常用砖、毛石、混凝土、灰土、三合土、四合土、毛石混凝土及钢筋混凝土等材料做成。其中钢筋混凝土由于能承受较大的拉力，可以做得很宽或很薄，是基础的首选材料。其余基础材料则具有共同的特点：抗拉强度较小而抗压强度较大，因而做成的基础的高度较大，称为刚性基础。

4. 基础的类型

基础的类型很多。采用什么形式的基础主要取决于建筑的结构形式、体量的大小、建筑场地的地质状况以及当地的具体施工条件和习惯做法。

（1）墙下条形基础　对一般性建筑而言，墙体下的基础通常做成长条形的，沿着墙体延伸，宽度保持不变，这种基础称为条形基础。

（2）柱下独立基础　柱下的基础则通常做成矩形的，每个柱下单独设置，承担该柱的全部荷载，称为独立基础。

条形基础和独立基础均可以采用不同的基础材料做成。图 5-14a 所示为墙下素混凝土条形基础，图 5-14b 所示为柱下钢筋混凝土独立基础（扩展基础）。

（3）柱下条形基础　当建筑物的荷载较大或地基很软弱且很不均匀时，柱下的独立基础尺寸较大，彼此间的空隙很小。为提高基础的整体性，减小不均匀沉降，将柱下的独立基础做成一个条形的整体，中间用一个较大尺寸的刚性梁来提高基础的整体刚度，犹如一个巨大的钢板将众多颠簸飘摇的小船连成整片。这种基础称为柱下条形基础或联合基础，如图 5-15 所示。

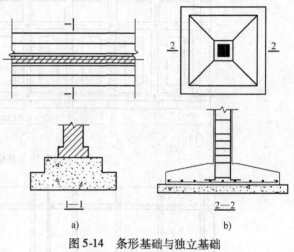

图 5-14　条形基础与独立基础
a）条形基础　b）独立基础

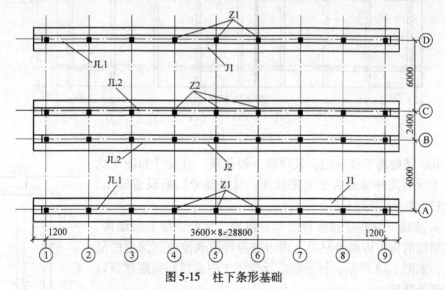

图 5-15　柱下条形基础

（4）井格基础　将柱下的独立基础沿建筑物纵横方向分别相连，就形成了双向柱下条形基础，通常称为井格基础，如图 5-16 所示。

（5）筏板基础　将井格基础的底板面积进一步扩大，使其空隙全部填满，就是筏板基础，又称满堂基础、片筏基础或筏式基础，如图 5-17 所示。筏板基础不仅用于框架结构，通常也用于软土地基上的砌体承重结构。

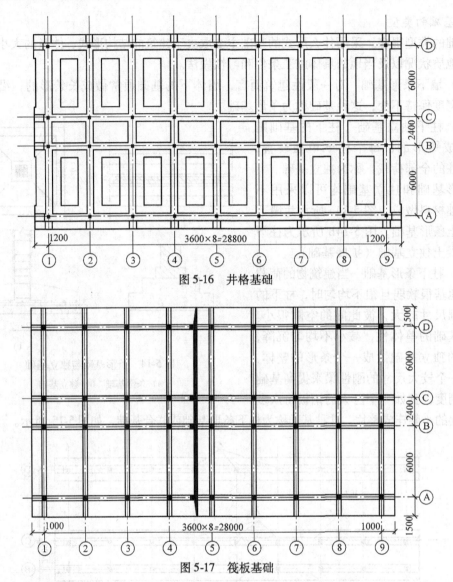

图 5-16 井格基础

图 5-17 筏板基础

上述五种基础属于浅基础，其埋深一般很浅，且设计和施工比较简单。下面的几种基础由于埋深较深，且需要专门的设备施工，其构造也较为复杂。

（6）桩基础　由桩身和承台两部分组成，承台连接上部结构，并将上部结构的荷载传递给桩身，再由桩身将荷载传递到深层的坚硬土层上，如图 5-18 所示。桩基础广泛应用于中高层和高层建筑以及软土地区的建筑。

（7）箱形基础　对高层建筑来说，竖向荷载集中和水平荷载大是两个突出问题。将建筑的下面几层埋入土中，做成地下室，同时形成箱形基础，如图 5-19 所示。

（8）地下连续墙　将钻孔灌注桩并排连接，形成地下的连续墙

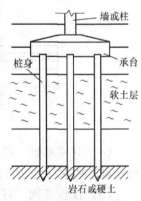

图 5-18　桩基础

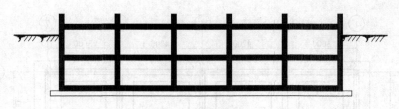

图 5-19 箱形基础

体，即可以作为深基础的基坑支护，也可以直接作为基础。在建筑物高度密集的大城市，采用地下连续墙可以很好的解决施工场地狭窄的问题。

（9）沉井基础 深基础的施工中，因放坡而造成大面积的土方开挖，不仅工作量大，而且极易造成塌方。沉井基础是在地面预先做好一个竖向筒形结构，施工时，在其内部边挖土，边下沉，建成后作为永久性基础。

5. 基础施工图的组成

基础施工图一般包括基础平面图、基础断面详图和文字说明三部分，如有可能，尽量将这三部分内容编排在同一张图纸上以便看图。

二、基础平面图

1. 基础平面图的形成和作用

基础平面图是用一个假想的水平面在室内地面的位置将房屋全部切开，并将房屋的上部移去，对房屋的下部向下作正投影而形成的水平剖面图。投影时，将回填土看成是透明体，被剖切到的柱子、墙体应画出断面和图例（钢筋混凝土柱涂黑），基础的全部轮廓为可见线，应用中实线表示，但垫层省略不画，所以，基础的外围轮廓线是基础的宽度边线，不是垫层的边线。

基础平面图主要表示基础、基础梁的平面尺寸、编号和布置情况，也反映了基础、基础梁与墙（柱）和定位轴线的位置关系。基础平面图是基础施工放线的主要依据。

2. 基础平面图的图示内容

图 5-20 所示是某住宅的基础平面图，从图中可以看出，基础平面图包括了以下内容：

（1）图名和比例 本图的图名为"基础平面图"，比例为 1：100。

（2）定位轴线及编号 应与建筑平面图一致。

（3）尺寸和标高 基础平面图中的尺寸标注比较简单，在平面图的外围，通常只标注轴线间的尺寸和两端轴线间的尺寸（有时也可省略）；在内部，应详细标注基础的长度和宽度（或圆形基础的直径）及定位尺寸，尤其是异形基础和局部不同的基础。图 5-20 中，由于基础规整而简单，基础的尺寸没有标注，可直接根据断面编号在详图中查找。该基础平面图的基底标高也没有变化，所以没有单独标注，各部分的标高详见图 5-21 ~ 图 5-23。

（4）基础、墙、柱、构造柱的水平投影与柱、构造柱、基础梁的编号 与底层平面图相比，墙的变化较大，因为门窗洞口在基础平面图中不再出现。窗洞下的墙体是连续的，门洞较小时，墙体可连续，门洞较大时，墙体断开。

柱、构造柱必须与底层平面图一致，因为这些主要竖向承重结构（构造柱不单独承重，但加固墙体并与墙体一道承重）不能悬在空中或仅在基础中设置。柱、构造柱必须涂黑，

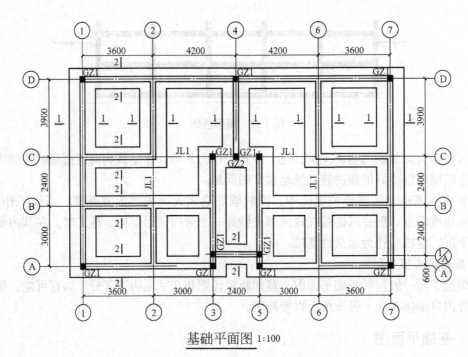

基础平面图 1:100

图 5-20 某住宅基础平面图

且按照一定的顺序统一编号，如 Z1、Z2、GZ1、GZ2 等。

基础的投影通常只画出基础底面的轮廓线、基础侧面的交线，其他的细部轮廓线如基础侧面与顶面的交线可以不画。

门洞下面由于墙体断开，影响了基础的整体性，通常用基础梁予以加固。基础梁还在多种情况下使用，如伸缩缝两侧的基础，由于没有空间扩大基础，只能将一侧的基础内缩，这时，就要在内缩一侧的基础上做悬挑梁，悬挑梁上再做简支梁支承墙体；单层工业厂房的外墙通常由搁置在基础上的基础梁来支承。

（5）基础详图（断面）的剖切符号及编号　如图 5-20 中的 1—1、2—2。

（6）预留孔洞、预埋件等　某些地下管道（如排污管）可能需要穿过基础墙体，应在基础平面图中用虚线表示，并标明预留孔洞的位置和标高；某些地下设施（如电施图中的避雷网或接地保护）可能与基础中的钢筋相连或穿越基础，应在基础平面图中详细标明其位置和标高。

（7）有关说明　较小工程的结构施工说明通常放在基础平面图上，某些施工总说明中没有说明的内容也可放在基础平面图上单独说明。

三、基础详图

基础平面图只表示了建筑基础的整体布局，要想弄清楚基础的细部构造和具体尺寸，必须进一步阅读基础断面详图。

基础断面详图是对基础平面图中标注出的基础断面按顺序逐一绘出的详图，编号相同的只需画一个，编号不同的应分别绘制。对墙下条形基础，也可采用只画一个的简略画法。在这个通用的基础断面上，各部分的标注，如尺寸、配筋等用通用符号表示，旁边列表说明各断面的具体标注。如果断面少（2～3个），也可在不同部分的标注中用括号加以区别，并在相应的图名中标注同样的括号，如图5-21所示。

基础详图的主要图示内容如下：

1）图名和比例。

2）定位轴线及编号。

3）基础的断面形状、尺寸、材料图例、配筋等。

4）尺寸和标高。

5）防潮层的位置、做法。

6）施工说明。

> 注意断面的编号。要与平面图对照。

图5-21所示是基础1—1（2—2）的断面图，其具体的剖切位置可以在图5-20中找到。图中括号内的标注只适用于2—2断面，未加括号的适用于1—1断面。从图中可以看到，基础的埋深为0.8m（天然地面至基础底面）；基础底面设有100mm厚的C10素混凝土垫层；基础的高度为250mm，边缘高度为150mm；基础底板的受力筋分别是φ10@150、φ8@200，分布筋φ6@200；基础中央设有400mm×400mm的钢筋混凝土基础梁，上下各配有3φ14的纵筋，箍筋为φ6@200；1—1、2—2断面的基础宽度分别是1.4m和1.0m；室内地面以下60mm处的墙体中设有20mm厚的防水砂浆作为防潮层；室内地面、室外地面、基础底面、垫层底面的标高分别是±0.000m、−1.000m、−1.800m、−1.900m。

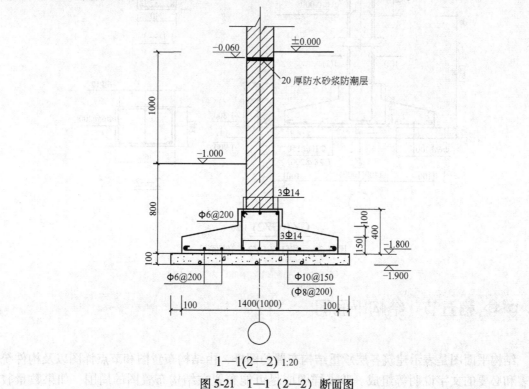

图5-21　1—1（2—2）断面图

图5-22所示是基础梁JL1的断面图，其具体的位置可以从图5-20中找到，即在2、6、

C 轴墙上，由于这些部位的墙体断开，为增加基础的整体性，特用基础梁予以加固。

基础梁的断面尺寸为 400mm×400mm，上下各配有 3φ14 的纵筋，箍筋为 φ6@200，梁底标高为 −1.800m，与基础在同一水平面上。

图 5-23 所示是构造柱与基础连接的剖面详图，图中重点标注了构造柱的断面尺寸、纵筋在基础中的锚固长度、基础预留插筋与上部柱内纵筋的搭接位置和搭接范围。

4 轴与 C 轴交接处的构造柱为 GZ2，断面尺寸

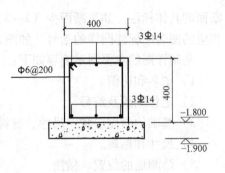

图 5-22　JL1 断面

240mm×360mm，纵筋为 6φ12，比 GZ1 多两根，箍筋为 φ6@200；其余均为 GZ1，断面尺寸 240mm×240mm，纵筋 4φ12，箍筋 φ6@200；由于纵筋从基础顶面进入基础内的长度（锚固长度）应不小于 45d，即 $l_a \geq 45 \times 12\text{mm} = 540\text{mm}$，纵筋必须伸至基础底部，然后水平弯折，以确保锚固长度；基础预留插筋与上部柱内纵筋的搭接位置在 ±0.000m 处，搭接长度为 480mm。

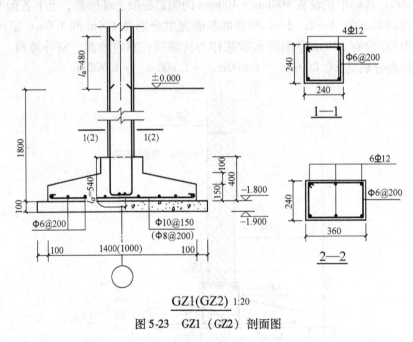

图 5-23　GZ1（GZ2）剖面图

❖❖❖　第五节　结构平面图

结构平面图是表示建筑各层承重结构布置的图样，由结构布置图和节点详图以及构件统计表和必要的文字说明等组成。节点详图应尽可能布置在结构布置图的周围，如果数量较多，也可单独布置。

多层民用建筑的结构布置图有楼层结构布置平面图和屋顶结构布置平面图，当各楼层的

结构构件或其布置不同时，应分别绘制。钢筋混凝土楼板按照不同的施工方法有梁、板、柱全部预制装配，全部现浇和现浇梁、柱，预制板三种。预制装配结构虽然施工速度快，但抗震性能较差，应用较少。屋顶有平屋顶和坡屋顶之分，平屋顶的结构布置与楼层结构布置基本相同。现以前述的某住宅为例介绍结构平面图的阅读。

一、楼层结构平面图

1. 结构布置平面图

楼层结构布置平面图是假想用剖切平面沿楼板上边水平切开所得到的水平剖面图，用正投影法绘制，它表示该层的梁、板及下一层的门窗过梁、圈梁等构件的布置情况。

图 5-24 所示是某住宅的楼层结构布置平面图，由于二、三两层除了标高和楼梯间外墙处的结构布置不同外，其余部分完全相同，所以二、三两层的结构布置平面图合并绘制。

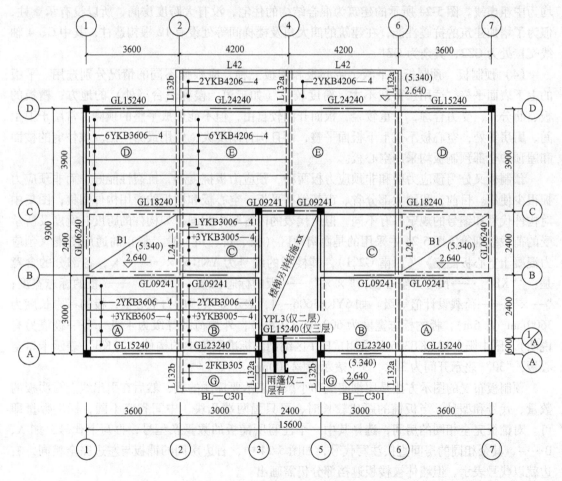

二、三层结构布置平面图 1:100

图 5-24 二、三层结构布置平面图

楼层结构布置平面图的图示内容如下：

（1）图名和比例　图名应为××层结构布置平面图，接后用小一号字标注比例，比例一般与建筑平面图相同。如果结构布置特别简单，房间又大，可采用1∶200的比例绘制。

（2）定位轴线和尺寸标注　为了便于确定梁、板等构件的安装位置，应画出与建筑平面图完全一致的定位轴线，并标注轴线编号和轴线间距的尺寸，在平面图的左侧和下方标注总尺寸（两端轴线间的尺寸）。根据轴线间距，各房间的大小一目了然。

（3）墙体和柱子（包括构造柱）　在结构平面图中，为了反映墙、柱与梁、板等构件的关系，仍应画出墙、柱的平面轮廓线，其中未被楼面构件挡住的部分用中实线画出，而被楼面构件挡住的部分用中虚线画出。所有混凝土柱子（包括构造柱）应涂黑表示，同时标注柱子的编号。比如图中C、D轴线间的五道墙，1、7轴线上的墙各有一半被楼板挡住，其画法就是一边为中粗实线，一边为中粗虚线；2、4、6轴线上的墙全部被楼板挡住，其两边均为中粗虚线。图5-24所示的建筑为混合结构的住宅，没有大跨度房间，所以没有承重柱，但为了增加建筑的抗震性能，在建筑的四大角及楼梯间等处设有12根构造柱，其中C、4轴线交接处为GZ2，其余为GZ1。

（4）预制板　预制板有平板、空心板和槽板三种，应根据不同的情况分别选用。平板的上下表面平整，适用于荷载不大、跨度较小（如走道、楼梯平台等处）的地方；槽板的板、肋分开，受力合理，自重较轻，板面开洞较自由，但不能形成平整的顶棚，常用于卫生间、厨房等处；空心板不仅上下板面平整，而且构件刚度大，应用最为广泛。该住宅的楼面和屋顶中全部预制板均采用空心板。

预制板又分为预应力板和非预应力板两种，预应力板挠度小，抗裂性能好，而非预应力板很少使用。目前，我国大部分省、市都编有平板、空心板和槽板的通用构件图集，图集中对构件代号和编号的规定各有不同，但所代表的内容基本相同，如构件的跨度、宽度及所承受的荷载级别等。图5-24中采用的是西南地区（云、贵、川、渝、藏）的通用图集《预应力混凝土空心板图集》（西南G221），其楼板的编号为YKB××*＊—×，各部分的含意是："YKB"——预应力空心板；"××"——板的标志长度；"＊＊"——板的标志宽度；"—×"——荷载设计值等级。如6YKB3606—4，表示6块预应力空心板，板的标志长度为3600mm（3.6m），板的标志宽度为600mm（0.6m），外加荷载等级为4级（每一级值另有说明）。图中阳台板FKB305是采用重庆I区编制的标准图集中的构件，"FKB"表示卡口空心板，"30"表示开间为3m，"5"表示板宽500mm。

预制板布置的图示方法是用细实线和小黑点表示要标注的板，然后在引出线上写明板的数量、代号和型号。当板铺的距离较长时，可只画两端几块，中间省略不画，标出数量即可。对铺板完全相同的房间，选择其中一个注写所铺板的数量及型号，再写上代号，如A、B……，其余相同的房间直接注写代号，如图5-24中，右边房间的铺板与左边完全相同，右边就以代号表示，但墙体被楼板遮挡部分仍需画出。

（5）现浇板　某些房间如厨房、卫生间等，由于管道较多，在预制板上开洞不便，又可能凿断板中钢筋，影响板的强度，采用现浇板不仅可以避免上述问题，容易留设孔洞，还能有效解决管道与楼板交接处的渗漏问题。

现浇板在结构布置图中的表示方法有两种，第一种方法是在板格内画对角线，注写板的编号，如B1、B2……，其具体尺寸和配筋另有详图，如图5-24中的B1；第二种方法是在结构布置图中现浇板的投影上直接画出板中的配筋并加以标注，这种方法称为平面整体结构表示法，如图5-24中的雨篷，其板厚和配筋可以直接在图中查找到。

（6）楼梯 建筑中的楼梯应按顺序进行编号，通常主楼梯（通常位于入口处或建筑的中间，或尺寸最大的）的编号为"甲"，次要楼梯、辅助楼梯的编号依次为"乙"、"丙"……，楼梯通常为现浇的，其构造比较复杂，需单独绘制详图，结构布置图中只需注明详图所在的图号。

（7）梁及梁垫 在结构布置图中，梁可以用轮廓线表示，即画出梁的实际投影，也可以用粗单点长画线表示（可见时，用实线，不可见时，用虚线），单点长画线画在梁的轴线位置上，并应注明代号及编号。梁的代号用"L"表示，其后的编号各地区有所不同，如在《钢筋混凝土单梁图集》（川G—531）中，梁的标注方法是L**—×，"L"是梁的代号，"**"是梁的跨度，"×"是梁能承受的荷载等级。如图5-24中，2轴线中间有一标注为L24—3的梁，表示该梁的跨度为2.4m，能承受3级荷载（具体荷载值参见图集中的说明）。

梁的下标也可用顺序号，以便和其他梁相区别，这时对梁的净跨长度、承受的荷载等级等应另外进行说明。在同一工程中，凡是梁的跨度、截面形状和尺寸以及梁的配筋完全相同的，应采用同一编号。

图5-24中阳台旁标注的XL132a、XL132b、BL—C301都是表示重庆地区标准图集中的构件，"XL"为阳台挑梁代号，"13"表示挑出长度为1.3m，"2"表示荷载级别，"a"、"b"表示带挑耳阳台的挑耳方向；"BL"为挂梁代号，"C"表示外型，"30"表示开间为3.0m，"1"表示类型。

当梁搁置在砖墙或砖柱上时，为了避免砌体被局部压坏，往往在梁搁置点的下面设置梁垫（素混凝土或钢筋混凝土），以缓解局部压力。在结构布置平面图中，应示意性地画出梁垫平面轮廓线，并标上代号LD。

（8）门窗过梁 过梁是位于门窗洞口上方的支托构件，它将门窗洞口上部墙体的重量以及传至该处的梁、板荷载转移到洞口两侧的墙上。过梁可以是木梁、石梁、预制或现浇钢筋混凝土梁，也有直接在砌体底部的灰浆中加设钢筋做成的钢筋砖过梁。过梁具体的截面尺寸和构造应根据实际荷载的大小，通过计算来确定。

在结构布置图中，通常用粗单点长画线表示下一楼层的门窗过梁，单点长画线的位置和长度应与洞口的位置和宽度一致；也可以用梁的轮廓线表示，即在洞口的边缘用虚线画出洞口的投影。过梁的标注方法是在门窗洞口的一侧标注过梁代号及编号，其编号与预制板类似，如GL15240，"GL"是过梁代号，"15"表示过梁的跨度为1.5m，"24"表示过梁的宽度为240mm，与墙厚相同，"0"为荷载等级，0级荷载为过梁自重加1/3净跨高度范围的墙体重量。

（9）圈梁 砌体承重结构的房屋由于承重墙是由分散的砌块砌成，整体刚度较差，为了提高建筑的整体刚度，增加建筑的抗震性能，通常在楼板部位的平面上，沿全部或部分墙体设置封闭圈梁，在墙体交接处适当设置上下贯通至基础的钢筋混凝土构造柱，圈梁和构造柱的具体设置应符合国家《砌体结构设计规范》及《建筑抗震设计规范》的有关规定。构造柱的具体设置详见各层平面图和图5-23。圈梁的布置通常用粗实线绘制圈梁平面图，因为简单，其比例可采用1：200甚至更小。图5-25所示是该住宅的圈梁平面图，从图中可以看出，所有外墙上全部设有圈梁，内墙上，只有C、3、4、5轴墙体中设有圈梁，形成五个封闭圈,外围整体封闭。

(10) 节点详图索引 楼层结构布置平面图中还应标明节点详图索引。

2. 节点详图

在钢筋混凝土装配式楼层中,预制板搁置在梁或墙上时,只要保证有一定的搁置长度并通过灌缝或坐浆就能满足要求了,一般不需另画构件的安装节点大样图,但当房屋处于地基条件较差或地震区时,为了增强房屋的整体刚度,应在板与板、板与墙(梁)连接处设置锚固钢筋,这时应画出安装节点大样图。

3. 构件统计表

在结构布置平面图中,应将各层所用构件

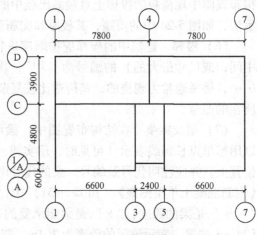

图5-25 圈梁平面图

进行统计,对不同类型、规格的构件统计其数量,并注明构件所在的图号或通用图集的代号及页码。

二、屋顶结构平面图

屋顶结构平面图与楼层结构平面图基本相同,其图示方法完全相同,但结构构件的形式、布置通常不同,所以屋顶结构平面图应单独绘制。

1. 屋顶结构平面图与楼层结构平面图的主要区别

(1) 楼板的形式和布置 对大部分平屋顶建筑来说,屋顶通常全部采用预制板,而楼层通常采用预制板和现浇板相结合;对坡屋顶建筑来说,屋顶与楼层显然不同,坡屋顶的结构通常采用屋架、屋面梁或各种现浇钢筋混凝土构架。

(2) 梁的布置和截面高度 如果楼层的墙体在顶层缺省,即顶层的房间为几个小房间合并成的大房间,则屋顶在楼层墙体处必须加设梁,而屋顶荷载与楼层荷载通常不同,因而与楼层梁相同位置的屋顶梁,其截面和配筋并不相同;屋顶圈梁与楼层圈梁通常也不一样。通常情况下,屋顶圈梁的数量、截面尺寸(主要是高度)和配筋比楼层圈梁要大;屋顶圈梁通常带有外挑的天沟板或雨篷板;屋顶上有时会有水箱、葡萄架等高出屋面的结构,需要专门的梁或框架来支承,或者直接支承在一般屋面梁上,但其截面或配筋显然要有所增加。

(3) 构件 楼面有而屋顶没有的构件主要有天沟板、雨篷板、水箱、葡萄架等。

(4) 标高、图名等 屋顶的标高显然与楼层不同,图名也有所不同。

2. 屋顶结构平面图实例

图5-26所示是某住宅的屋顶结构平面图,对照图5-24可以发现,楼层中的卫生间采用的是现浇板,而屋顶则全部改为预制板;楼层平面图中有阳台的部位,在屋顶平面图中变成了雨篷;雨篷的结构详图采用在屋顶平面图上直接绘制和标注的形式,可以在屋顶平面图上直接查看雨篷的断面尺寸和配筋情况;屋顶的结构标高为8.100m,雨篷板底的标高为8.000m,比一般结构低100mm;该屋顶的圈梁与楼层完全相同。

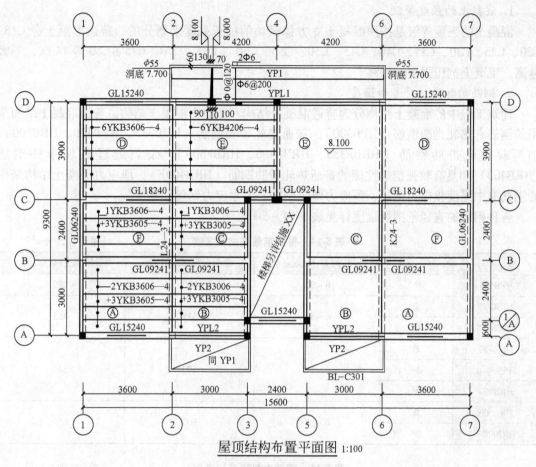

屋顶结构布置平面图 1:100

图 5-26 屋顶结构布置平面图

◇◇◇◇ 第六节 结构构件详图

一、钢筋混凝土基本知识

将水泥、砂子和石子按一定比例加水拌合，形成混凝土。将拌好的混凝土倒入预先制好的模板内，经过充分养护就可制成像石头一样坚硬的混凝土构件，若在混凝土中加入钢筋，便是钢筋混凝土。混凝土和钢筋混凝土是现代建筑的主要建筑材料，它充分利用了混凝土的受压性能和钢筋的受拉性能。建筑的基本结构构件如梁、板、柱等通常均采用钢筋混凝土和预应力钢筋混凝土。

钢筋混凝土构件主要由钢筋和混凝土两种材料组成。材料种类、等级的选择应符合有关结构规范的规定，构件的外形尺寸和断面形状及尺寸，钢筋的数量、直径、长度应根据结构的受力情况经过计算确定。

1. 混凝土的强度等级

混凝土的强度等级是按照混凝土立方体试块的抗压强度来划分的，普通混凝土分 C15、C20、C25、C30、C35、C40、C45、C50、C55、C60、C65、C70、C75、C80 等 14 级，等级越高，混凝土抗压强度也越高。

2. 钢筋的种类、符号和强度

建筑工程中的混凝土结构分为普通混凝土结构和预应力混凝土结构。普通混凝土结构采用的钢筋有热轧光圆钢筋（HPB300）、普通热轧带肋钢筋（HRB335、HRB400、HRB500）、细晶粒热轧带肋钢筋（HRBF335、HRBF400、HRBF500）、余热处理热轧带肋钢筋（RRB400）和具有较强抗震性能的普通热轧带肋钢筋（HRB400E）。预应力混凝土结构采用的钢筋有中强度预应力钢筋、预应力螺纹钢筋、消除应力钢丝和钢绞线。

各种钢筋的直径范围及强度详见表 5-14 ~ 5-17。

表 5-14 普通钢筋强度标准值 （单位：N/mm²）

牌 号	符 号	公称直径 d/mm	屈服强度标准值 f_{yk}	极限强度标准值 f_{stk}
HPB300	Φ	6 ~ 22	300	420
HRB335	$\underline{\Phi}$	6 ~ 50	335	455
HRBF335	$\underline{\Phi}^F$			
HRB400	Φ	6 ~ 50	400	540
HRBF400	Φ^F			
RRB400	Φ^R			
HRB500	Φ	6 ~ 50	500	630
HRBF500	Φ^F			

表 5-15 预应力筋强度标准值 （单位：N/mm²）

种 类		符 号	公称直径 d/mm	屈服强度标准值 f_{pyk}	极限强度标准值 f_{ptk}
中强度预应力钢筋	光面 螺旋肋	Φ^{PM} Φ^{HM}	5、7、9	620	800
				780	970
				980	1270
预应力螺纹钢筋	螺旋肋	Φ^T	18、25、32、40、50	785	980
				930	1080
				1080	1230
消除应力钢丝	光面 螺旋肋	Φ^P Φ^H	5	—	1570、1860
			7	—	1570
			9	—	1470、1570
钢绞线	1×3	Φ^S	8.6、10.8、12.9	—	1570、1860、1960
	1×7		9.5、12.7 15.2、17.8	—	1720、1860、1960
			21.6	—	1860

表 5-16　普通钢筋强度设计值　　　　　　　　（单位：N/mm²）

牌　号	抗拉强度设计值 f_y	抗压强度设计值 f_y'
HPB300	270	270
HRB335、HRBF335	300	300
HRB400、HRBF400、RRB400	360	360
HRB500、HRBF500	435	410

表 5-17　预应力钢筋强度设计值　　　　　　　　（单位：N/mm²）

种　类	极限强度标准值 f_{ptk}	抗拉强度设计值 f_{py}	抗压强度设计值 f_{py}'
中强度预应力钢筋	800	510	410
	970	650	
	1270	810	
消除应力钢丝	1470	1040	410
	1570	1110	
	1860	1320	
钢绞线	1570	1110	390
	1720	1220	
	1860	1320	
	1960	1390	
预应力螺纹钢筋	980	650	410
	1080	770	
	1230	900	

钢筋的选择应按下面的原则进行：

1）纵向受力普通钢筋宜采用 HRB400、HRB500、HRBF400、HRBF500 钢筋，也可采用 HPB300、HRB335、HRBF335、RRB400 钢筋。

2）梁柱纵向受力普通钢筋应采用 HRB400、HRB500、HRBF400、HRBF500 钢筋。

3）箍筋宜采用 HRB400、HRBF400、HPB300、HRB500、HRBF500 钢筋，也可采用 HRB335、HRBF335 钢筋。

4）预应力筋宜采用预应力钢丝、钢绞线和预应力螺纹钢筋。

3. 钢筋的作用

钢筋在不同的构件中起着不同的作用。例如在图 5-27a 中，梁的下部纵筋是受力筋，承受拉力，上部的纵筋是架立筋，与受力筋和箍筋一起组成梁的钢筋骨架，与纵筋垂直的封闭钢筋称为箍筋，主要用来承受剪力。又如在图 5-27b 中，板的下部纵筋是受力筋，承受拉力，在受力筋上面的纵筋称为分布筋，主要用于固定受力筋，确保受力筋的间距。

4. 钢筋的保护层和弯钩

为了防止钢筋暴露在空气中，引起锈蚀，也为了防火以及加强钢筋与混凝土粘结力，钢筋距构件的外表面必须留有足够的保护层。设计使用年限为 50 年的混凝土结构，最外层钢筋的保护层厚度参见表 5-18，设计使用年限为 100 年的混凝土结构，最外层钢筋的保护层厚度按表中数值的 1.4 倍取值。

有关混凝土环境类别的鉴定参见《混凝土结构设计规范》表 3.5.2，其中一类环境是指

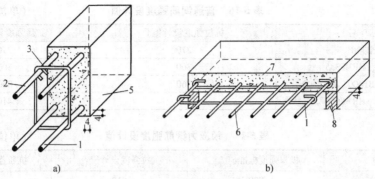

图 5-27　钢筋的作用

a）梁中钢筋　b）板中钢筋

1—受力筋　2—架立筋　3—箍筋　4—保护层厚度　5—梁　6—分布筋　7—板　8—墙

室内干燥环境和无侵蚀性静水浸没环境。

表 5-18　混凝土最小保护层厚度　　　　　　　　　　　　　（单位：mm）

环境类别	板、墙、壳	梁、柱、杆
一	15	20
二 a	20	25
二 b	25	35
三 a	30	40
三 b	40	50

注：混凝土强度等级不大于 C25 时，保护层厚度按表中数值增加 5mm；基础钢筋保护层厚度不小于 40mm，从垫层顶面起算。

如果受力筋是光面钢筋，在钢筋的两端必须做成 180°的弯钩，以增加钢筋与混凝土的粘结力，防止钢筋被拔出。带肋钢筋与混凝土有着很好的粘结力，两端无须做的弯钩。各种钢筋的弯钩形式如图 5-28 所示。

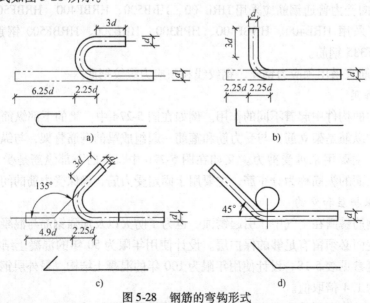

图 5-28　钢筋的弯钩形式

a）180°弯钩　b）90°弯钩　c）135°弯钩　d）45°弯钩

二、钢筋混凝土构件的图示方法

钢筋混凝土构件详图主要由模板图、配筋图、钢筋明细表和预埋件详图等组成，它是钢筋加工、构件制作、用料统计的重要依据。

1. 模板图

模板图实际上就是构件的外形投影图，主要用来表示构件的外形尺寸、预埋件和预留孔洞的位置和尺寸。当构件的外形比较简单时，模板图可以省略不画，只要在配筋图中标注出有关尺寸即可。对于比较复杂的构件，必须单独画出模板图，便于模板的制作安装。模板图通常用中粗实线或细实线绘制。

2. 配筋图

配筋图也叫钢筋布置图，它主要表示构件内部各种钢筋的级别、直径、根数、形状、尺寸及其排放情况。对各种钢筋混凝土构件，应直接将构件剖切开来，并假定混凝土是透明的，将所有钢筋绘出并加以标注。

所有纵筋必须标注出钢筋的根数、级别、直径和钢筋的编号，箍筋和板中的钢筋网必须标注出钢筋的级别、直径、间距（中到中）和钢筋的编号，如图5-29所示。

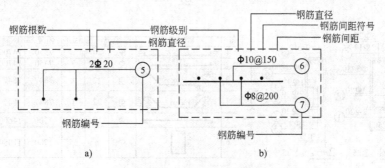

图5-29　钢筋的标注方法

a）纵筋的标注　b）箍筋和板中钢筋网的标注

3. 钢筋明细表

为了方便钢筋的加工安装和编制工程预算，通常在构件配筋图旁边列出钢筋明细表。钢筋明细表的内容有构件代号、钢筋编号、简图、规格、长度、数量、总长、总重等。这里需要说明的是，在钢筋明细表中钢筋简图上标注的钢筋长度并不包含钢筋弯钩长度，而在"长度"一栏内的数字则已加上了弯钩长度，是钢筋加工时的实际下料长度。

4. 预埋件详图

在某些钢筋混凝土构件的制作中，有时为了安装、运输的需要，在构件中设有各种预埋件，如吊环、钢板等，应在模板图附近画出预埋件详图。

三、梁的配筋图

梁的配筋图通常分为纵断面图和若干横断面图。梁的配筋图一般采用1∶50的比例，有时也采用1∶30或1∶40的比例，当梁的跨度较长时，长度方向和高度方向可以采用不同的比例，横断面图一般采用1∶20或1∶25的比例。横断面图的数量应根据构件及配筋的复杂程度确定，并依次编号。纵、横断面图上的钢筋标注必须一致。

图 5-30 所示是某梁 L1 的配筋图。从图中可以看出，梁 L1 的跨度为 7.2m，两端支承在 370mm 厚的砖墙上，支承长度为 250mm，所以梁的净跨为 6.7m。梁的纵、横断面均采用 1：25 的比例绘制。梁中钢筋共有六种编号，底部纵筋分两排，下排两角处是①钢筋，2 Φ 20，中间是③、④钢筋，各 1Φ22，并先后以 45°角弯至梁的上部，上部弯起点的位置分别 距墙内缘 100mm 和 700mm，上排钢筋是②钢筋，2 Φ 20，①～④钢筋在梁内均做成 90°弯 钩，弯折长度 100mm。

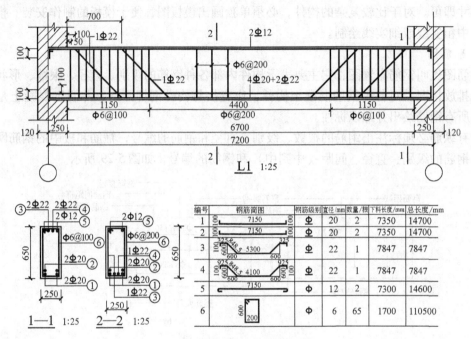

图 5-30 梁 L1 配筋图

梁上部两角处配有 2Φ12 的架立钢筋，两端做 180°弯钩。箍筋采用 φ6 光面钢筋，在梁 中部 4.4m 的范围内间距为 200mm，其余范围内间距为 100mm。

梁的截面宽度为 250mm，高度为 650mm，图中给出了详细的钢筋表。

图 5-31 所示是某梁 L2 的配筋图。从图中可以看出，梁 L2 是一根三跨连续梁，两端支 承在 A 轴墙和 D 轴墙上，中间支承在钢筋混凝土柱子上，柱子的轴线为 B 和 C。由于连续 梁左右对称，详图中只画了一半多，另一半省略，并用对称符号表示。在纵断面图上用虚线 表示板厚（80mm）和次梁的高、宽（高 400mm、宽 200mm）。从纵、横断面图上可以看到， 架立钢筋是两根直径 12mm 的 Ⅰ 级钢筋，两端做 180°弯钩，编号为④，底部受力筋伸入支 座，为两根直径为 25mm 的 Ⅱ 级钢筋，编号为①；弯起筋是两根直径为 25mm 的 Ⅱ 级钢筋， 编号分别是②和③，上部弯起点的位置分别在距墙内缘 50mm、650mm 处，弯起角度为 45°。⑧号钢筋是箍筋，直径 8mm，Ⅰ 级钢筋，间距为 200mm，但支座附近加密为 100mm， 次梁左右剪力大，各附加了 3 根间距为 50mm 的箍筋。

⑤、⑥ 钢筋分别是梁上部的附加受力钢筋，从柱边向外分别延伸 2340mm 和 1560mm， 总长度分别是 11080mm 和 9520mm。

146

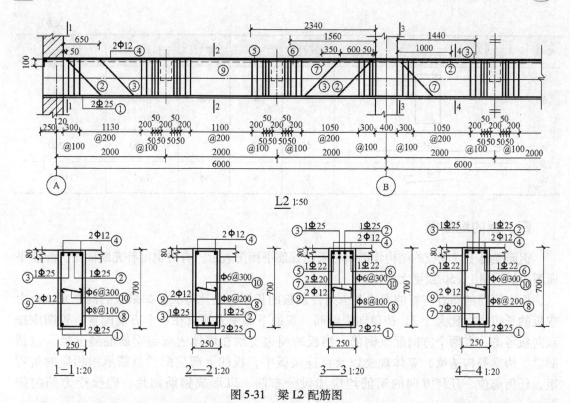

图 5-31　梁 L2 配筋图

从图 5-31 中可以看到，由于梁较长，纵断面图的比例采用 1∶50，但横断面图由于梁的配筋较多，采用 1∶20 的比例。为了充分反映梁的配筋情况，图中共画出了四个断面。

由于 L2 的高度较大，在梁的中部两腰处附加了 2 ϕ 12（⑨）的腰筋，并用 ϕ 6@300（⑩）单肢箍筋拉结。L2 的钢筋表见表 5-19。

表 5-19　L2 钢筋表

编号	钢 筋 简 图	钢筋级别	直径/mm	根数	下料长度/mm	总长/mm
1	18450	Φ	25	2	18450	36900
2	395 100 919 4280 919 1450	Φ	25	2	8063	16126
3	995 100 919 3080 919 2490	Φ	25	2	8503	17006
4	18450	Φ	12	2	18600	37200
5	11080	Φ	22	1	11080	11080
6	9520	Φ	22	1	9520	9520
7	1450 848 4300 848 1450	Φ	20	2	8896	17792

（续）

编号	钢筋简图	钢筋级别	直径/mm	根数	下料长度/mm	总长/mm
8	650 / 200	φ	8	108	1820	196560
9	17950	φ	12	2	18100	36200
10	190	φ	6	45	265	11925

四、板的配筋图

钢筋混凝土现浇板的结构详图通常采用配筋平面图表示，有时也可补充断面图。配筋平面图一般采用 1∶50 或更大的比例。

板中钢筋的布置与板的周边支承条件及板的长短边之比有关。如果板的两个对边自由或板的长短边之比大于 2，按单向板配筋，板的下部受力筋只在一个方向配置，否则应按双向板考虑，在两个方向配置钢筋。当板的周边支承在墙体内或与钢筋混凝土梁（包括圈梁、边梁等构造梁）整体现浇以及在连续板中，板的上部应配置负筋承担相应的负弯矩。任何部位、任何方向的钢筋均应加设分布筋，以形成钢筋网片，确保受力筋的间距。

在配筋平面图上，除了钢筋用粗实线表示外，其余图线均采用细线，不可见轮廓线用细虚线绘制，轴线、中心线用细单点长画线绘制。每种规格的钢筋只需画一根并标出其级别、规格、间距、钢筋编号。板的配筋有分离式和弯起式两种，如果板的上下钢筋分别单独配置，称为分离式；如果支座附近的上部钢筋是由下部钢筋弯起得到就称为弯起式，图 5-32 所示的配筋即为分离式配筋。

从图 5-32 中可以看到，B1 的轴线尺寸为 3.6m × 2.4m，四边支承，属于双向板，所以在板的下部配置了双向钢筋，短向的

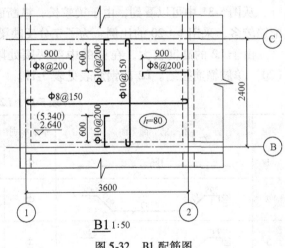

图 5-32 B1 配筋图

受力较大，钢筋为 φ10@150，长向的受力较小，钢筋为 φ8@150，支座负筋分别为 φ10@200 和 φ8@200，从支座内缘伸出的长度分别为 600mm 和 900mm。在配筋平面图上还标注了板的厚度和结构标高。

五、柱结构详图

钢筋混凝土柱结构详图主要包括立面图和断面图。如果柱的外形变化复杂或有预埋件，则还应增画模板图。

图 5-33 所示是某现浇钢筋混凝土柱 Z1 的结构详图。该柱从标高 -0.030m 起直通顶层标高为 12.550m 处。柱的断面为正方形，边长 400mm，柱内配有 6 根纵向受力筋，其直径随着柱身高度的变化而不同，底层为 25mm（1—1 断面）、二、三层为 22mm（2—2 断面）、顶层为 20mm（3—3 断面）；箍筋为 φ6@200，但在每层的柱顶和柱脚 1/6 层高范围内加密

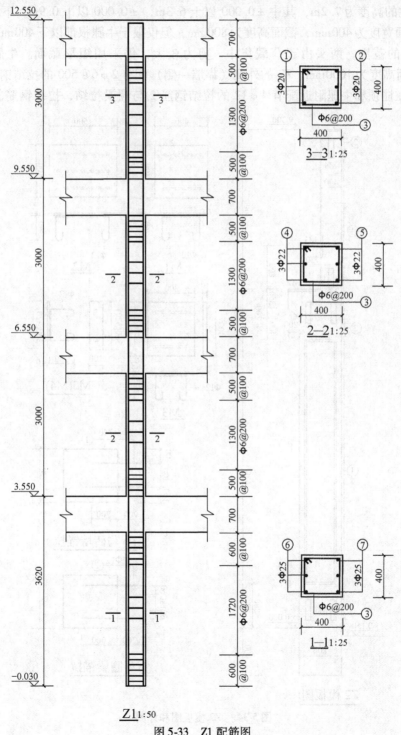

图 5-33　Z1 配筋图

为φ6@100。柱 Z1 上不同位置箍筋的疏密程度不同，可在 Z1 边上画出一条箍筋分布线以明确表示箍筋的分布情况，其中@200 表示箍筋间距为200mm，@100 表示箍筋间距100mm。

图 5-34 所示为某单层工业厂房预制钢筋混凝土柱 Z2 的模板图和详图。从图中可以看出，该柱为工字形柱，由上柱和下柱两部分组成。上柱的高度为 3.0m，截面尺寸为 400mm × 400mm；下柱的高度为 7.2m，其中 ±0.000 以上6.3m，±0.000 以下0.9m，下柱的截面为工字形，截面宽度为400mm，截面高度为800mm，但仅限于牛腿根部以下400mm 至 ±0.000 以上800mm 的范围，两头由于荷载集中，剪力较大，仍采用矩形截面。牛腿的高度为550mm，截面高度为1000mm。Z2 的外侧（靠墙一侧）配有 2φ6@500 的拉结钢筋①与砖墙拉结，同时在柱顶和牛腿附近配有 4φ12 的拉结钢筋②与圈梁拉结，拉结钢筋①、② 的详

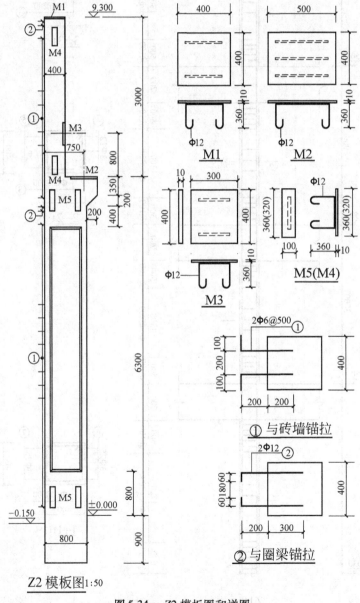

图 5-34   Z2 模板图和详图

细构造和尺寸如图 5-34 中的详图所示。

此外，柱立面图上还清楚地画出了所有预埋件的投影，并加以编号。M1 位于柱顶，是用于焊接屋架端部的预埋件；M2 位于牛腿顶面，靠近外侧，其中心与定位轴线相距750mm，M3 位于牛腿面以上 800mm 处的柱内侧，M2 和 M3 用于固定吊车梁；M4 和 M5 分别用于连接上下柱间支撑，分别为两块和四块。M1 ～ M5 全部由 10mm 厚的钢板加焊φ12 的圆钢，具体尺寸如图 5-34 中的详图所示。

图 5-35 所示是 Z2 的配筋图，左边为纵断面，右边为四个横断面。对照纵横断面图可以

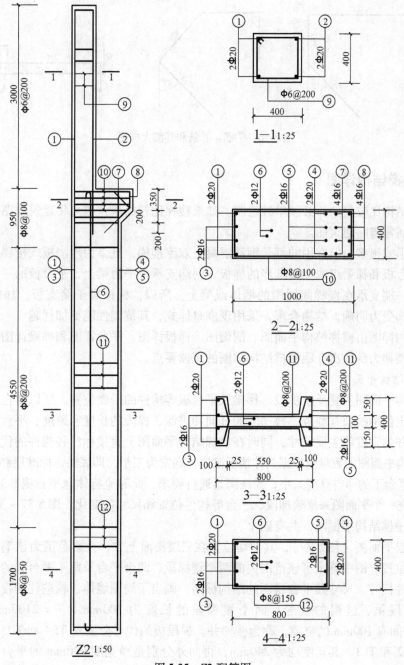

图 5-35　Z2 配筋图

看出，Z2 的左侧配有四根纵筋，分别是①筋 2ϕ20 和③筋 2ϕ16，上柱的右侧是②筋 2ϕ 20，下柱的右侧是④筋和⑤筋，其直径分别与①筋和③筋相同，所以上柱和下柱均采用了对称配筋，下柱由于截面高度较大，中间加配了 2ϕ12 的拉结筋，编号为⑥。

牛腿内由于集中力较大，单独配置了各为 4ϕ16 的⑦筋和⑧筋。

上柱的箍筋为ϕ6@200，编号为⑨，下柱的箍筋为ϕ8，但间距有三种，牛腿面向下950mm 范围为@100，再往下 4550mm 范围为@200，最下面 1700mm 范围为@150，并依次编为⑩～⑫筋。图 5-36 所示是⑦筋、⑧筋和⑪筋的大样图。

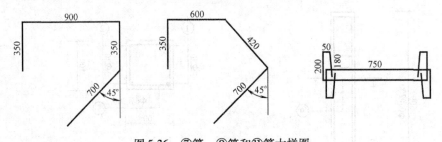

图 5-36　⑦筋、⑧筋和⑪筋大样图

六、楼梯结构详图

楼梯的结构比较复杂，必须单独绘制。如果楼梯比较简单，也可将建筑详图和结构详图合并绘制，通常省略建筑图。

楼梯的形式很多，但常用的都是钢筋混凝土双跑楼梯，且多为现浇板式楼梯。板式楼梯由梯板、平台板和梯梁组成。带踏步的梯板，两端支承在平台梁上，平台板的一端支承在平台梁上，另一端支承在楼梯间周围的墙体或梁上，所以，梯板属于简支板，梯梁属于简支梁。板式楼梯受力明确，结构合理，采用现浇整体式，其抗震性能更加优越。

楼梯结构详图由楼梯结构平面图、剖面图、梯板详图、平台详图和梯梁详图组成。下面以某住宅的楼梯为例依次介绍楼梯结构详图的识读要点。

1. 楼梯结构平面图

楼梯结构平面图主要反映梯段、梯梁及平台板等构件的平面位置，所以要在图中标出楼梯间四周的定位轴线及其编号、楼梯间的开间和进深、梯段的长度和跨度、平台板的长度和宽度、楼梯井的宽度等主要尺寸，同时在楼梯结构平面图上直接标注各构件的代号。

楼梯结构平面图的数量应根据具体情况确定，通常为三个，即底层、标准层和顶层。但有时底层休息平台下的净空高度太小，无法满足通行要求，此时应将休息平台提高若干级台阶，这就需要补充一个平面图来反映梯段、平台等构件位置和尺寸的变化。图 5-37～图 5-40 所示是某住宅的楼梯结构平面图，共有四个。

先看三层平面图（图 5-37），其剖切位置在三层楼面上方，投影范围为该剖切位置至二层楼面相同位置。图中画出了该范围内的两个楼梯段、两个平台及两个平台梁的投影，标注了相应的构件代号、尺寸及平台顶面的结构标高，画出了周围墙体、构造柱的投影，并标注了墙体上的圈梁、过梁的代号。两个楼梯段的长度为 300mm × 7 = 2100mm，宽度为1030mm，中间有 100mm 的空隙，称为楼梯井。梯段板的代号分别是 TB4 和 TB3，两端分别是平台梁 TL2 和 TL3，其宽度均为 240mm，再向外分别是净宽度 990mm 的平台。两个平台的尺寸和配筋全部相同，其配筋和板厚直接标注在平面图上。由于该平台只有两个对边支承在平台梁上，另外两个边是自由边，属于单向板，所以只在短方向配置了受力筋和分布筋，分别为φ6@200 和φ6@300，板面负筋同样为φ6@200，从梁边伸出的长度250mm。

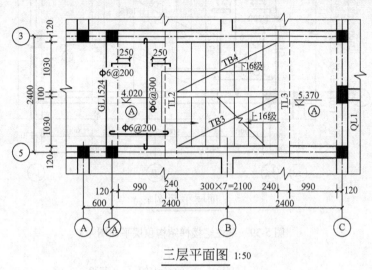

三层平面图 1:50

图5-37 某住宅楼梯结构三层平面图

图5-38 所示是二层平面图，与三层平面图基本相同，不同的是 TB4 换成了 TB2，且少一级踏步，少的这一级变成了平台；TB3 换成了 TB1。图5-39 所示是顶层平面图，与三层平面图相比只是平台的标高不同，楼梯段上下行的标注不同，其余完全相同。

最后，再来看区别较大的底层平面图。从图5-40 中可以看出，底层平面图只有一个平台，是第一个休息平台，其板面的结构标高为1.489m，其配筋与所有平台相同，左边的1/A轴墙上的梁变成了YPL3。休息平台右边的平台梁 TL2 与二、三层相同，TL2 右边是向下

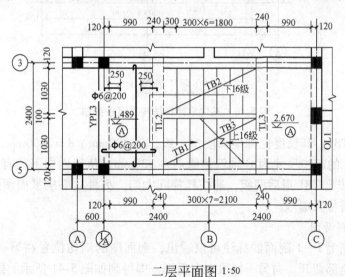

二层平面图 1:50

图5-38 某住宅楼梯结构二层平面图

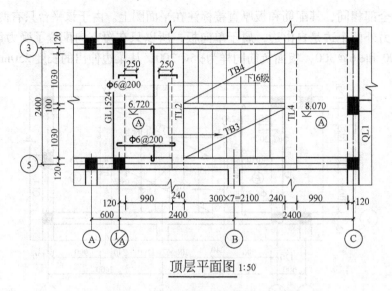

顶层平面图 1:50

图 5-39　某住宅楼梯结构顶层平面图

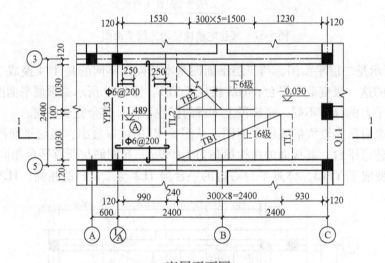

底层平面图 1:50

图 5-40　某住宅楼梯结构底层平面图

的第一个梯段板 TB1，其长度比标准梯段多一级，为 300mm × 8 = 2400mm，右接 TL1，TL1 在地面以下。TB1 的起步尺寸为 C 轴墙边缘向左 930mm，从地面向下仍有六级踏步，宽度也是 300mm，起步比 TB1 退后两级，通往楼梯间大门。另外，底层平面图还标注了楼梯结构剖面图的剖切符号及编号。

2. 楼梯结构剖面图

从底层平面图上 1—1 剖面的标注可以看出，剖面图的剖切位置在第一个上行梯段上，从该处将楼梯间全部切开，向另一梯段方向投影，即得到如图 5-41 所示的楼梯结构剖面图。由于楼梯剖面图主要用来反映楼梯结构的垂直分布，楼梯以外部分用折断线断开，顶层平台以上的部分也用折断线断开。除了地面线用粗线绘制外，其余轮廓线一律用中实线绘制。

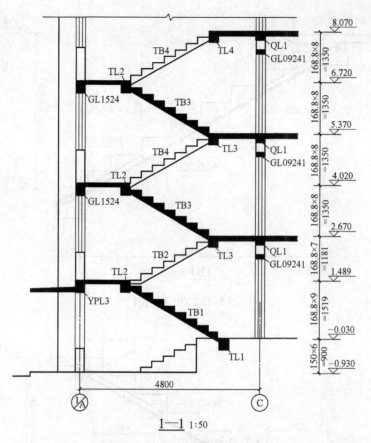

图 5-41　某住宅楼梯结构剖面图

楼梯结构剖面图画出了所有梯段板、平台板、平台梁以及楼梯间两侧墙体及墙体上的梁和门窗的投影，并且进行了标注。阅读楼梯平面图时，应该与剖面图反复对照，以确认各构件的具体位置（水平方向和垂直方向）。在楼梯结构剖面图的一侧，应将每个梯段的高度和标高加以标注，梯段高度的标注方法与平面图相同，如第一个梯段 TB1 的标注为 "168.8×9＝1519"，这里，"1519" 指 TB1 的高度为 1519mm，必须保证，而 "168.8" 是每个踏步的近似高度，是用 "1519" 除以 9 得到的，是近似值。楼梯结构剖面图和楼梯结构平面图上的标高全部为结构标高。

此外，楼梯结构剖面图上还画出了最外面的两条定位轴线及其编号，并标注了两条定位轴线间的距离。

3. 梯段详图

梯段详图主要用来反映梯段配筋情况，由于梯段板是倾斜的，板又薄，配筋较复杂，因而多采用较大的比例，一般为 1∶20～1∶30。对楼梯结构平面图或剖面图上标注出的所有不同编号的梯段板，均应单独绘制配筋详图。

图 5-42～图 5-45 所示分别是 TB1～TB4 的配筋详图，均采用 1∶25 的比例绘制。由于各梯段板的长度稍有不同，为方便施工，板的厚度全部为 120mm，但配筋不同。

重点来看 TB1。TB1 是第一个上行梯段，有九级踏步，所以有九个高度，八个宽度，每级踏步的高度和宽度分别是 168.8mm 和 300mm，在图的右侧和下方均进行了标注。TB1 两

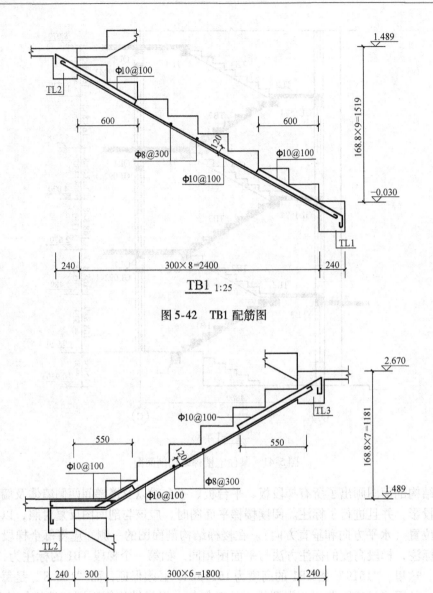

图 5-42　TB1 配筋图

图 5-43　TB2 配筋图

端的平台梁分别为 TL1 和 TL2，与 TL2 整体现浇的平台和第二个梯段板 TB2 在图中画出了一小部分，用折断线将其余部分断开。

斜板的配筋与平板一样，由于梯段板为简支板，其配筋方法为：板底配置通长的受力筋加分布筋，板顶负筋的数量与板底筋相同，但长度和弯钩形式不同。从图 5-42 中可以看到，TB1 的板底受力筋为 φ10@100，两端伸入平台梁内，端部做 180°弯钩；分布筋为 φ8@300；板顶负筋同样为 φ10@100，从平台梁边缘伸出，端部做 90°弯钩，伸出长度的水平投影为600mm，另一端伸入平台梁内至远端弯折成铅垂向下。板的厚度为 120mm，顺着梯段板斜向标注。另外，在梯段板高度尺寸的两端标注了梯段板两端的标高。

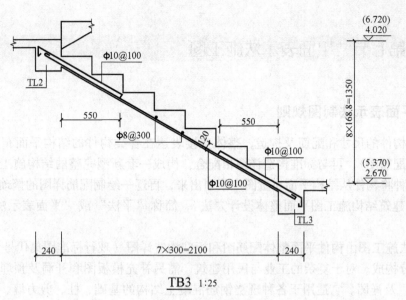

图 5-44 TB3 配筋图

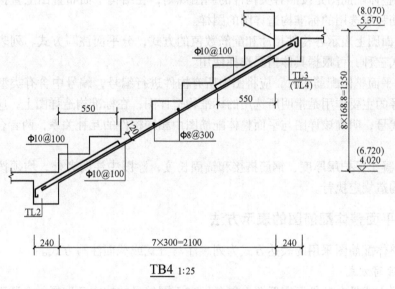

图 5-45 TB4 配筋图

其他各梯段板配筋图的与 TB1 基本相同，只是 TB2 需要注意，其下部的第一个踏步处变成平板，有一个折角，板顶负筋用两根钢筋，千万不能用一根，否则，钢筋受力后容易将内折角的混凝土崩出。

4. 梯梁详图

楼梯平台梁的结构详图与普通梁相同，只是各平台梁的模板图不相同，因为每个平台梁上用于焊接栏杆的预埋件并不相同。图 5-46 所示是 TL1～TL4 的配筋断面图。

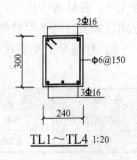

图 5-46 梯梁配筋图

◈◈◈ 第七节　平面表示法施工图

一、平面表示法制图规则

将结构构件的尺寸和配筋及构造，整体直接表达在各类构件的结构平面布置图上（称为平面整体配筋图），再与标准构造详图相配合，构成一套新型完整的结构施工图，它改变了传统的那种将构件从结构平面布置图中索引出来，再逐一绘制配筋详图的繁琐方法，这种方法称为"建筑结构施工图平面整体设计方法"，简称"平法"或"平面表示法"。其制图规则如下：

1）平法施工图由构件平面整体配筋图和标准构造详图（现行标准图集代号为03G101—1）两大部分构成。对于复杂的工业与民用建筑，需另补充模板图和开洞及预埋件的平面图（或立面图）及详图。它适用于各种现浇钢筋混凝土结构的基础、柱、剪力墙、梁、板、楼梯等构件的施工图平法设计。

2）平面整体配筋图是按照各类构件的制图规则，在结构平面布置图上直接表示各构件的尺寸、配筋和所选用的标准构造详图的图样。

3）在平面图上表示各构件尺寸和配筋数值的方式，分平面注写方式、列表注写方式和截面注写方式三种，可根据具体情况选择使用。

4）绘制平面整体配筋图时，应将图中所有构件进行编号，编号中含有类型代号和序号等，类型代号的主要作用是指明所选用的标准构造详图；在标准构造详图上，应按其所属构件类型注有代号，明确该详图与平面整体配筋图中相同构件的互补关系，两者合并构成完整的施工图。

5）对混凝土保护层厚度、钢筋搭接和锚固长度，除图中注明者外，均须按标准构造详图中的有关构造规定执行。

二、柱平面整体配筋图的表示方法

柱平面整体配筋图采用的表达方式为列表注写方式或截面注写方式。

1. 列表注写方式

列表注写方式是在柱平面布置图上，分别在不同编号的柱中各选择一个截面标注几何参数代号，在柱表中注写几何尺寸与配筋具体数值，并配以各种柱截面形状及其箍筋类型图的方式，来表达柱平面整体配筋图。

1）柱编号由类型代号和序号组成，见表5-20。

表5-20　柱的编号

柱 类 型	代 号	序 号	柱 类 型	代 号	序 号
框架柱	KZ	××	梁上柱	LZ	××
框支柱	KZZ	××	剪力墙上柱	QZ	××

如编号为"KZ1"的柱，即序号为1号的框架柱。

2）各段柱的起止标高，自柱根部往上以变截面位置或截面未变但配筋改变处为界分段注写。注意：框架柱和框支柱的根部标高指基础顶面标高；梁上柱的根部标高指梁顶面标高；剪力墙上柱的根部标高分两种，当柱纵筋锚固在墙顶部时，其根部标高为墙顶面标高，当柱与剪力墙重叠一层时，其根部标高为墙顶下面一层的楼层结构标高。

如图 5-47 所示的柱表中分三段高度进行分段注写，标高"−0.030 ~ 19.470"段，柱截面尺寸为"750 × 700"；标高"19.470 ~ 37.470"段，柱截面尺寸为"650 × 600"；标高"37.470 ~ 59.070"段，柱截面尺寸为"550 × 500"。

3）柱截面尺寸 $b × h$ 及与轴线关系。$b = b_1 + b_2$，$h = h_1 + h_2$。当截面的某一边收缩变化至与轴线重合或偏到轴线的另一侧时 b_1、b_2 和 h_1、h_2 中的某项为零或为负值。

4）柱纵筋。当柱纵筋直径相同，各边根数也相同时，纵筋在"全部纵筋"一栏中；除此之外，柱纵筋分角筋、截面 b 边中部筋和 h 边中部筋三项分别注写，对于采用对称配筋的矩形截面柱，可仅注一侧中部筋，对称边省略不注。

5）箍筋。箍筋类型号及箍筋肢数在箍筋类型栏内注写。具体工程所设计的各种箍筋类型图以及箍筋复合的具体方式，画在表的上部或图中的适当位置，并在其上标注与表中相对的 b、h，并编上"类型号"。

柱箍筋，包括钢筋级别、直径和间矩。在抗震设计中，用斜线"/"区分柱端箍筋加密区与柱身非加密区长度范围内箍筋的不同间距。

例如，$\phi 10@100/250$，表示箍筋为 HPB300 钢筋，直径 $\phi 10mm$，加密区间距为 100mm，非加密区间距为 250。

图 5-47 是柱平法施工图列表注写方式的示例。表中 KZ1 柱，标高在 −0.030 ~ 19.470 处，截面尺寸为 $b × h = 750mm × 700mm$，全部纵筋配有 24 根直径为 $\phi 25mm$ 的 HRB335 级钢筋，各边钢筋根数相同。箍筋采用类型 1，肢数：一边为 5 肢另一边为 4 肢；$\phi 10@100/200$，表示箍筋为 HPB300 级钢筋，直径 $\phi 10mm$，加密区间距为 100mm，非加密区间距为 200mm。

标高在 19.470 ~ 37.470mm 处，截面尺寸为 $b × h = 650mm × 600mm$，纵筋布置：角筋配有 4 根直径为 $\phi 22mm$ 的 HRB335 钢筋；b 边一侧中部筋配有 5 根直径为 $\phi 22mm$ 的 HRB335 级钢筋；h 边一侧中部筋配有 4 根直径为 $\phi 20mm$ 的 HRB335 级钢筋。箍筋采用类型 1，肢数：4 肢；$\phi 10@100/200$，表示箍筋为 HPB300 级钢筋，直径 $\phi 10mm$，加密区间距为 100mm，非加密区间距 200mm。

2. 截面注写方式

截面注写方式，是在按标准层绘制的柱平面布置的柱截面上，分别在同一编号的柱中选择一个截面，以直接注写截面尺寸和配筋具体数值的方式来表达柱平法施工图。对所有柱截面进行编号，从相同编号中选一个截面，按另一个比例原位放大绘制柱截面配筋图，并在各配筋图上继其编号后再注写截面尺寸 $b × h$、角筋或全部纵筋、箍筋的具体数值，并在柱截面配筋图上标注柱截面与轴线关系 b_1、b_2 和 h_1、h_2 的具体数值。

当纵筋采用两种直径时，须再注写截面各边钢筋的具体数值（对于采用对称配筋的矩形截面柱，可仅在一侧注写中部筋，对称边省略不注）。

当采用截面注写方式时，可以根据具体情况，在一个柱平面布置图上加用小括号"（）"和尖括号"〈 〉"来区分和表达不同标准层的注写数值。

图 5-48 是柱平法施工图截面注写方式的示例。图中 KZ1 柱，标高在 19.470 ~ 37.470mm

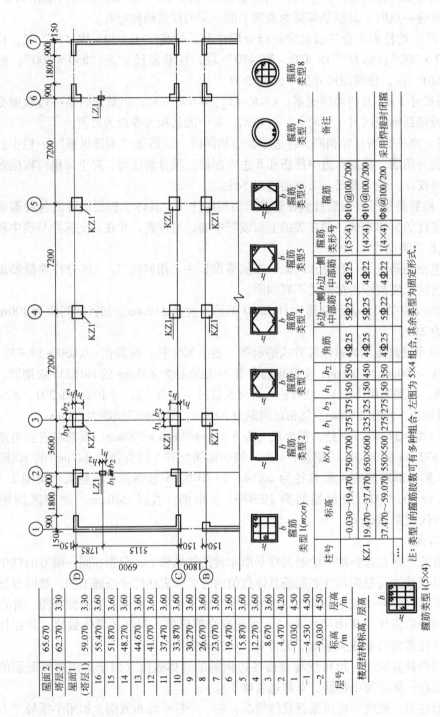

图5-47 柱平面整体配筋图列表注写示例

注：类型1的箍筋肢数可有多种组合，左图为5×4组合，其余类型均为固定形式。

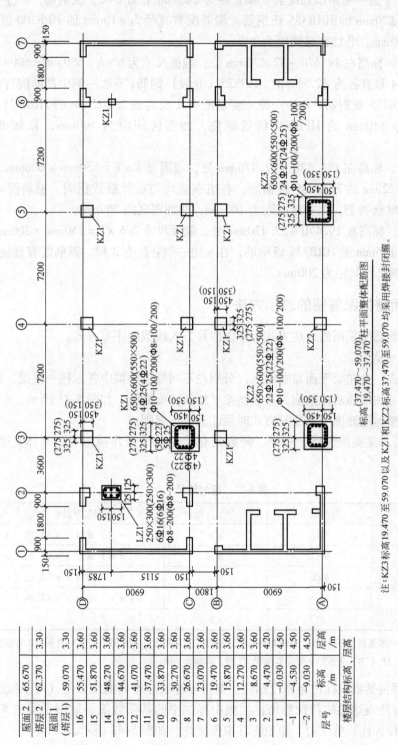

图 5-48 柱平面整体配筋图截面注写示例

注：KZ3标高19.470至59.070以及KZ1和KZ2标高37.470至59.070均采用焊接封闭箍。

处，截面尺寸为 $b \times h = 650mm \times 600mm$，纵筋布置：角筋配有 4 根直径为 $\phi22mm$ 的 HRB335 级钢筋；b 边一侧中部筋配有 5 根直径为 $\phi22mm$ 的 HRB335 级钢筋；h 边一侧中部配有 4 根直径为 $\phi20mm$ 的 HRB335 级钢筋。箍筋配有直径为 $\phi10mm$ 的 HPB300 级级钢筋，加密区间距为 100mm，非加密区间距为 200mm。

图中 KZ2 柱，标高在 $19.470 \sim 37.470mm$ 处，截面尺寸为 $b \times h = 650mm \times 600mm$，纵筋布置：角筋配有 4 根直径为 $\phi22mm$ 的 HRB335（Ⅱ级）钢筋；b 边一侧中部筋配有 5 根直径为 $\phi22mm$ 的 HRB335 级钢筋，h 边一侧中部筋配有 4 根直径为 $\phi22mm$ 的 HRB335 级钢筋。箍筋配有直径为 $\phi10mm$ 的 HPB300 级级钢筋，加密区间距为 100mm，非加密区间距为 200mm。

图中 KZ3 柱，标高在 $198.470 \sim 37.470mm$ 处，截面尺 $b \times h = 650mm \times 600mm$，纵筋配有 24 根直径为 $\phi22mm$ 的 HRB335 级钢筋，各边钢筋均匀布置根数相同。箍筋配有直径为 $\phi10mm$ 的 HPB300 级钢筋，加密区间距为 100mm，非加密区间 200mm。

图中 LZ1 柱，标高在 $19.470 \sim 37.470mm$ 处，截面尺寸为 $b \times h = 250mm \times 300mm$，纵筋配有 6 根直径为 $\phi16mm$ 的 HRB335 级钢筋，在 h 边一侧各配有 3 根。箍筋配有直径为 10mm 的 HPB300 级级钢筋，间距为 200mm。

三、梁平面整体配筋图的表示方法

梁平面整体配筋图采用的表达方式为平面注写方式或截面注写方式。

1. 平面注写方式

平面注写方式，是在梁平面布置图上，分别在不同编号的梁中各选择一根梁，在其上直接注写梁几何尺寸和配筋具体数值，来表达梁平面整体配筋图，如图 5-48 所示。

阅读梁平面整体配筋图平面注写方式时须注意以下规则：

1）梁的编号由梁类型代号、序号、跨数及有无悬挑代号几项组成，具体见表 5-21 的规定。

表 5-21　梁的编号

梁 类 型	代 号	序 号	跨数及是否带有悬挑
楼层框架梁	KL	××	(××) 或 (××A) 或 (××B)
屋面框架梁	WKL	××	(××) 或 (××A) 或 (××B)
框支梁	KZL	××	(××) 或 (××A) 或 (××B)
非框支梁	L	××	(××) 或 (××A) 或 (××B)
悬挑梁	XL	××	

注：(××A) 为一端悬挑，(××B) 为两端有悬挑。悬挑不计入跨数。例如 KL7（5A）表示第 7 号框架梁，5 跨，一端有悬挑；L9（7B）表示第 9 号非框架梁，7 跨，两端有悬挑。

2）平面注写包括集中标注与原位标注。集中标注表达梁的通用数值（可从梁的任意一跨引出），原位标注表达梁的特殊数值；当集中标注中的某项数值不适用于梁的某部位时，则将该项数值原位标注；施工时，原位标注取值优先，如图 5-49 所示。

3）梁集中注写的内容，有四项必注值及一项选注值，即梁编号、梁截面尺寸、梁箍筋、梁上部贯通筋或架立筋根数、梁顶面标高高差（选注值）。如图 5-49 所示的集中标注，其符号含义如图 5-50 所示。

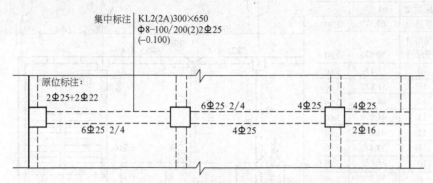

图 5-49 集中注写和原位注写示例

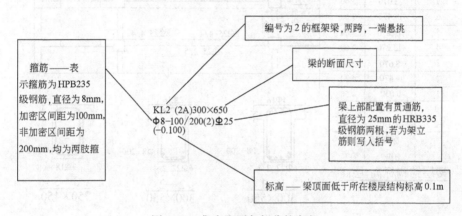

图 5-50 集中注写各部分的含义

4）梁原位标注的内容，包括梁支座上部纵筋、梁下部纵筋、侧面纵向构造钢筋或侧面抗扭纵筋、附加箍筋或吊筋。如图 5-49 所示原位标注含义如下：梁上部纵筋"2 Φ25 + 2 Φ22"表示上部同排有两种直径的钢筋直径为 25mm 的钢筋放在角部，直径为 22mm 的钢筋放在中部。梁下部纵筋"6 Φ25—2/4"表示下部纵筋多于一排，用"/"将各排纵筋自上而下分开。此标注表示上一排纵筋为两根，下排为四根，钢筋均为直径 25mm 的 HRB335 级钢筋。

注意当梁某跨有抗扭纵筋时，标注时应在配筋值前加"＊"号；当有附加箍筋或吊筋，可将其直接画在平面图中的主梁上，用引线注配筋值。

2. 截面注写方式

截面注写方式，是在梁平面布置图上，分别在不同编号的梁中各选择一根梁，在用剖面符号引出的截面配筋图上注写截面尺寸与配筋具体数值，来表达梁平面整体配筋图。

在截面配筋图上注写截面尺寸 $b \times h$、上部筋、下部筋、侧面筋和箍筋的具体数值时，其表达形式与平面注写方式相同。

截面注写方式既可以单独使用，也可与平面注写方式结合使用，梁平法施工图截面注写方式示例如图 5-51 所示。

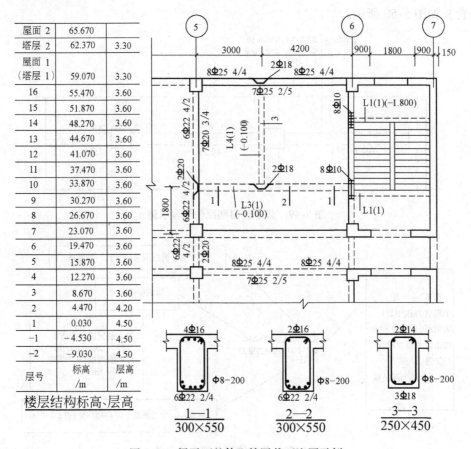

层号	标高/m	层高/m
屋面 2	65.670	
塔层 2	62.370	3.30
屋面 1（塔层 1）	59.070	3.30
16	55.470	3.60
15	51.870	3.60
14	48.270	3.60
13	44.670	3.60
12	41.070	3.60
11	37.470	3.60
10	33.870	3.60
9	30.270	3.60
8	26.670	3.60
7	23.070	3.60
6	19.470	3.60
5	15.870	3.60
4	12.270	3.60
3	8.670	3.60
2	4.470	4.20
1	0.030	4.50
-1	-4.530	4.50
-2	-9.030	4.50

楼层结构标高、层高

图 5-51　梁平面整体配筋图截面注写示例

◇◇◇◇　第八节　单层工业厂房结构施工图

单层工业厂房的结构构件，除了基础外，均采用预制构件，其中绝大部分可以通过标准图集来选用，因而图样数量较少。一般包括基础结构图、结构布置图、屋面结构图和节点构件详图等。

一、基础结构图

基础结构图包括基础平面图和基础详图。

基础平面图反映基础和基础梁的平面布置、编号和尺寸等。基础详图则具体反映基础的形状、尺寸、配筋以及基础之间或基础与其他构件间的连接情况。

图 5-52 所示为某单层厂房的基础平面布置图，图中画出了 A、B 轴线上两排柱子和柱下独立基础的投影，每排有七根柱子，所以有七个基础，其编号为 J1。在厂房两端的山墙内部分别有两个抗风柱，其基础的编号为 J2。JL1、JL2 是基础梁，主要用来支承外墙的重量。

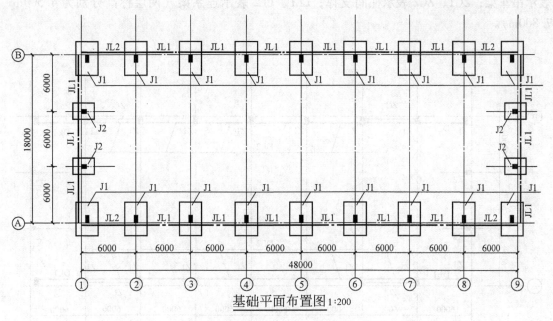

基础平面布置图 1:200

图 5-52 某单层厂房的基础平面布置图

图 5-53 所示分别为基础 J1 的平面图和剖面图，共同反映了 J1 各部分的平面尺寸、高度尺寸及配筋情况。

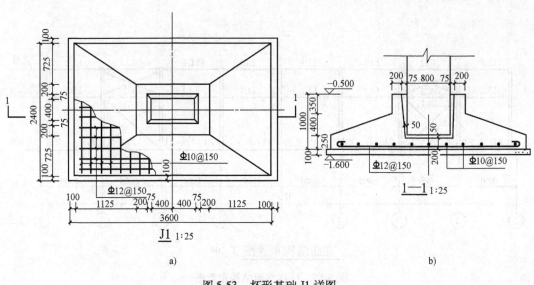

a)   b)

图 5-53 杯形基础 J1 详图

a）平面图 b）1—1 剖面图

二、结构布置图

图 5-54 和图 5-55 所示分别是某厂房的平面结构布置图和立面结构布置图。DL1、DL2

表示吊车梁；ZC1、ZC2 表示柱间支撑；LL1、LL2 表示连系梁（两层标高分别为 4.500m、7.800m）。

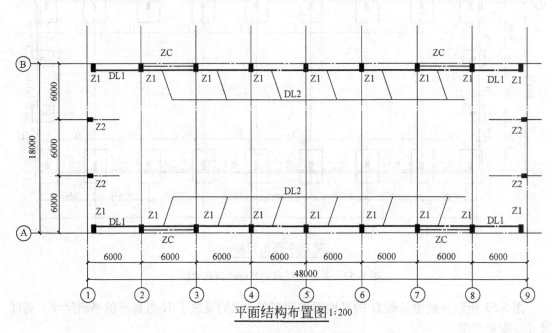

图 5-54　厂房平面结构布置图

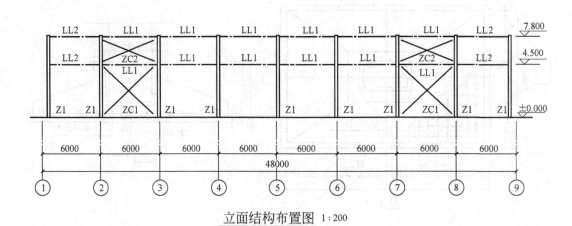

图 5-55　厂房立面结构布置图

三、屋面结构图

屋面结构图主要表明屋架、屋盖支撑系统、屋面板、天窗结构构件等的平面布置情况。屋架一般用粗点画线表示。各种构件都要在其上注明代号和编号。图 5-56 所示为某厂房的屋面结构布置图。

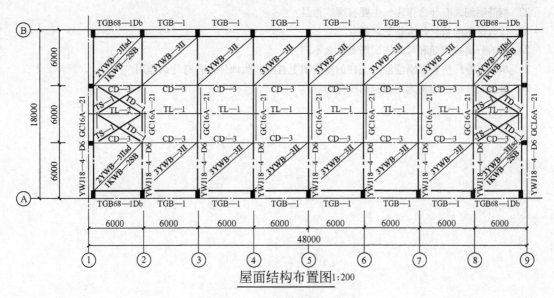

屋面结构布置图1:200

图5-56 厂房屋面结构布置图

◈◈◈复习思考题

1. 建筑结构设计的目的和任务是什么？

2. 结构施工图包括哪些图样？怎样排列？

3. 简述建筑结构制图中各种图线的线型、宽度和应用范围。

4. 结构构件名称的代号和编号是根据什么方法确定的？

5. 结构平面图中，剖面图、断面详图的编号应按什么顺序编排？

6. 在结构平面图中配置双层钢筋时，应如何标注？

7. 成组相同的钢筋，应如何标注？

8. 结构设计说明主要表示哪些内容？

9. 基础的材料主要有哪些？

10. 基础的类型主要有哪些？

11. 基础施工图一般包括哪几个部分？

12. 基础平面图是怎样形成的？包含哪些内容？

13. 基础详图应表示哪些内容？

14. 柱、构造柱的纵筋是否一定要伸至基础底部，然后水平弯折？

15. 楼层结构布置平面图的图示内容有哪些？

16. 简述结构布置平面图中预制板、现浇板的标注方法。

17. 屋顶结构平面图的图示内容有哪些？

18. 简述钢筋的种类、符号。

19. 简述梁、板、柱中钢筋的类型和作用。

20. 简述梁、板、柱中钢筋的保护层厚度。

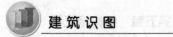

21. 什么是构件模板图？

22. 钢筋明细表有什么作用？主要有哪些栏目？

23. 什么是单向板？什么是双向板？

24. 板的分离式配筋和弯起式配筋有什么不同？

25. 单层工业厂房预制钢筋混凝土柱的模板图上有哪些预埋件？各有什么作用？

26. 单层工业厂房结构施工图包括哪些内容？

第 六 章

建筑装饰施工图

培训学习目标　了解建筑装饰工程图的组成、图示方法和特点，熟悉常见建筑装饰图例和构造做法，能正确识读建筑装饰施工图。

◈◈◈ 第一节　建筑装饰施工图概述

一、建筑施工图与建筑装饰施工图

装饰施工图在建筑装饰工程中是交流设计思想、解决技术问题、指导建筑装饰工程施工的媒介。正确地阅读装饰施工图是所有学习和从事建筑装饰的人员都必须认真掌握的基本技能。

建筑装饰工程是在 20 世纪 90 年代从建筑工程衍生出来的，是建筑装修的细化和延伸。目前我国装饰工程的制图方法主要是套用《房屋建筑制图统一标准》和《建筑制图标准》。

建筑工程制图与装饰工程制图的基本原理是一致的，从某种意义上说建筑制图是装饰制图的基础。因此学习装饰工程制图与识图首先需要学习建筑制图中的投影原理、制图的基本方法、透视图的画法以及图线、图框、比例、图例的运用等，并将这些原理、方法和标准运用到装饰工程制图中，并按这种观念去学习，才能打好装饰工程制图与识图的基础。

然而作为建筑设计的延续和再创作，装饰设计在表现内容和方法上都有自身的特点。因此，目前的土木建筑制图标准无法涵盖装饰设计需要表现的全部内容。一般来讲，建筑设计图样主要表现建筑建造中所需的技术内容，而装饰设计图样则主要表现建筑建造完成后室内环境所需要进一步完善、改造的技术内容。

综上所述，装饰工程制图与识图的原理、方法、标准可以在引用土木建筑制图标准的基础上，根据自身的特点，总结我国建筑装饰业发展至今在装饰工程制图中的实践经验，并吸收国外装饰设计制图中的成果，从而形成适合我国的装饰工程制图标准和识图规范。

二、建筑装饰图的分类、内容和要求

建筑装饰图按表现目的的不同，可分为建筑装饰方案图和建筑装饰施工图。建筑装饰方

案图一般包括平面布置图、顶棚平面图、立面图、透视效果图，主要表达建筑装饰工程完工后的大致效果。建筑装饰施工图一般包括平面布置图、顶棚平面图、立面图、大样详图、构造剖视图，主要用于指导建筑装饰工程施工。

建筑装饰图按表现的方法不同，可分为建筑装饰工程图和透视效果图。建筑装饰工程图用作施工依据，透视效果图用作方案推敲和装饰效果预想。

一套完整的装饰工程图样，数量较多，为了方便阅读、查找、归档，需要编制相应的图样目录，它是设计图样的汇总表。图样目录一般都以表格的形式表示。图样目录主要包括图样序号、工程内容等，见表6-1。

表6-1　某住宅装饰施工图目录

序号	工 程 内 容	序号	工 程 内 容
一	平面图	三	详图（大样、构造剖视图）
1	平面布置图	9	顶棚详图
2	地面铺地图	10	电视背景墙详图
3	顶棚平面图	11	床头墙面详图
二	立面图	12	门窗详图
4	客厅立面图	13	装饰柜详图
5	餐厅立面图	14	客厅电视柜详图
6	卧室立面图	15	餐厅酒水柜详图
7	厨房立面图	16	衣柜详图
8	卫生间立面图	17	厨房操作台详图

另外，装饰工程设计一般分为设计准备、方案设计、施工图设计和施工监理四个阶段。在这四个阶段中，工作内容和图样要求是不同的，学习制图和识图者必须了解。

◇◇◇ 第二节　建筑装饰工程制图常用图例

图例是工程图的基本符号和语言，规范且形象的图例是顺利交流的保证。

建筑装饰制图常用图例见表6-2～表6-6。

表6-2　材料图例（可参考表3-5）

序号	名　称	图　例	序号	名　称	图　例
1	方整石		4	地砖	
2	砖石料		5	漏窗	
3	塑料、有机玻璃、橡胶		6	花式瓷砖	

（续）

序号	名　称	图　例	序号	名　称	图　例
7	碎拼石材		23	深色软包	
8	瓷砖		24	装饰性窗帘	
9	地板		25	垂直百叶窗	
10	水面		26	橡皮	
11	镜面		27	硬塑料	
12	大面镜面		28	覆面刨花板	
13	软质填充料		29	纤维塑料	
14	木雕		30	细木工板横剖	
15	石雕		31	细木工板纵剖	
16	浅式软包		32	隔断墙	
17	金属网纱（塑料网纱）		33	玻璃（木）隔断	
18	编竹		34	金属隔断	
19	藤织		35	松散保温材料	
19	藤织		36	细木工板	
20	普通地毯		37	薄木（薄皮）	
21	簇花地毯		38	纤维板	
22	水磨石		39	软木	

表 6-3　门窗图例（可参考表 4-9）

序　号	名　称	图　例	序　号	名　称	图　例
1	伸缩门		10	子母门	
2	双扇推拉门		11	四扇门	
3	MPM3-1800×2200		12	铁扇推拉门	
			13	MPM2-900×2100	
4	MPM1-1600×2150		14	MPM4-850×2000	
5	MPM5-750×2000		15	双层外开上悬窗	
6	单层内开平开窗		16	单层外开平开窗	
7	双面弹簧门		17	双层内外开上悬窗	
8	单扇双面弹簧门		18	立转窗	
9	移门		19	拱形窗	

（续）

序　号	名　　称	图　例	序　号	名　　称	图　例
20	老虎窗		21	落地玻璃窗	

表6-4　家具图例

序　号	名　　称	图　例
1	双人床平面 （带床头柜）	
2	双人床立面 （带床头柜）	
3	标准客房床平面 （带床头柜）	
4	标准客房床立面 （带床头柜）	
5	标准客房床平面	
6	标准客房床立面	
7	单人床平面	
8	单人床立平面	
9	双人床平面	
10	双人床立面	
11	单人床平面 （带床头柜）	

（续）

序　号	名　称	图　例			
12	单人床立面（带床头柜）				
13	单人沙发		17	五人沙发	
14	双人沙发		18	成组双人沙发	
15	三人沙发		19	成组三人沙发	
16	四人沙发		20	成组四人沙发	
21	成组五人沙发（平面、立面）				
22	成组六人沙发（平面、立面）				
23	转角沙发（平面、立面）				
24	椅子				

（续）

序 号	名 称	图 例		
24	椅子			
25	餐桌			

表 6-5   陈设图例

序 号	名 称	图 例		
1	窗帘			
2	台灯			
3	壁灯			
4	落地灯			

表 6-6   绿化图例

序 号	名 称	图 例			
1	树木				
2	修剪的树篱				
3	草皮				
4	花坛				

◇◇◇◇ 第三节 建筑装饰施工图识读

一、建筑装饰施工图的形成、图示内容及要求

1. 室内平面图

（1）室内平面图的形成　与建筑平面图一样，用一个水平剖切平面，在窗户高度范围的某一位置上把整个房屋剖开，并揭去上面部分，然后自上而下投影，就得到了建筑装饰平面图，如图 6-1 所示。

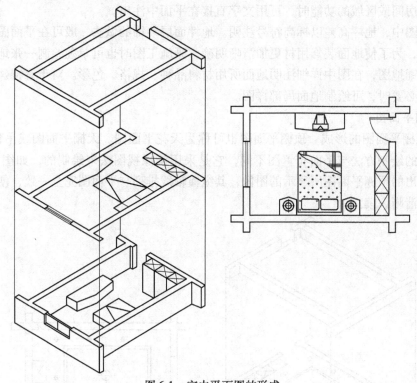

图 6-1　室内平面图的形成

（2）室内平面图的内容　室内装饰设计中的平面图主要表明：

1）建筑的平面形状、建筑的构造状况（墙体、柱子、楼梯、台阶、门窗的位置等）。

2）室内的平面关系和室内的交通流线关系。

3）室内设施、陈设、隔断的位置。

4）室内地面的装饰情况。

（3）室内平面图的表现方法和要求　室内装饰设计中的平面图有以楼层或区域为范围的平面图，也有以单间房间为范围的平面图。前者侧重表达室内平面与平面间的关系，后者侧重表达室内的详细布置和装饰情况。

建筑平面图是装饰平面设计的基础和依据，在表示方法上，二者既有区别又有联系。建

筑设计的平面主要表明室内各房间的位置，表现室内空间中的交通关系等，在建筑的平面图中一般不表示详细的家具、陈设、铺地的布置。而室内装饰平面图中必须表现上述物体的位置、大小。在装饰工程施工图的平面中还需标注有关设施的定位尺寸，这些尺寸主要包括固定隔断、固定家具之间的距离，有的还需标注铺地、家具、景观小品等尺寸。

在整套装饰工程图样中，应有表示各局部索引的索引符号，它对查找、阅读局部图样起着"导航"作用。

装饰平面图的图名应标写在图样的下方。当装饰设计的对象为多层建筑时，可按其所表明的楼层的层数来称呼，如一层平面图、二层平面图等。若只需反映平面中的局部空间，可用空间的名称来称呼，如客厅平面图、主卧室平面图等。对于多层相同内容的楼层平面，可只绘制一个平面图，在图名上标注出"标准层平面图"或"某层～某层平面图"即可。在标注各平面房间或区域的功能时，可用文字直接在平面中注出。

在平面图中，地坪高差以标高符号注明。地坪面层装饰的做法一般可在平面图中用图形和文字表示，为了使地面装修用材更加清晰明确，画施工图时也可单独绘制一张地面铺装平面图，也称铺地图，在图中详细注明地面所用材料品种、规格、色彩。对于有特殊造型或图形复杂而有必要时，可绘制地面局部详图。

2. 顶棚平面图

（1）顶棚平面图的形成　顶棚平面图也可称为天花平面图、天棚平面图或吊顶平面图。顶棚平面图的绘制方法与平面布置图不同，它是采用镜像视图法来绘制的，如图6-2所示。用此方法绘出的顶棚平面图所显示的图像，其纵横轴线排列与平面图完全一致，便于相互对照，更易于清晰识读。

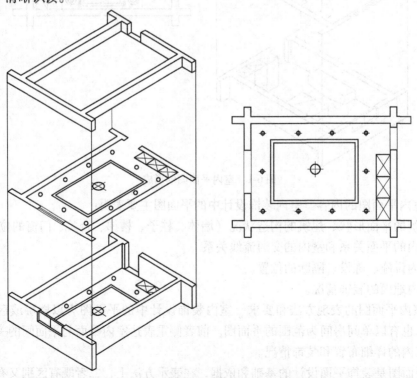

图6-2　顶棚平面图的形成——镜像投影

（2）顶棚平面图的表现内容

1）室内顶棚上的装饰造型。

2）设备布置。

3）标高、尺寸。

4）材料运用等内容。

（3）顶棚平面图的表现方法和要求

1）在建筑设计中一般不画顶棚平面，而装饰设计中必须画出顶棚平面，并应在顶棚平面上表示出造型的方法、各种设施的位置以及它们之间的距离尺寸，在装饰工程施工图的顶棚平面中还应标明顶棚的用材、做法、灯具的大小、型号以及各部位的尺寸关系等。

2）在绘制顶棚平面图时，门窗可省去不画，只画墙线，直通顶棚的高柜等家具常以"⊠"表示。顶棚平面的图名的表示位置及方法同平面图。

3）在装饰设计和施工中为了协调水、电、空调、消防等各工种的布点定位，装饰设计中可绘制出顶棚综合布点图。在该图中应将灯具、喷淋头、风口及顶棚造型的位置都标注清楚。

4）顶棚综合布点图的设计原则：一是不违反各种规范要求；二是各布点不能发生冲突，要做到造型美观。

3．装饰立面图

（1）装饰立面图的形成　装饰立面图，是平行于室内各方向的垂直界面的正投影图，简称立面图，图 6-3 所示为室内某一方向的立面图。

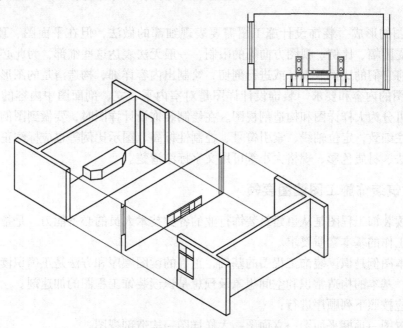

图 6-3　室内某一方向的立面图

（2）装饰立面图的内容　装饰立面图表现的图像大多为可见轮廓线所构成，它可以表现室内垂直界面及垂直物体的所有图像。

在建筑设计中室内的立面主要通过剖面来表示，建筑设计的剖面可以表明总楼层的剖面和室内部分立面图的状况，并侧重表现出剖切位置上的空间状态、结构形式、构造方法及施工工艺等。而装饰设计中的立面图则要表现室内某一房间或某一空间中各界面的装饰内容以及与各界面有关的物体。在装饰立面图中应表明：

1）立面的宽度和高度。

2）立面上的装饰物体或装饰造型的名称、内容、大小、做法等。

3）需要放大的局部和剖面的符号等。立面图的图名标注位置和方法同平面图、顶棚图。

另外，建筑设计图中的立面方向是指投影位置的方向，而装饰设计中的立面是指立面所在位置的方向，在识图时务必注意。

（3）装饰立面图的表现方法和要求 在装饰图样中，同一立面可有多种不同的表达方式，各个设计单位可根据自身作图习惯及图样的要求来选择，但在同一套图样中，通常只采用一种表达方式。在立面的表达方式上，目前常用的主要有以下三种：

1）在装饰平面图中标出立面索引符号，用A、B、C、D等指示符号来表示立面的指示方向。

2）在平面设计图中标出指北针，按东西南北方向指示各立面。

3）对于局部立面的表达，也可直接使用此物体或方位的名称，如屏风立面、客厅电视柜立面等。对于某空间中的两个相同立面，一般只要画出一个立面，但需要在图中用文字说明。

室内设计中还有一种立面展开图，它是将室内一些连续立面展开成一个立面，室内展开立面图尤其适合表现正投影难以表明准确尺寸的一些平面呈弧形或异形的立面图形。

室内装饰立面有时也可绘制成剖立面图像，又称之为剖立面图。剖立面图中剖切到的地面、顶棚、墙体及门、窗等应表明位置、形状和图例。

4. 详图

（1）详图的形成 装饰设计施工图需要表现细部的做法，但在平面图、顶棚平面图、立面图中因受图幅、比例、视图方向等的限制，一般无法表达这些细部，为此必须将这些细部引出，并将它们的比例放大，或进行剖切，绘制出内容详细、构造清楚的图形，即详图。

（2）详图的内容和要求 装饰设计详图是对室内平、立、剖面图中内容的补充。详图根据其形成可分为大样详图和构造剖视图。在绘制装饰设计详图时，要做到图例构造清晰明确、尺寸标注细致，定位轴线、索引符号、控制性标高、图示比例等也应标注正确。对图样中的用材做法、材质色彩、规格大小等可用文字标注清楚。

二、建筑装饰施工图读图要领

正确识读装饰工程图是从事建筑装饰行业的各类技术人员的必备能力，是指导施工和从事装饰设计工作的基本素质要求。

熟悉基本图例是识读装饰工程图的基础，正确的读图顺序和方法是正确识读装饰工程图的重要保障，基本的构造常识和空间想象及预想是识读装饰工程图的加速剂。

读图时应按照下列顺序进行：

平面布置图→顶棚平面图→立面图→大样详图→构造剖视图。

读图重点内容是：方位布局，造型样式及其尺寸、用材、构造做法。

此外，读图时应注意把握图间索引、视图方向，熟悉图例，看清说明。

下面分别列举实例说明装饰施工图的识读要领。

1. 平面图读图要领

图6-4所示是某小高层二室一厅住户的装饰平面图，读图时应注意下列要领：

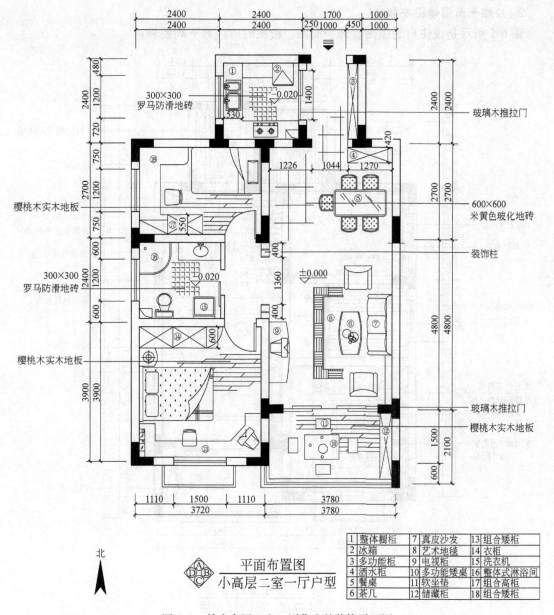

1	整体橱柜	7	真皮沙发	13	组合矮柜
2	冰箱	8	艺术地毯	14	衣柜
3	多功能柜	9	电视柜	15	洗衣机
4	洒水柜	10	多功能矮桌	16	整体式淋浴间
5	餐桌	11	软坐垫	17	组合高柜
6	茶几	12	储藏柜	18	组合矮柜

平面布置图
小高层二室一厅户型

图 6-4 某小高层二室一厅住户的装饰平面图

1）认清方位、楼层。
2）各空间的布局、入口及交通联系。
3）门窗位置。
4）空间内部的分隔处理，各空间的形状、体量。
5）家具陈设的类型、品种、数量等情况，定制和现场制作的家具。
6）地面装修的标高和用材情况。
7）其他设备（给水排水等）布置情况。
8）立面索引符号。

2. 顶棚平面图读图要领

图 6-5 所示是该住户的顶棚装饰平面图，读图时应注意下列要领：

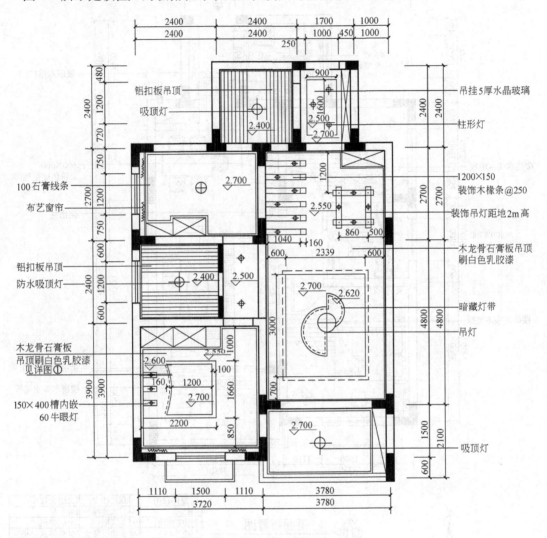

顶棚平面图
小高层二室一厅户型

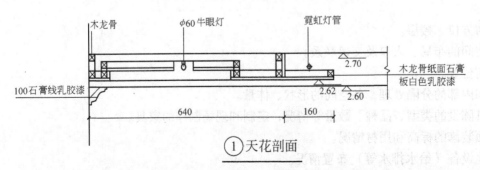

① 天花剖面

图 6-5　某小高层二室一厅住户的顶棚装饰平面图

1）顶棚平面与平面各空间的对应关系。

2）门窗及洞口的位置。

3）顶棚的造型样式、造型尺寸、位置尺寸及标高。

4）顶棚用材及做法。

5）照明方式、灯具设备的类型、品种及位置尺寸。

3. 立面图读图要领

图 6-6 ~ 6-13 所示是该住户的立面图，读图时应注意下列要领：

1）通过图名或索引符号，弄清楚立面的出处，即对应立面的哪个空间，哪个面。

2）本立面所包括的内容及其位置关系。

3）立面的装饰造型及其尺寸、用材及做法。

4. 详图读图要领

图 6-14 所示为卫生间门和主卧室门的大样，图 6-15 所示为厨房门的大样。读图时应注意下列要领：

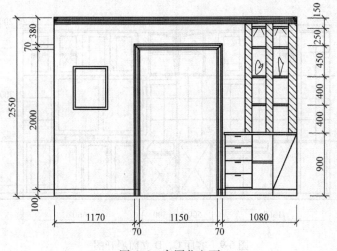

图 6-6　客厅北立面

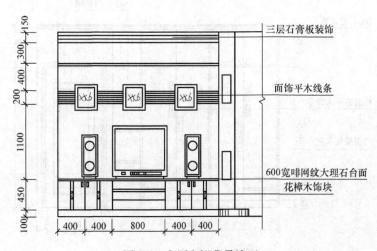

图 6-7　客厅电视背景墙面

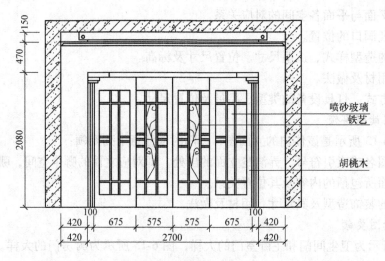

图 6-8　卧室 C 剖面

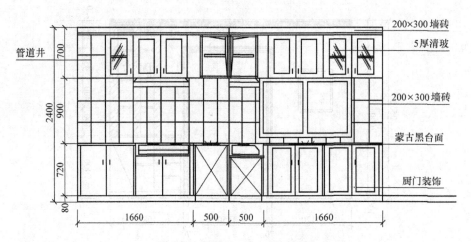

图 6-9　客厅 C、D 立面展开图

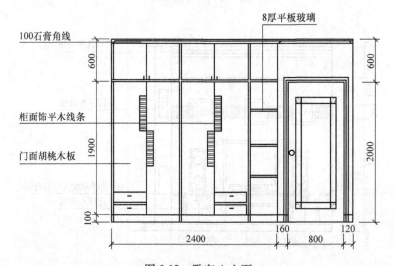

图 6-10　卧室 A 立面

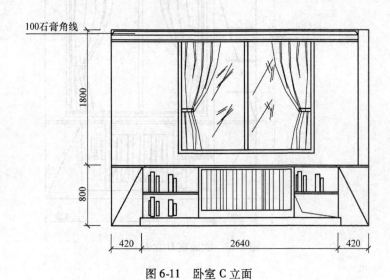

图 6-11 卧室 C 立面

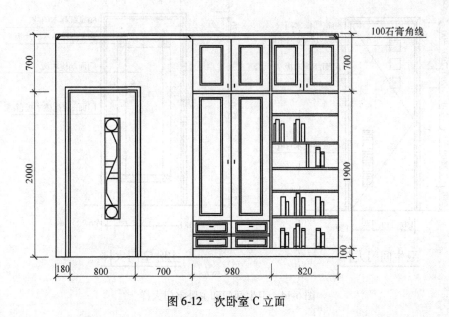

图 6-12 次卧室 C 立面

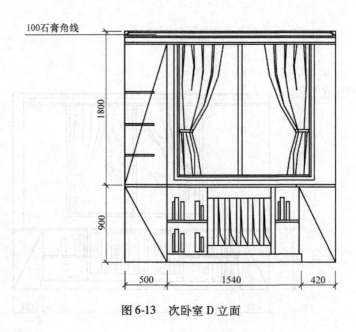

图 6-13　次卧室 D 立面

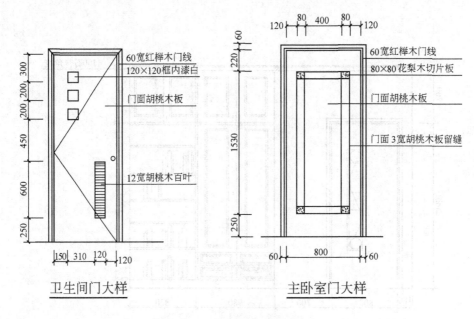

图 6-14　卫生间门和主卧室门大样

1）通过图名或索引符号弄清楚本详图的出处。

2）通过大样弄清楚其造型及其尺寸、用材和做法。

3）通过构造剖视图来表现大样图无法表达的局部造型和内部结构。

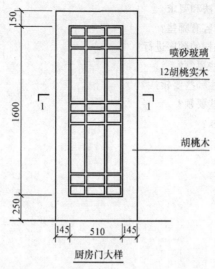

喷砂玻璃

12胡桃实木

胡桃木

厨房门大样

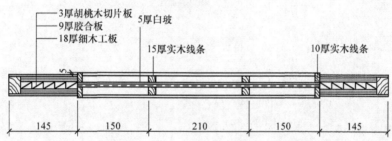

3厚胡桃木切片板
9厚胶合板
18厚细木工板
5厚白玻
15厚实木线条
10厚实木线条

1—1

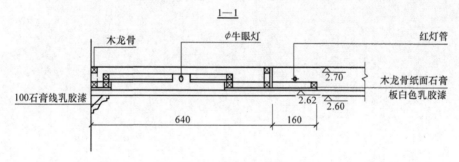

木龙骨
φ牛眼灯
红灯管
木龙骨纸面石膏板白色乳胶漆
100石膏线乳胶漆

图6-15 厨房门大样

◆◆◆◆ 复习思考题

1. 建筑装饰方案图和建筑装饰施工图分别包含哪些内容?

2. 建筑装饰工程图和透视效果图的主要作用是什么?

3. 在装饰工程设计的各阶段中,具体的工作内容分别是什么?

4. 绘制建筑装饰工程图例时应注意哪些问题?

5. 装饰平面图的内容和要求分别是什么?

6. 顶棚平面图是如何形成的?其具体的内容和要求分别是什么?

7. 简述顶棚平面图的表现方法和要求。

8. 装饰立面图的具体表现内容有哪些？

9. 识读装饰工程图应按照怎样的顺序进行？

10. 平面图读图时应注意哪些要领？

11. 顶棚平面图读图时应注意哪些要领？

12. 立面图读图时应注意哪些要领？

13. 读详图时应注意哪些要领？

第 七 章

给水排水施工图

> **培训学习目标** 了解建筑给水排水系统的组成，熟悉建筑给水排水制图标准，正确识读建筑给水排水施工图。

一套完整的建筑工程施工图，除了建筑施工图、结构施工图外，还应包括设备施工图。设备施工图是土建部分的配套设计，用来表达给水、排水、供暖、供热、通风、空调、电气、照明及智能控制等配套工程的具体配置。

设备施工图按照专业的不同分为给水、排水工程施工图、暖通工程施工图和电气照明工程施工图。各专业施工图均应表达专业设备在室内的布置和与室外系统的连接。室内部分要表达所有设备、管道、线路和构配件的布置与连接，首先应以建筑平面图为基础，绘制各层的平面布置图，然后再用轴测图绘制管道、线路的系统图，以便明确表达错综复杂的空间管网和线路。无论平面图还是系统图，均应详细表达设备、管道、线路和构配件的数量、规格、型号、编号，以及平面和空间位置，并详细表达其连接情况、敷设情况，必要时应配以详图。此外，在各专业施工图的首页上，应有本专业的设计说明，阐述有关设计依据、施工要求以及图例画法、标准图引用等。室外部分主要表达设备、管道、线路在室外的布置，以及室内部分与室外部分的连接，通常以平面布置图表达，有时也配以纵剖面图表达。

◇◇◇ 第一节 给水排水施工图概述

一、给水排水工程的分类

给水排水工程是城市建设的基础设施之一，也是房屋建筑中必不可少的重要设施。给水排水工程分为给水工程和排水工程，它们是两个完全独立的工程，应独立表示。给水工程是为人们的生活、生产和消防提供用水的工程设施。排水工程是给水工程的配套工程，是用来汇集、输送、处理和排除生活污水、生产污水和雨（雪）水的工程设施。

给水排水工程又分为室外工程和室内工程两部分。室外工程主要指城市或小区（厂区）的给水排水工程，室内工程主要指建筑内部的给水排水工程。

二、给水排水工程的组成

1. 城市给水工程

由于水源及地理环境等自然条件的不同，城市给水系统的组成是多种多样的，但通常都包括取水、净水、贮水、输配水等工程。

（1）以地面水为水源的给水系统　以地面水为水源的给水系统由取水工程、净水工程和输配水工程三部分组成。

（2）以地下水为水源的给水系统　以地下水为水源的给水系统，通常用大口井或深管井取水。如果地下水水质符合生活饮用水卫生标准，可省去水处理构筑物。

给水管网的布置通常采用树枝状和环状两种形式。

2. 城市排水工程

城市排水一般采用分流制的排水体制，将污水和雨水分为两个独立的排除系统。

污水系统一般包括排水管道、污水泵站、污水处理构筑物（污水处理厂）、检查井、化粪池和出水口等。雨水系统一般由雨水口、雨水管、雨水检查井、市政雨水管及出水口等组成。

3. 室内给水工程

（1）室内给水系统的分类　室内给水系统的任务，是根据各类用户对水量、水压、水质的要求，将城市给水管网（或自备水源）上的水输送到室内的配水龙头、生产机组和消防设备等用水点上。按照不同的用途分为生活给水系统、生产给水系统和消防给水系统三种。

虽然三种给水系统的用途不同，但通常并不需要单独设置，而是根据具体情况采用不同的共用系统，如生活、生产、消防共用给水系统，生活、消防共用给水系统等。

在工业企业内，给水系统比较复杂，由于生产过程中所需水压、水质、水温等的不同，又常常分成若干个单独的给水系统。为了节约用水，将生产给水系统划分为循环使用给水系统和重复使用给水系统。

（2）室内给水系统的组成　以室内生活给水系统为例，其一般组成包括引入管、水表节点、室内配水管网、配水附件与控制附件、升压设备和消防管网及其附件，如图7-1所示。

1）引入管：自室外给水管网引入房屋内部的一段水平管。

2）水表节点：用以记录用水量。根据用水情况可在每个单元、每幢楼房或在一个居住小区设置一个水表。

3）室内配水管网：包括干管、立管和配水支管。

4）配水附件与控制附件：配水附件与控制附件包括各种水龙头、阀门等。

5）升压设备：当用水量大、水压不足时，需要设置屋顶水箱和水泵等升压设备。

6）消防管网及附件：对于一些公用建筑，如商场、办公楼（写字楼）、学校的教学楼等，根据《建筑设计防火规范》的要求，需要设置室内消防给水时，还需要有消防管道及其附件。

（3）室内给水系统的给水方式　室内给水系统的给水方式应根据建筑物的性质、高度、配水点的布置情况、室内所需水压和室外供水管网的供水情况等综合确定。通常有以下几种：

1）直接给水系统：室内仅有给水管道系统，没有任何升压设备，直接从室外给水管道上接管引入。这种情况下，必须保证室外管网的水量水压在任何时候都能保证室内给水设备

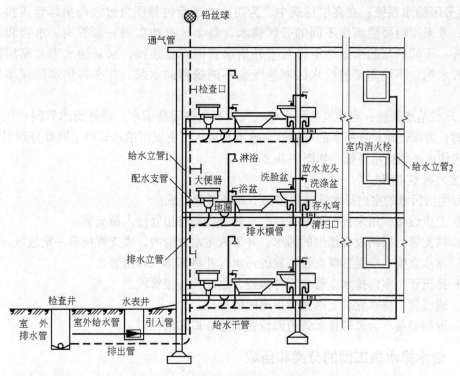

图 7-1 室内给水系统的组成

的需要。

2）设有水箱的给水系统：当室外管网中的水压周期性不足或当某些用水设备要求水压恒定时，给水系统必须设有水箱。

3）设有水泵的给水系统：设有水泵的给水系统，适用于室外管网压力不足，且室内用水量均匀，需要在水压不足时开启水泵供水的情况。此时，要在建筑物的底层建造贮水池，水泵从贮水池中抽水向室内给水管网供水。当室外给水管网压力足时，水泵停止工作，由室外给水管网向室内给水管网直接供水。

4）设有水箱和水泵的给水系统：当室外给水管网压力经常性不足时，给水系统除了设有水泵和底层贮水池外，还需要在建筑物的顶层设置贮水箱，如图 7-2a 所示。

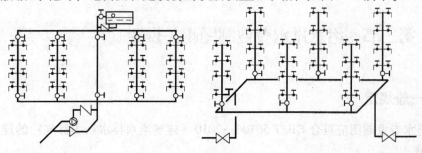

a)   b)

图 7-2 室内给水系统的给水方式

a）设有水箱和水泵的给水系统 b）环状给水系统

5）分区给水系统：在高层建筑中，为防止由于管内静压力过大而损坏管道接头和配水设备，常采用沿楼层高度不同的分区供水，每个区有独立的一套管网、水箱和水泵设备。同样，不同区域的水泵均不得与室外给水管网直接连接，水泵抽水来自高层建筑底层内的贮水池。不同高度的给水区域应配备不同扬程的水泵，并在每供水区域顶层设贮水箱。

6）环状给水系统：当建筑物用水量较大，不允许间断供水，室外给水管网水压和水量又不足时，为保证建筑物用水的可靠性，建筑物用水可由城市给水管网上两处分别引入，在建筑物内构成环状给水系统，如图 7-2b 所示。

4. 室内排水工程

一般生活污水的室内排水系统通常由下列各部分组成：

（1）卫生设备　用来接纳污水并经存水弯或设备排出管排入横支管。

（2）横支管　接纳设备排出的污水，并排入污水立管内，横支管应有一定坡度。

（3）排水立管　接受各横支管排放的污水，并将其排入排出管。

（4）排出管　室内排水立管与室外检查井之间的连接管段。

（5）通气管　排水立管上端延伸出屋面的部分。

（6）清扫设备　为疏通排水管道而设置的检查口和清扫口。

三、给水排水施工图的分类和组成

给水排水施工图分为室外给水排水施工图和室内给水排水施工图。

室外给水排水施工图表示的范围较广，它可以是一幢房屋外部的给水排水工程，也可以是一个厂区或小区的室外给水排水工程，甚至也可以是一个城市的给水排水工程。室外给水排水施工图包括平面图、高程图、纵断面图和详图。

室内给水排水施工图是表示一个单体建筑内部的给水排水设施的数量、规格、型号，以及这些设施的布置、定位和连接的工程图样，包括平面图、系统图、屋面雨水平面图、剖面图、详图等。

除室内、室外给水排水施工图外，尚有工艺流程图、水处理构筑物工艺图等。

对于一般给水排水施工图而言，主要包括室内给水排水平面图、室内给水排水系统图、室外给水排水平面图及有关详图。

◇◇◇◇ 第二节　给水排水专业制图相关规定

一、一般规定

给水排水专业制图应符合 GB/T 50106—2010《建筑给水排水制图标准》的规定。

1. 图线

图线的宽度 b 宜为 0.7mm 或 1.0mm。

给水排水专业制图常用的各种线型的规定，详见表 7-1。

表7-1　线型

线型名称	线 宽	用 途
粗实线	b	新设计的各种排水和其他重力流管线
粗虚线	b	新设计的各种排水和其他重力流管线的不可见轮廓线
中粗实线	$0.7b$	新设计的各种给水和其他压力流管线；原有的各种排水和其他重力流管线
中粗虚线	$0.7b$	新设计的各种给水和其他压力流管线及原有的各种排水和其他重力流管线的不可见轮廓线
中实线	$0.5b$	给水排水设备、零（附）件的可见轮廓线；总图中新建的建筑物和构筑物的可见轮廓线；原有的各种给水和其他压力流管线
中虚线	$0.5b$	给水排水设备、零（附）件的不可见轮廓线；总图中新建的建筑物和构筑物的不可见轮廓线；原有的各种给水和其他压力流管线的不可见轮廓线
细实线	$0.25b$	建筑的可见轮廓线；总图中原有的建筑物和构筑物的可见轮廓线；制图中的各种标注线
细虚线	$0.25b$	建筑的不可见轮廓线；总图中原有的建筑物和构筑物的不可见轮廓线
单点长画线	$0.25b$	中心线、定位轴线
折断线	$0.25b$	断开界线
波浪线	$0.25b$	平面图中水面线；局部构造层次范围线；保温范围示意线等

2. 比例

1）给水排水专业制图常用的比例，宜符合表7-2的规定。

表7-2　给水排水专业制图常用比例

名 称	比 例	备 注
区域规划图 区域位置图	1：50 000、1：25 000、1：10 000、 1：5000、1：2000	宜与总图专业一致
总平面图	1：1000、1：500、1：300	宜与总图专业一致
管道纵断面图	竖向　1：200、1：100、1：50 纵向　1：1000、1：500、1：300	
水处理厂（站）平面图	1：500、1：200、1：100	
水处理构筑物、设备间、卫生间、泵房平、剖面图	1：100、1：50、1：40、1：30	
建筑给水排水平面图	1：200、1：150、1：100	宜与建筑专业一致
建筑给水排水轴测图	1：150、1：100、1：50	宜与相应图纸一致
详图	1：50、1：30、1：20、1：10、 1：5、1：2、1：1、2：1	

2）在管道纵断面图中，可根据需要对竖向与纵向采用不同的组合比例。

3）在建筑给水排水轴测图中，如局部表达有困难时，该处可不按比例绘制。

4）水处理工艺流程断面图和建筑给水排水管道展开系统图可不按比例绘制。

3. 标高

1）室内工程应标注相对标高；室外工程宜标注绝对标高，当无绝对标高资料时，可标注相对标高，但应与总图专业一致。

2）压力流管道应标注管中心标高；沟渠和重力流管道宜标注沟（管）内底标高。标高单位以 m 计，可注写到小数点后第二位。

3）在下列部位应标注标高：

① 沟渠和重力流管道的起点、变径（尺寸）点、变坡点、穿外墙及剪力墙处。

② 需控制标高处。

③ 不同水位线处。

④ 建（构）筑物和土建部分的相关标高。

4）标高的标注方法如下：

① 平面图中，管道标高、沟渠标高应按图 7-3 所示的方式标注。

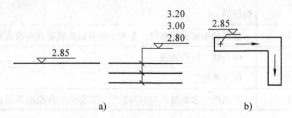

图 7-3 平面图中，管道标高、沟渠标高的标注方式

a）管道标高 b）沟渠标高

② 剖面图中，管道及水位的标高应按图 7-4 所示的方式标注。

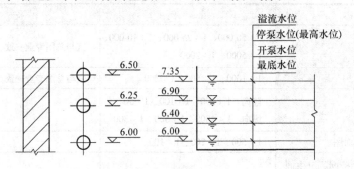

图 7-4 剖面图中，管道及水位标高的标注方式

③ 轴测图中，管道标高应按图 7-5 所示的方式标注。

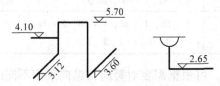

图 7-5 轴测图中管道标高标注方式

在建筑工程中，管道也可标注相对本层建筑地面的标高，标注方法为 $H + \times.\times\times\times$，$H$

表示本层建筑地面标高，如 $H+0.25$。

4. 管径

（1）管径的表示方法 管径应以 mm 为单位管径的表达方式应符合下列规定：

1）水煤气输送钢管（镀锌或非镀锌）、铸铁管等管材，管径宜以公称直径 DN 表示（如 $DN15$、$DN50$）。

2）无缝钢管、焊接钢管（直缝或螺旋缝）等管件，管径宜以外径 $D×$壁厚表示（如 $D108×4$、$D159×4.5$ 等）。

3）铜管、薄壁不锈钢管等管材管径宜以公称外径 $Dω$ 表示。

4）建筑给水排水塑料管材管径宜以公称外径 dn 表示。

5）钢筋混凝土（或混凝土）管管径宜以内径 d 表示（如 $d230$、$d380$ 等）。

6）复合管、结构壁塑料管等管材管径应按产品标准的方法表示。

7）当设计均用公称直径 DN 表示管径时，应有公称直径 DN 与相应产品规格对照表。

单管及多管管径标注如图 7-6 所示。

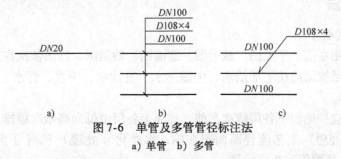

图 7-6 单管及多管管径标注法
a）单管 b）多管

（2）管道的编号 当建筑物的给水引入管或排水排出管多于一根时，应按图 7-7 所示进行编号；建筑物内穿过楼层的立管多于一根时，应按图 7-8 所示进行编号。

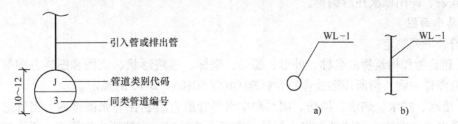

图 7-7 给水引入管或排水排出管的编号方法

图 7-8 立管编号方法
a）平面图 b）剖面图、系统图、轴测图

（3）给水排水附属构筑物（阀门井、检查井、水表井、化粪池等）多于一个时应编号。给水阀门井的编号顺序，应从水源到干管，再从干管到支管，最后到用户。排水检查井的编号顺序，应从上游到下游，先支管后干管。

二、图示特点

1）给水排水工程图中的平面图、剖面图、高程图、详图及水处理构筑物工艺图等均用正投影图表示，系统图则用轴测图表示，纵断面图用正投影图表示，但纵横向所取比例不同，而工艺流程图则为示意图。

2）所有管道、器材和设备均采用统一图例表示，而卫生器具的图例则是较实物大为简化的一种象形符号。

3）给水及排水管道一般用单粗线表示，纵断面图的重力管道、剖面图和详图的管道宜用双粗线绘制，而建筑、结构的图形及有关器材设备均采用中、细线绘制。

4）不同直径的管道，以同样线宽的线条表示，管道坡度无需按比例画出（画成水平），管径和坡度均用数字注明。

5）靠墙敷设的管道，不必按比例准确表示出管线与墙面的微小距离，图中只需略有距离即可。暗装管道可按明装管道一样画在墙外，只需说明哪些部分要求暗装。

6）当在同一平面位置布置有几根不同高度的管道时，若严格按投影来画，平面图就会重叠在一起，这时可画成平行排列。

7）对于过长的管道，可在管线端部采用细线的波浪形折断符号将其折断。

8）有关管道的连接配件均属规格统一的定型工业产品，在图中均不予画出。

三、图样画法

1. 图样的排列顺序

1）管道系统图在前，平面图、放大图、剖面图、轴测图、详图依次在后编排。

2）管道展开系统图应按生活给水、生活热水、直饮水、中水、污水、废水、雨水、消防给水等依次编排。

3）平面图中应按地面下各层依次在前，地面上各层由低向高依次编排。

4）水净化（处理）工艺流程断面图在前，水净化（处理）机房（构筑物）平面图、剖面图、放大图、详图依次在后编排。

5）总平面图应按管道布置图在前，管道节点图、阀门井剖面示意图、管道纵断面图或管道高程表、详图依次在后编排。

2. 总平面图

应符合下列规定：

1）建筑物和构筑物的名称、外形、编号、坐标、道路形状、比例和图样方向等，应与总图专业图样一致，但所用图线应符合标准 GB/T 50106—2010 的规定。

2）给水、排水、热水、消防、雨水和中水等管道宜绘制在一张图纸内。当管道种类较多，地形复杂，在同一张图纸内将全部管道表示不清楚时，宜按压力流管道、重力流管道等分类适当分开绘制。

3）各类管道、阀门井、消火栓（井）、水泵接合器、洒水栓井、检查井、跌水井、雨水口、化粪池、隔油池、降温池、水表井等，应按标准 GB/T 50106—2010 规定的图例、图线等进行绘制，并按标准规定进行编号。

4）坐标标注方法应符合下列规定：

① 以绝对坐标定位时，应对管道起点处、转弯处和终点处的阀门井、检查井等的中心标注定位坐标。

② 以相对坐标定位时，应以建筑物外墙或轴线作为定位起始基准线，标注管道与该基准线的距离。

③ 圆形构筑物应以圆心为基点标注坐标或距建筑物外墙（或道路中心）的距离。

④ 矩形构筑物应以两对角线为基点，标注坐标或距建筑物外墙的距离。

⑤ 坐标线、距离标注线均采用细实线绘制。

5）标高标注方法应符合下列规定：

① 总图中标注的标高应为绝对标高。

② 建筑物标注室内 ±0.00 处的绝对标高时，应按 $\underline{\triangledown}^{47.25（±0.00）}$ 的方法标注。

③ 管道标高应按 GB/T 50106—2010 标准中的有关规定标注。

6）管径代号及标注方法应符合 GB/T 50106—2010 规定。

7）指北针或风玫瑰图应绘制在总图管道布图图样的右上角。

3. 管道纵断面图

应按下列规定绘制：

1）压力流管道管径不大于 400mm 时，管道宜用中粗实线单线表示。

2）重力流管道除建筑物排出管外、不分管径大小宜以中粗线双线表示。

3）图样中平面示意图栏中的管道宜用中粗单线表示。

4）平面示意图中宜将与该管道相交的其他管道、管沟、铁路及排水沟等按交叉位置给出。

5）设计地面线、竖向定位线、栏目分隔线、检查井、标尺线等宜用细实线，自然地面线宜用细虚线。

4. 建筑给水排水平面图

应按下列规定绘制：

① 建筑物轮廓线、轴线号、房间名称、绘图比例等均应与建筑专业一致，并用细实线绘制。

② 各类管道、用水器具及设备、消火栓、喷洒水头、雨水斗、主要阀门、附件、立管等应按图例以正投影法绘制在平面图上。

③ 安装在下层空间或埋设在地面下而为本层使用的管道，可绘制于本层平面图上；如有地下层，排出管、引入管、汇集横干管可绘于地下层内。

④ 各类管道应标注管径。生活热水管要标出伸缩装置及固定支架位置；立管应按管道类别和代号自左至右分别进行编号，且各楼层相一致；消火栓可按需要分层按顺序编号。

⑤ 引入管、排出管应注明与建筑轴线的定位尺寸、穿建筑外墙标高、防水套管形式。

⑥ ±0.000 标高层平面图应在右上方绘制指北针。

5. 屋面给水排水平面图

按下列规定绘制：

① 屋面形状、伸缩缝位置、轴线号等应与建筑专业一致，不同层或标高的屋面应注明屋面标高。

② 绘制出雨水斗位置、汇水天沟或屋面坡向、每个雨水斗汇水范围、分水线位置等。

③ 对雨水斗进行编号，并宜注明每个雨水斗汇水面积。

④ 雨水管应注明管径、坡度，无剖面图时应在平面图上注明起始及终止点管道标高。

6. 管道展开系统图

按下列规定绘制：

1）管道展开系统图可不受比例和投影法则限制，可按展开图绘制方法按不同管道种类分别用中粗实线进行绘制，并应按系统编号。一般高层建筑和大型公共建筑宜绘制管道展开系统图。

2）管道展开系统图应与平面图中的引入管、排出管、立管、横干管、给水设备、附件、仪器仪表及用水和排水器具等要素相对应。

3）应绘出楼层（含夹层、跃层、同层升高或下降等）地面线。层高相同时楼层地面线应等距离绘制，并应在楼层地面线左端标注楼层层次和相对应楼层地面标高。

4）立管排列应以建筑平面图左端立管为起点，顺时针方向自左向右按立管位置及编号依次顺序排列。

5）横管应与楼层线平行绘制，并应与相应立管连接，为环状管道时两端应封闭，封闭线处宜绘制轴线号。

6）立管上的引出管和接入管应按所在楼层用水平线绘出，可不标注标高（标高应在平面图中标注），其方向、数量应与平面图一致，为污水管、废水管和雨水管时，应按平面图按管顺序对应排列。

7）管道上的阀门、附件，给水设备、给水排水设施和给水构筑物等，均应按图例示意绘出。

8）立管偏置（不含乙字管和2个45°弯头偏置）时，应在所在楼层用短横管表示。

9）立管、横管及末端装置等应标注管径。

10）不同类别管道的引入管或排出管，应绘出所穿建筑外墙的轴线号，并应标注出引入管或排出管的编号。

7. 局部平面放大图

按下列规定绘制：

1）本专业设备机房、局部给水排水设施和卫生间等的平面图难以表达清楚时，应绘制局部平面放大图。

2）局部平面放大图应将设计选用的设备和配套设施，按比例全部用细实线绘制出其外形或基础外框、配电、检修通道、机房排水沟等平面布置图和平面定位尺寸，对设备、设施及构筑物等应自左向右、自上而下的进行编号。

3）应按图例绘出各种管道与设备、设施及器具等相互接管关系及在平面图中的平面定位尺寸；如管道用双线绘制时应采用中粗实线按比例绘出，管道中心线应用单点长画细线表示。

4）各类管道上的阀门、附件应按图例、按比例、按实际位置绘出，并应标注出管径。

5）局部平面放大图应以建筑轴线编号和地面标高定位，并应与建筑平面图一致。

6）绘制设备机房平面放大图时，应在图签的上部绘制设备编号与名称对照表。

7）卫生间如绘制管道展开系统图时，应标出管道的标高。

8. 剖面图

按下列规定绘制：

1）设备、设施数量多，各类管道重叠、交叉多，且用轴测图难以表示清楚时，应绘制剖面图。

2）剖面图的建筑结构外形应与建筑结构专业一致，应用细实线绘制。

3）剖面图的剖切位置应选在能反映设备、设施及管道全貌的部位。剖切线、投射方向、剖切符号编号、剖切线转折等，应符合现行国家标准《房屋建筑制图统一标准》GB/T 50001 的规定。

4）剖面图应在剖切面处按直接正投影法绘制出沿投影方向看到的设备和设施的形状、基础形式、构筑物内部的设备设施和不同水位线标高、设备设施和构筑物各种管道连接关系、仪器仪表的位置等。

5）剖面图还应表示出设备、设施和管道上的阀门、附件和仪器仪表等位置及支架（或吊架）形式。剖面图局部部位需要另绘详图时，应标注索引符号，索引符号应按现行国家标准《房屋建筑制图统一标准》GB/T 50001 的规定绘制。

6）应标注出设备、设施、构筑物、各类管道的定位尺寸、标高、管径，以及建筑结构的空间尺寸。

7）仅表示某楼层管道密集处的剖面图，宜绘制在该层平面图内。

8）剖切线应用中粗线，剖切面编号应用阿拉伯数字从左到右顺序编号，剖切编号应标注在剖切线一侧，剖切编号所在侧应为该剖切面的剖示方向。

9. 管道轴测系统图

按下列规定绘制：

1）轴测系统图应以45°正面斜轴测的投影规则绘制。

2）轴测系统图应采用与相对应的平面图相同的比例绘制。当局部管道密集或重叠处不容易表达清楚时，应采用断开绘制画法，也可采用细虚线连接画法绘制。

3）轴测系统图应绘出楼层地面线，并应标注出楼层地面标高。

4）轴测系统图应绘出横管水平转弯方向、标高变化、接入管或接出管以及末端装置等。

5）轴测系统图应将平面图中对应的管道上的各类阀门、附件、仪表等给水排水要素按数量、位置、比例一一绘出。

6）轴测系统图应标注管径、控制点标高或距楼层面垂直尺寸、立管和系统编号，并应与平面图一致。

7）引入管和排出管均应标出所穿建筑外墙的轴线号、引入管和排出管编号、建筑室内地面线与室外地面线，并应标出相应标高。

8）卫生间放大图应绘制管道轴测图。多层建筑宜绘制管道轴测系统图。

10. 详图

按下列规定绘制：

① 无标准设计图可供选用的设备、器具安装图及非标准设备制造图，宜绘制详图。

② 安装或制造总装图上，应对零部件进行编号。

③ 零部件应按实际形状绘制，并标注各部尺寸、加工精度、材质要求和制造数量，编号应与总装图一致。

四、图例

管道、管道附件、管道连接、管件、阀门、给水配件、消防设施、卫生设备及水池、小型给水排水构筑物、给水排水设备、仪表等图例分别见表7-3 ~ 表7-13。

表7-3 管道图例

序号	名 称	图 例	序号	名 称	图 例
1	生活给水管	——— J ———	15	压力污水管	——— YW ———
2	热水给水管	——— RJ ———	16	雨水管	——— Y ———
3	热水回水管	——— RH ———	17	压力雨水管	——— YY ———
4	中水给水管	——— ZJ ———	18	虹吸雨水管	——— HY ———
5	循环冷却给水管	——— XJ ———	19	膨胀管	——— PZ ———
6	循环冷却回水管	——— XH ———	20	保温管	
7	热媒给水管	——— RM ———	21	伴热管	
8	热媒回水管	——— RMH ———	22	多孔管	
9	蒸汽管	——— Z ———	23	地沟管	
10	凝结水管	——— N ———	24	防护套管	
11	废水管	——— F ———	25	管道立管	XL—1 平面 XL—1 系统
12	压力废水管	——— YF ———	26	空调凝结水管	——— KN ———
13	通气管	——— T ———	27	排水明沟	坡向 →
14	污水管	——— W ———	28	排水暗沟	坡向 →

表7-4 管道附件图例

序号	名 称	图 例	序号	名 称	图 例
1	管道伸缩器		9	清扫口	平面 系统
2	方形伸缩器		10	通气帽	成品 蘑菇形
3	刚性防水套管		11	雨水斗	YD— YD— 平面 系统
4	柔性防水套管		12	吸气阀	
5	波纹管		13	真空破坏器	
6	可曲挠橡胶接头	单球 双球	14	排水漏斗	平面 系统
7	管道固定支架				
8	立管检查口				

（续）

序号	名　称	图　例	序号	名　称	图　例
15	圆形地漏	平面　系统	19	减压孔板	
			20	Y 形除污器	
16	方形地漏	平面　系统	21	毛发聚集器	平面　系统
17	自动冲洗水箱		22	倒流防止器	
18	挡墩		23	防虫网罩	
			24	金属软管	

表 7-5　管道连接图例

序号	名　称	图　例	序号	名　称	图　例
1	法兰连接		6	盲板	
2	承插连接		7	弯折管	高 低　低 高
3	活接头		8	管堵丁字上接	高　低
4	管堵		9	管道丁字下接	高　低
5	法兰堵盖		10	管道交叉	低　高

表 7-6　管件图例

序号	名　称	图　例	序号	名　称	图　例
1	偏心异径管		8	90°弯头	
2	同心异径管		9	正三通	
3	乙字管		10	TY 三通	
4	噱叭口		11	斜三通	
5	转动接头		12	正四通	
6	S 形存水弯		13	斜四通	
7	P 形存水弯		14	浴盆排水管	

表7-7　阀门图例

序号	名　称	图　例	序号	名　称	图　例
1	闸阀		20	电动隔膜阀	
2	角阀		21	温度调节阀	
3	三通阀		22	压力调节阀	
4	四通阀		23	电磁阀	
5	截止阀		24	止回阀	
6	蝶阀		25	消声止回阀	
7	电动闸阀		26	持压阀	
8	液动闸阀		27	泄压阀	
9	气动闸阀		28	弹簧安全阀	
10	电动蝶阀		29	平衡锤安全阀	
11	液动蝶阀		30	自动排气阀	平面　系统
12	气动蝶阀		31	浮球阀	平面　系统
13	减压阀		32	水力液位控制阀	平面　系统
14	旋塞阀	平面　系统	33	延时自闭冲洗阀	
15	底阀	平面　系统	34	感应式冲洗阀	
16	球阀		35	吸水喇叭口	平面　系统
17	隔膜阀		36	疏水器	
18	气开隔膜阀				
19	气闭隔膜阀				

表7-8　给水配件图例

序号	名　　称	图　　例	序号	名　　称	图　　例
1	水嘴	平面　　系统	6	脚踏开关水嘴	
2	皮带水嘴	平面　　系统	7	混合水嘴	
3	洒水（栓）水嘴		8	旋转水嘴	
4	化验水嘴		9	浴盆带喷头混合水嘴	
5	肘式水嘴		10	蹲便器脚踏开关	

表7-9　消防设施图例

序号	名　　称	图　　例	序号	名　　称	图　　例
1	消火栓给水管	—— XH ——	12	自动喷洒头（闭式）	平面　　系统
2	自动喷水灭火给水管	—— ZP ——			
3	雨淋灭火给水管	—— YL ——	13	自动喷洒头（闭式）	平面　　系统
4	水幕灭火给水管	—— SM ——			
5	水炮灭火给水管	—— SP ——	14	侧墙式自动喷洒头	平面　　系统
6	室外消火栓				
7	室内消火栓（单口）	平面　　系统	15	水喷雾喷头	平面　　系统
8	室内消火栓（双口）	平面　　系统			
9	水泵接合器		16	直立型水幕喷头	平面　　系统
10	自动喷洒头（开式）	平面　　系统			
11	自动喷洒头（闭式）	平面　　系统	17	下垂型水幕喷头	平面　　系统

（续）

序号	名　称	图　例	序号	名　称	图　例
18	干式报警阀	平面　　系统	24	消防炮	平面　　系统
19	湿式报警阀	平面　　系统	25	水流指示器	
			26	水力警铃	
20	预作用报警阀	平面　　系统	27	末端试水装置	平面　　系统
21	雨淋阀	平面　　系统	28	手提式灭火器	
22	信号闸阀		29	推车式灭火器	
23	信号蝶阀				

注：1. 分区管道用加注角标方式表示。

　　2. 建筑灭火器的设计图例可按现行国家标准《建筑灭火器配置设计规范》GB 50140 的规定确定。

表 7-10　卫生设备及水池图例

序号	名　称	图　例	序号	名　称	图　例
1	立式洗脸盆		6	厨房洗涤盆	
2	台式洗脸盆		7	带沥水板洗涤盆	
3	挂式洗脸盆		8	盥洗槽	
4	浴盆		9	污水池	
5	化验盆、洗涤盆		10	妇女净身盆	

（续）

序号	名　称	图　例	序号	名　称	图　例
11	立式小便器		14	坐式大便器	
12	壁挂式小便器		15	小便槽	
13	蹲式大便器		16	淋浴喷头	

注：卫生设备图例也可以建筑专业资料图为准。

表 7-11　小型给水排水构筑物图例

序号	名　称	图　例	序号	名　称	图　例
1	矩形化粪池	HC	7	雨水口（双箅）	
2	隔油池	YC	8	阀门井及检查井	
3	沉淀池	CC	9	水封井	
4	降温池	JC	10	跌水井	
5	中和池	ZC	11	水表井	
6	雨水口（单箅）				

表 7-12　给水排水设备图例

序号	名　称	图　例	序号	名　称	图　例
1	卧式水泵	平面　　系统	5	潜水泵	
2	立式水泵	平面　　系统	6	定量泵	
3	搅拌器	M	7	管道泵	
4	紫外线消毒器	ZWX	8	卧式容积热交换器	

（续）

序号	名　称	图　例	序号	名　称	图　例
9	立式容积 热交换器	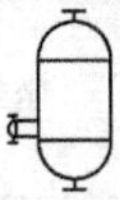	13	喷射器	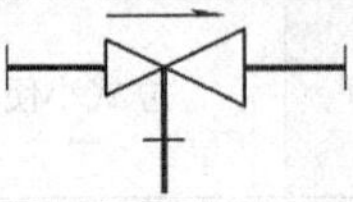
10	快速管式 热交换器	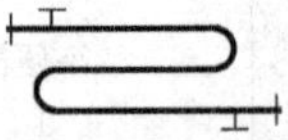	14	除垢器	
11	板式热交换器	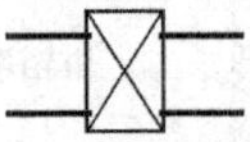	15	水锤消除器	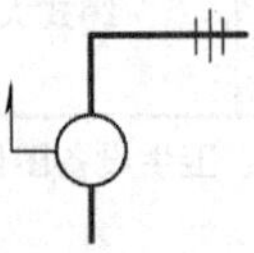
12	开水器	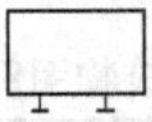			

表 7-13　仪表图例

序号	名　称	图　例	序号	名　称	图　例
1	温度计		8	真空表	
2	压力表		9	温度传感器	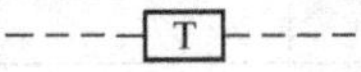 T
3	自动记录 压力表		10	压力传感器	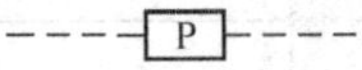 P
4	压力控制器		11	pH 传感器	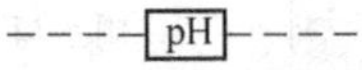 pH
5	水表		12	酸传感器	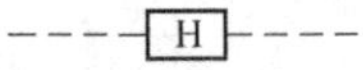 H
6	自动记录流量表	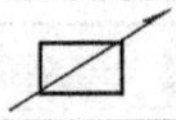	13	碱传感器	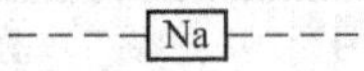 Na
7	转子流量计	 平面 　　系统	14	余氯传感器	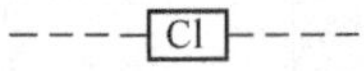 Cl

◇◇◇◇ 第三节　室内给水排水施工图

室内给水排水施工图主要包括给水排水平面图、系统轴测图和详图等。

一、室内给水排水施工图识读要点

1）阅读室内给水排水施工图时，首先要熟悉图样目录，了解设计说明，在此基础上将平面图与系统图联系对照识读。

2）应注意按给水系统和排水系统分别识读，在同类系统中应按编号依次识读。对给水系统图，应根据管网系统编号，从给水引入管开始沿水流方向经干管、立管、支管直至用水设备，依次阅读。对排水系统图，则应根据管网系统编号，从用水设备开始沿排水方向经支管、立管、排出管到室外检查井，依次阅读。

3）在给水排水施工图中，一些常见部位的管道器材、设备等细部的位置、尺寸和构造要求，并没有单独的说明，而是遵循专业设计规范、施工操作规程等标准进行施工，要了解其详细做法，需参照有关标准图集和安装详图。

二、室内给水排水平面图

1. 图示内容

室内给水排水平面图主要用来表示给水排水管道及设备的平面布置，其主要内容包括：

1）各用水设备的平面位置。

2）给水管网及排水管网的各个干管、立管、支管的平面位置、走向、立管编号和管道的安装方式（明装或暗装）。

3）管道器材设备如阀门、消火栓、地漏、清扫口等的平面位置。

4）给水引入管、水表节点、污水排出管的平面位置、走向，及与室外给水、排水管网的连接（仅底层平面图有）。

5）管道及设备安装预留洞位置、预埋件、管沟等方面对土建的要求。

6）尺寸、标高、系统编号等。

7）有关文字说明及图例。

2. 识读要点

1）多层建筑的管道平面图原则上应分层绘制，管道系统布置相同的楼层可共用一个平面图，但底层平面图必须单独绘制。底层管道平面图应画出整幢房屋的建筑平面图，其余各层可用局部平面图绘出有管道的部分。

2）室内给水排水平面图中，建筑轮廓线应与建筑平面图一致，应在建筑平面图的基础上用细实线抄绘房屋的墙身、柱、门窗洞、楼梯、台阶等主要构配件，作为管道系统及设备的水平布局和定位的基准。底层平面图要画全轴线，其余可仅画边界轴线。

3）卫生设备如洗脸盆、大便器、小便器等都是工业产品，不必详细表示，可按规定图例画出；而盥洗槽、小便槽等是在现场砌筑的，其详图由建筑专业绘制，在管道平面图中仅需画出其主要轮廓。卫生设备的图线采用中实线（$0.5b$）绘制。

4）管道平面图中的各种管道，不论在楼（地）面之上还是之下，都不考虑其可见性。每层平面图中的管道均以连接该层卫生设备的管路为准，不以楼地面为分界。如属于本层使用但安装在下层空间的重力管道，应绘于本层平面图上。

5）一般将给水系统和排水系统绘制于同一平面图上，以方便阅读。在底层管道平面图中，各种管道要按照系统编号，一般给水管道以每一引入管为一个系统，排水管道以每一排出管为一排水系统。由于管道的连接一般均采用连接配件，往往另有安装详图，故平面图中的管道连接均为简略表示，具有示意性。

6）底层管道平面图中通常只标注轴线尺寸和室内外的地面标高。卫生器具和管道一般都是沿墙（柱）设置的，不必标注定位尺寸。卫生器具的规格可在施工说明中写明；管道的管径、坡度和标高均标注在管道系统图中，在管道平面图中不必标注。

图 7-9 所示为某浴室底层给水排水平面图（局部），图 7-10 所示为该浴室二层给水排水平面图（局部）。

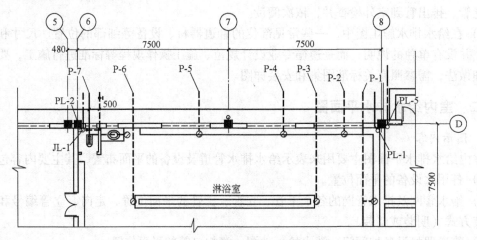

图 7-9　某浴室底层给水排水平面图（局部）

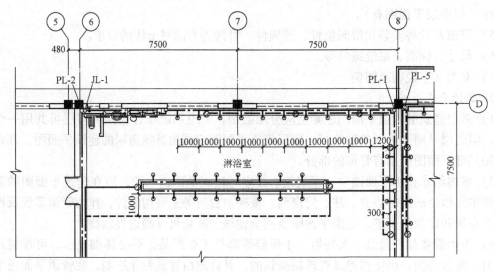

图 7-10　某浴室二层给水排水平面图（局部）

三、室内给水排水系统图

1. 图示内容

室内给水排水系统图是根据各层给水排水平面图中管道及用水设备的平面位置和竖向标高用正面斜轴测投影绘制而成的。它反映了室内给水管网和排水管网上下层之间及前后左右之间的空间关系。其图示内容有：

1）管径尺寸。

2）立管编号。

3）管道标高和坡度。

4）楼地面及各种器材在管道上的位置。

把系统图与平面图对照阅读，就能清楚地看到整个室内给水排水系统的全貌。

2. 识读要点

（1）轴测图 一般采用正面斜轴测投影绘制，即 OX 轴水平，OZ 轴铅垂，OY 轴与水平线成 45°夹角。OX 轴与给水排水平面图的长度方向一致，OY 轴与给水排水平面图的宽度方向一致，而 OZ 轴则与管道的竖直方向一致。给水排水系统图一般与给水排水平面图比例相同，给水排水系统复杂时可放大比例。

（2）给水排水系统 给水排水系统图应按系统分别绘制，以避免过多的管道重叠和交叉。

给水管道采用粗实线，排水管道用粗虚线，管道器材用图例表示，卫生设备省略不画。

当空间交叉的管道在图中相交时，在相交处将被挡的后面或下面的管线断开。

当管道过于集中，无法画清楚时，可将某些管段断开，移至别处画出，在断开处给以明确的标记。

各给水排水系统图符号的编号应与底层给水排水平面图中的系统编号一致。

当各层管网布置相同时，不必层层重复画出，只需在管道省略折断处标注"同某层"即可。

（3）管道与房屋构件的位置关系
为了反映管道和房屋的联系，在给水排水系统图中要画出被管道穿过的墙、地面、楼面及屋面，这些构件的图线用细实线绘制，如图 7-11 所示。

（4）尺寸标注 给水排水系统图中应详细标注各管道的管径、坡度和标高。

1）给水排水系统中所有管段均需标注管径，当连续几段管段的管径相同时，中间管段可省略不注。

2）凡有坡度的横管都要注出其坡度，坡度符号的箭头应指向下坡方向。

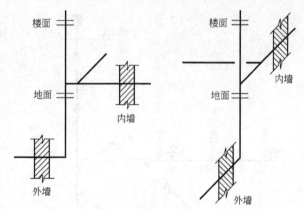

图 7-11 管道与房屋构件位置关系的表示方法

当排水横管采用标准坡度时，图中可省略不注，而在施工说明中写明。

3）给水排水系统图中标注的标高是相对标高，即以底层室内地坪为 ±0.00。在给水系统图中，标高以管中心为准，一般要注出横管、阀门、放水龙头和水箱各部位的标高。在排水系统图中，横管的标高一般由卫生设备的安装高度和管件尺寸所决定，所以不必标注，必要时架空管道可标注管中心标高，但图中应加说明，检查口和排出管起点（管内底）的标高均需标出。此外，还要标注室内地面、室外地面、各层楼面和屋面等的标高。

（5）阅读顺序 给水排水系统图应对照管道平面图按管道系统编号分别阅读。对于每一个编号的给水排水系统图，先看立管，然后依次查看立管上的各层地面线、屋面线，给水引入管或污水排出管、通气管，给水引入管或污水排出管所穿越的外墙位置，从立管上引出的各横管、各横管上的用水设备及给水连接支管或排水承接支管，再查看管道系统上的阀门、龙头、检查口等器材，最后查看管径、标高、坡度、有关尺寸及编号等。

图 7-12～图 7-14 所示为某浴室的给水排水系统图。

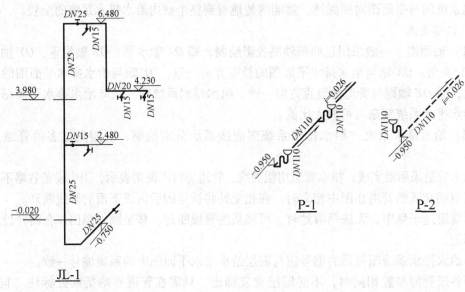

图 7-12　某浴室给水系统图　　　　　　图 7-13　某浴室底层排水系统图

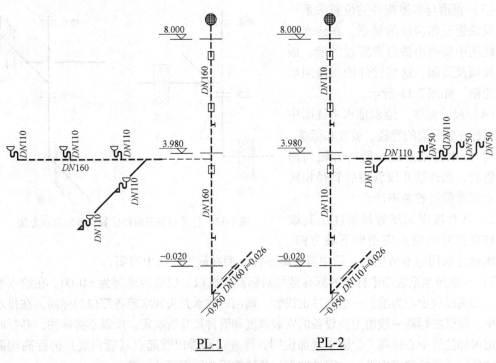

图 7-14　某浴室排水系统图

◇◇◇◇ 第四节 室外给水排水施工图

室外给水排水施工图主要表示一个小区范围内的各种室外给水排水管道的布置，与室内管道的引入管、排出管之间的连接，管道敷设的坡度、埋深和交接情况，检查井位置和深度等。室外给水与排水施工图包括给水排水平面图、管道纵剖面图、附属设备的施工图等。

一、室外给水排水平面图

室外给水排水平面图包括：室外给水排水平面图和地区或小区的给水排水总平面图。图 7-15 所示是新建建筑周围的给水排水平面图，图 7-16 所示是某小区的给水排水总平面布置图。

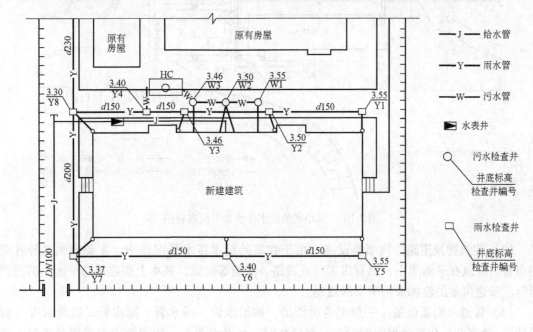

说明：1.室内外地坪的高差为0.60m,室外地坪的绝对标高为3.90m,给水管中心线绝对标高为3.10m。
2.雨水管坡度：d150为0.5%；污水管为1%。
3.检查井尺寸：d150、d200为480mm×480mm；d230为600mm×600mm。
4.化粪池采用民S301图集的4#化粪池。

图 7-15　某新建建筑周围的给水排水平面图

室外管网平面布置图是表达新建房屋周围的给水排水管网的平面布置图。它包括新建房屋、道路、围墙等平面位置和给水排水管网的布置。房屋的轮廓、周围的道路和围墙用中实线或细实线表示，给水排水管网用粗实线表示；管径、管道长度、敷设坡度标注在管道轮廓线旁，并加注相应的符号；管道上的其他构配件，用图例符号表示，图中所用图例符号应在图上统一说明。

室外给水排水平面布置图的图示内容和识读要点如下：

（1）比例　室外给水排水平面布置图的比例一般与建筑总平面图相同，常用1：500、1：200、1：100，范围较大的小区也可采用1：2000、1：1000。

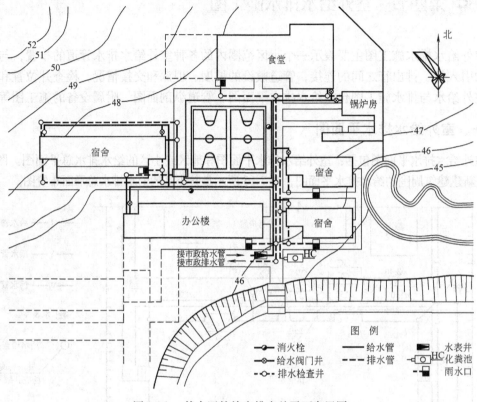

图 7-16　某小区的给水排水总平面布置图

（2）建筑物及道路、围墙等设施　由于在室外给水排水平面图中，主要反映室外管道的布置，所以在平面图中，原有房屋以及道路、围墙等设施，基本上按建筑总平面图的图例绘制。新建房屋的轮廓采用中实线绘制。

（3）管道及附属设备　一般把各种管道，如给水管、排水管、雨水管，以及水表（流量计）、检查井、化粪池等附属设备，都画在同一张平面图上。新建管道均采用单条粗实线表示，管径直接标注在相应的管线旁边；给水管一般采用铸铁管，以公称直径 DN 表示；雨水管、污水管一般采用混凝土管，以内径 d 表示。水表、检查井、化粪池等附属设备按图例绘制，应标注绝对标高。

（4）标高　给水管道宜标注管中心标高，由于给水管道是压力管，且无坡度，往往沿地面敷设，如敷设时统一埋深，可以在说明中列出给水管的中心标高。

（5）排水管道　排水管道（包括雨水管和污水管）应注出起讫点、转角点、连接点、交叉点、变坡点的标高。排水管应标注管内底标高。为简便起见，可以在检查井引一指引线，在指引线的水平线上面标以井底标高，水平线下面标注管道种类及编号，如 W 为污水管，Y 为雨水管，编号顺序按水流方向编排。

（6）指北针、图例和施工说明　室外给水排水平面布置图中，应画出指北针，标明所使用的图例，书写必要的说明，以便于读图和按图施工。

二、室外给水排水纵剖面图

室外给水排水平面图只能表达各种管道的平面位置，而管道的深度、交叉管道的上下位置以及地面的起伏情况等，需要一个纵剖面图来表达，尤其是排水管道，因为它有坡度要求。图7-17所示是一段排水管道的纵剖面图，它表达了该排水管道的纵向尺寸、埋深、检查井的位置、深度以及与之交叉的其他管道的空间位置。给水排水纵剖面图的内容和表达方法如下：

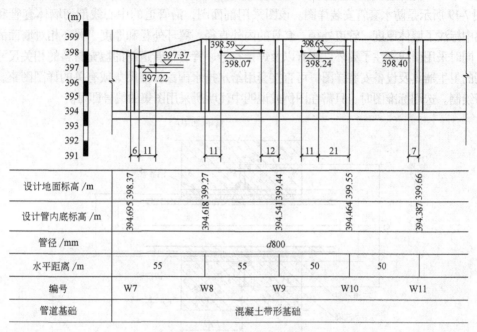

设计地面标高 /m	398.37	399.27		399.44	399.55	399.66
设计管内底标高 /m	394.695	394.618		394.541	394.464	394.387
管径 /mm			d800			
水平距离 /m		55	55	50	50	
编号	W7	W8	W9	W10	W11	
管道基础			混凝土带形基础			

图 7-17　排水管道纵剖面图

（1）比例　由于管道长度方向比深度方向大得多，在纵剖面图中通常采用纵竖两种比例。如竖向比例常采用1∶200、1∶100，纵向比例常采用1∶1000、1∶500等。

（2）断面轮廓线的线型　管道纵剖面图是沿水平管轴线铅垂剖切画出的断面图，一般压力流管线用单中粗实线绘制，重力流管线用双中粗实线绘制；地面、检查井、其他管道的横断面用中实线绘制。检查井直径按竖向比例绘制。其他管的横断面用空心圆表示。

（3）表达干管的代号及设计数据　如图7-17所示，在管道的横断面处，标注了管道的定位尺寸和标高。在断面图下方，用表格的形式分项列出该干管的各项设计数据，如设计地面标高、设计管内底标高（这里是指重力流管线）、管径、水平距离、编号、管道基础等。表格中的数据直接与图上对应，表示该段或该点处的数据。

此外，还常在最下方画出相应的管道平面图，与管道纵剖面图对应，如图7-18所示。

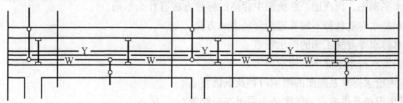

图 7-18　排水管道平面图

◈◈◈ 第五节　给水排水详图

　　室内、室外给水排水施工图中的平面图和系统图，反映了管道系统的布置情况，但卫生器具、设备的安装，管道的连接、敷设，仍需更为详细的安装详图。

　　图 7-19 所示是防水套管安装详图。该图采用剖面图，沿管道的中心线剖切墙体套管和管道等。图中标注了墙体厚度、管道外径、套管的内外直径、翼环外径和厚度、翼环相对墙面的位置尺寸，同时采用引线标注了翼环、套管以及焊接符号、管套与管道间的填充材料的相关尺寸。一般常用的卫生器具及设备安装详图，可直接套用给水排水国家标准图集或有关的详图图集，而无需自行绘制。选用标准图时，只需在图例或说明中注明所采用图集的编号即可。

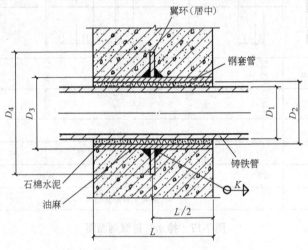

图 7-19　防水套管安装详图

◈◈◈ 复习思考题

1. 简述城市给水工程和城市排水工程的组成。
2. 简述室内给水系统的组成。
3. 室内给水系统的给水方式有哪几种？
4. 一般生活污水的室内排水系统通常由哪几个部分组成？
5. 简述给水排水专业制图中的各种实线和虚线的宽度及其应用范围。
6. 给水排水平面图、剖面图、系统图中标高的标注方法有什么不同？
7. 简述给水排水专业各种不同管道的管径表示方法。
8. 简述给水排水专业施工图的图示特点。
9. 简述室内给水排水平面图的图示内容。
10. 简述室内给水排水系统图的图示内容及识读要点。
11. 常用卫生设备及设备安装详图是否需要逐一绘制？

第 八 章

采暖通风施工图

◆◆◆ 第一节 采暖通风工程概述

一、采暖工程概述

北方的冬天，天气十分寒冷，建筑内应设法供暖，以保持一定的温度。为建筑物输送暖气的设备系统称为采（供）暖系统。供暖系统由热源、输热管道和散热设备三部分组成。从锅炉房、热电站等产出的热量通过热力管网输送到建筑物内，再由分布在建筑物内的各种散热器将热量扩散到室内各处。

在农村或小城镇，通常采用火炉、煤气及电热等方式供暖，称为局部供暖系统。其特点是热源和散热设备在同一个房间内。

在城市或条件较好的村镇，一般采用集中供暖方式，如图 8-1 所示。根据热量从热源输送到散热器的热媒的不同，集中供暖系统分为三类：热水供暖系统、蒸汽供暖系统和热风供暖系统。

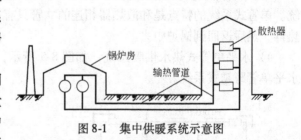

图 8-1 集中供暖系统示意图

1. **热水供暖系统**

在热水供暖系统中，热媒是水。热源中的水经输热管道流到供暖房间的散热器中，放出热量后经管道流回热源。

（1）机械循环热水供暖系统 这种系统由锅炉、输热管道、水泵、散热器以及膨胀水箱等组成，主要依靠水泵所产生的压头促使水在系统内循环。水在锅炉中被加热后，沿总立管、供水干管、供水立管流入散热器，放热后沿回水立管、回水干管，被水泵送回锅炉。

在机械循环热水供暖系统中，为了顺利地排除系统中的空气，供水干管应按水流方向有向上的坡度，并在供水干管的最高点设置集气罐。在这种系统中，水泵装在回水干管上，并将膨胀水箱连在水泵吸入端。膨胀水箱位于系统最高点，它的作用主要是容纳水受热后所膨胀的体积。机械循环热水供暖系统，按照供水干管的位置和立管与散热器的连接形式分为以下几种：

1）双管上供下回式热水供暖系统：如图 8-2 所示，水在系统内循环时，不仅有水泵产生的压力，也存在着自然压头，这使流过上层散热器的热水量多于实际需要量，而下层散热器的热水量少于实际需要量，从而造成上层房间温度偏高，下层房间温度偏低。

2）双管下供下回式热水供暖系统：如图 8-3 所示，在这种系统中，供水干管及回水干管均位于系统下部。为了排除系统中的空气，在系统的上部装设了空气管，通过集气罐将空气排除。

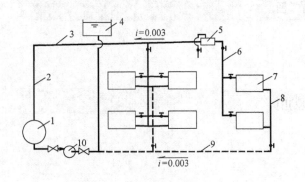

图 8-2　机械循环双管上供下回式热水供暖系统
1—锅炉　2—总立管　3—供水干管
4—膨胀水箱　5—集气罐　6—供水立管
7—散热器　8—回水立管　9—回水干管　10—水泵

图 8-3　机械循环双管下
供下回式热水供暖系统

3）单管热水供暖系统：如图 8-4 所示，左侧为单管顺流式系统，右侧为单管跨越式系统。单管式系统的特点是和散热器相连的立管只有一根，来自锅炉的热水顺序地流经多层散热器，然后返回到锅炉中去。

4）水平单管式热水供暖系统：如图 8-5 所示，其上层为水平单管顺流式系统，下层为水平单管跨越式系统。

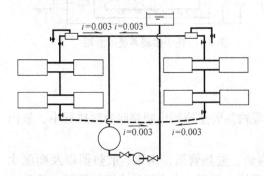
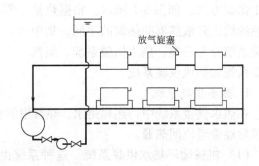

图 8-4　机械循环单管热水供暖系统示意图　　　图 8-5　水平单管式热水供暖系统示意图

（2）**自然循环热水供暖系统** 图8-6所示是自然循环双管上供下回式热水供暖系统示意图。在这种系统中没有水泵，水在系统内的循环主要依靠热水散热冷却所产生的自然压力。

在自然循环热水供暖系统中，膨胀水箱连接在总立管顶端，它不仅能容纳水受热后膨胀的体积，而且还有排除系统内空气的作用。在自然循环热水供暖系统中，水流速度很小，为了能顺利地通过膨胀水箱排除系统内的空气，供水干管沿水流方向应有向下的坡度。

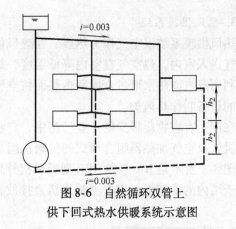

图8-6 自然循环双管上供下回式热水供暖系统示意图

2. **蒸汽供暖系统**

在蒸汽供暖系统中，热媒是蒸汽。蒸汽含有的热量由两部分组成，一部分是水在沸腾时含有的热量，另一部分是从沸腾的水变为饱和蒸汽的汽化潜热。按管路布置形式的不同，低压蒸汽供暖系统又可分为上供下回式、下供下回式系统，以及双管式和单管式系统。

（1）**低压蒸汽供暖系统** 得到广泛应用的是用机械回水的双管上供下回式系统。如图8-7所示，锅炉产生的蒸汽经蒸汽总立管、蒸汽干管、蒸汽立管进入散热器，放热后，凝结水沿凝水立管、凝水干管流入凝结水箱，然后用水泵将凝结水送入锅炉。

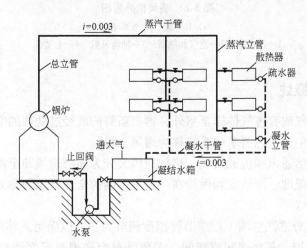

图8-7 机械回水双管上供下回式蒸汽供暖系统示意图

（2）**高压蒸汽供暖系统** 由于高压蒸汽的压力及温度均较高，因此在热负荷相同的情况下，高压蒸汽供暖系统的管径和散热器片数都小于低压蒸汽供暖系统。高压蒸汽供暖系统虽然很经济，但卫生条件差，并容易烫伤人，因而一般只用于工业厂房。

和低压蒸汽供暖系统一样，高压蒸汽供暖系统亦有上供下回、下供下回以及双管、单管等型式。为了避免高压蒸汽和凝结水在立管中反向流动所发出的噪声，一般高压蒸汽供暖均采用双管上供下回式系统。

3. 热风供暖系统

热风供暖系统以空气作为热媒。在热风供暖系统中，首先将空气加热，然后将高于室温的空气送入室内，热空气在室内降低温度，放出热量，从而达到供暖的目的。

利用蒸汽或热水通过金属壁传热而将空气加热的设备叫作空气加热器；利用烟气来加热空气的设备叫作热风炉。

在产生有害物质很少的工业厂房中，广泛地应用暖风机进行供暖。暖风机是由通风机、电动机以及空气加热器组合而成的供暖机组。暖风机直接装在厂房内。

图 8-8 所示是 NA 型和 NBL 型暖风机外形图。NA 型暖风机可以吊装在柱子上，也可装在埋于墙内的支架上；NBL 型暖风机直接放在地面上。

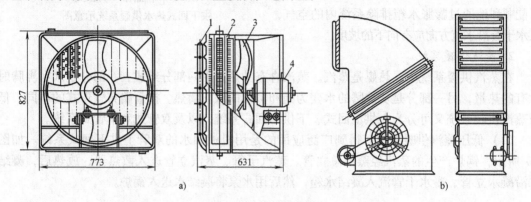

图 8-8　暖风机外形图
a）NA 型　b）NBL 型
1—导向板　2—空气加热器　3—轴流风机　4—电动机

二、通风工程概述

将室内的污浊空气或有害气体排至室外，再把新鲜的或经过处理的空气送入室内，使之达到卫生标准或满足生产工艺要求的系统称为通风工程。

通风工程分为自然通风和机械通风，机械通风又分为局部通风和全面通风。用人工方法使室内空气的温度、湿度、清洁度均保持在一定范围内的全面通风则称为空气调节。

1. 室内空调的种类

（1）一般空调或舒适性空调　以季节性温度调节为主，以满足人体的舒适性要求。

（2）恒温恒湿空调　某些房间或车间，需要将温度和相对湿度严格控制在一定的范围内，如精密加工车间、精密装配车间以及计量室、刻线室等。

（3）净化空调　有些工艺车间，不仅要求有一定的温度、湿度，而且对于空气的含尘量和尘粒大小也具有严格要求，如电子工业的光刻、扩散、制版、显影等工作间。

（4）无菌空调　主要用于医药实验室、药物分装室以及某些手术室。

（5）除湿空调　主要用于地下建筑及洞库。

（6）人工气候室　主要用于模拟高温、高湿、低温、低湿和高空空间环境等。

2. 空调系统的分类

常用的空调系统，按其空气处理设备设置情况的不同，可以分为集中式、分散式和半集中式三种类型。

（1）集中式空调系统 将各种空气处理设备以及风机都集中设在一个专用的空调机房里，以便于集中管理。空气经集中处理后，再用风管分送给各个空调房间。

（2）分散式空调系统 利用空调机组直接在空调房间内或其邻近地点就地处理空气。空调机组是将冷源、热源、空气处理、风机和自动控制等设备组装在一个或两个箱体内的定型设备。

（3）半集中式空调系统 除有集中的空调机房外，尚有分散在各空调房间内的二次处理设备，其中多半设有冷、热交换器。

◇◇◇◇ 第二节　采暖通风制图相关规定

一、一般规定

1. 线型

暖通空调专业制图采用的线型及其应用范围，宜符合表8-1的规定。

表8-1　暖通空调专业制图的线型及其应用范围

序　号	名　　称	线　宽	应　用　范　围
1	粗实线	b	单线表示的管道
2	中粗实线	$0.7b$	本专业设备轮廓、双线表示的管道轮廓
3	中实线	$0.5b$	建筑物轮廓尺寸、标高、角度等标注线及引出线
4	细实线	$0.25b$	家具、绿化及非本专业设备轮廓
5	粗虚线	b	回水管线及单线管道被遮挡的部分
6	中粗虚线	$0.7b$	本专业设备及双线管道被遮挡的轮廓
7	中虚线	$0.5b$	地下管沟、改造前风管的轮廓线、示意性连线
8	细虚线	$0.25b$	非本专业虚线表示的设备轮廓线
9	中波浪线	$0.5b$	单线表示的软管
10	细波浪线	$0.25b$	断开界线
11	单点长画线	$0.25b$	轴线、中心线
12	双点长画线	$0.25b$	假想或工艺设备轮廓线
13	折断线	$0.25b$	断开界线

2. 比例

总平面图、平面图的比例，宜与工程项目设计的主导专业一致，其余可按表8-2选用。

表8-2　比例

图　名	常用比例	可用比例
剖面图	1：50、1：100、	1：150、1：200
局部放大图、管沟断面图	1：20、1：50、1：100	1：25、1：30、1：150、1：200
索引图、详图	1：1、1：2、1：5、1：10、1：20	1：3、1：4、1：15

　　3. 常用图例

　　（1）水、汽管道　水、汽管道代号宜按表8-3选用，自定义水、汽管道代号应避免与表8-3相矛盾，并在相应图面说明。水、汽管道阀门和附件的图例宜按表8-4采用。

　　（2）风道　风道代号宜按表8-5采用，自定义风道代号应避免与表8-5相矛盾，并应在相应图面说明。风道、阀门及附件的图例宜按表8-6和表8-7采用。

表8-3　水、汽管道代号

编号	代号	管道名称	编号	代号	管道名称
1	RG	采暖热水供水管	22	Z2	二次蒸汽管
2	RH	采暖热水回水管	23	N	冷凝水管
3	LG	空调冷水供水管	24	J	给水管
4	LH	空调冷水回水管	25	SR	软化水管
5	KRG	空调热水供水管	26	CY	除氧水管
6	KRH	空调热水回水管	27	GG	锅炉进水管
7	LRG	空调冷、热水供水管	28	JY	加药管
8	LRH	空调冷、热水回水管	29	YS	盐溶液管
9	LQG	冷却水供水管	30	XI	连续排污管
10	LQH	冷却水回水管	31	XD	定期排污管
11	n	空调冷凝水管	32	XS	泄水管
12	PZ	膨胀水管	33	YS	溢水（油）管
13	BS	补水管	34	R1G	一次热水供水管
14	X	循环管	35	R1H	一次热水回水管
15	LM	冷媒管	36	F	放空管
16	YG	乙二醇供水管	37	FAQ	安全阀放空管
17	YH	乙二醇回水管	38	O1	柴油供油管
18	BG	冷水供水管	39	O2	柴油回油管
19	BH	冷水回水管	40	OZ1	重油供油管
20	ZG	过热蒸汽管	41	OZ2	重油回油管
21	ZB	饱和蒸汽管	42	OP	排油管

表8-4　水、汽管道阀门和附件图例

序号	名　称	图　例	序号	名　称	图　例
1	截止阀		23	漏斗	
2	闸阀				
3	球阀		24	地漏	
4	柱塞阀				
5	快开阀		25	明沟排水	
6	蝶阀		26	向上弯头	
			27	向下弯头	
7	旋塞阀		28	法兰封头或管封	
8	止回阀		29	上出三通	
9	浮球阀		30	下出三通	
10	三通阀		31	变径管	
11	平衡阀		32	活接头或法兰连接	
12	定流量阀				
13	集气灌、放气阀		33	固定支架	
			34	导向支架	
14	自动排气阀		35	活动支架	
			36	金属软管	
15	定压差阀		37	可屈挠橡胶软接头	
16	节流阀				
17	调节止回关断阀		38	Y形过滤器	
18	膨胀阀		39	疏水器	
19	排入大气或室外		40	减压阀	
			41	除垢器	
20	安全阀		42	除垢仪	
			43	补偿器	
21	角阀		44	矩形补偿器	
			45	软管补偿器	
22	底阀		46	波纹管补偿器	
			47	弧形补偿器	
			48	球形补偿器	

（续）

序号	名 称	图 例	序号	名 称	图 例
49	伴热管		53	节流孔板、减压孔板	
50	保护套管		54	快速接头	
51	爆破膜		55	介质流向	
52	阻火器		56	坡度及坡向	$i=0.003$ $i=0.003$

表8-5 风道代号

代 号	风道名称	代 号	风道名称
SF	送风管	HF	回风管
XF	新风管	PF	排风管
PY	消防排烟风管	ZY	加压送风管
P（Y）	排风排烟兼用风管	XB	消防补风风管
S（B）	送风兼消防补风风管		

表8-6 风道、阀门及附件图例

序号	名 称	图 例	序号	名 称	图 例
1	矩形风管	×××*××× 宽×高(mm)	13	消声静压箱	
2	圆形风管	φ×××	14	风管软接头	
3	风管向上		15	对开多叶调节风阀	
4	风管向下		16	蝶阀	
5	风管向上摇手弯		17	插板阀	
6	风管向下摇手弯		18	止回风阀	
7	天圆地方	左接矩形风管，右接圆形风管	19	余压阀	DPV DPV
8	软风管		20	三通调节阀	
9	圆弧形弯头		21	防烟防火阀	*** ****
10	带导流片的矩形弯头		22	方形风口	
11	消声器		23	条缝形风口	
12	消声弯头		24	矩形风口	
			25	圆形风口	
			26	侧面风口	

（续）

序号	名　称	图　例	序号	名　称	图　例
27	防雨百叶		30	远程受控盒	B
28	检修门		31	防雨罩	
29	气流方向	通用 送风 回风			

表8-7　风口和附件代号

序号	名　称	图　例	序号	名　称	图　例
1	AV	单层格栅风口，叶片垂直	15	H	百叶回风口
2	AH	单层格栅风口，叶片水平	16	HH	门铰形百叶回风口
3	BV	双层格栅风口，前组叶片垂直	17	J	喷口
4	BH	双层格栅风口，前组叶片水平	18	SD	旋流风口
5	C*	矩形散流器，*为出风面数量	19	K	蛋格形风口
6	DF	圆形平面散流器	20	KH	门铰形蛋格式回风口
7	DS	圆形凸面散流器	21	L	花板回风口
8	DP	圆盘形散流器	22	CB	自垂百叶
9	DX*	圆形斜片散流器，*为出风面数量	23	N	防结露送风口
10	DH	圆环形散流器	24	T	低温送风口
11	E*	条缝形风口，*为条缝数	25	W	防雨百叶
12	F*	细叶形斜出风散流器	26	B	带风口风箱
13	FH	门铰形细叶回风口	27	D	带风阀
14	G	扁叶形直出风散流器	28	F	带过滤网

（3）暖通空调设备　暖通空调设备的图例宜按表8-8采用。

表8-8　通风、空调设备图例

序号	名　称	图　例	序号	名　称	图　例
1	散热器及手动放气阀	15　　15　　15 平面图　剖面图　系统图	5	离心式管道风机	
2	散热器及温控阀	15	6	吊顶式排气扇	
3	轴流风机		7	水泵	
4	轴流式管道风机		8	手摇泵	

（续）

序号	名 称	图 例	序号	名 称	图 例
9	变风量末端	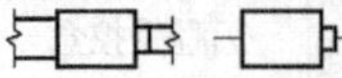	17	立式暗装风机盘管	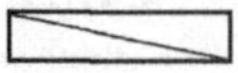
10	空调机组加热、冷却盘管	 加热 冷却 双功能	18	卧式明装风机盘管	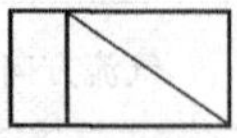
11	空气过滤器	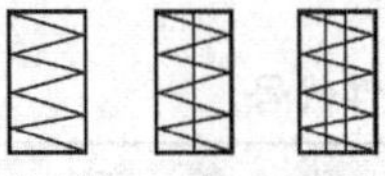 粗效 中效 高效	19	卧式暗装风机盘管	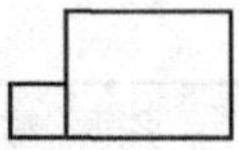
12	挡水板		20	窗式空调器	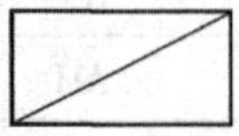
13	加湿器	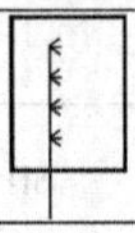	21	分体空调器	 室内机 室外机
14	电加热器	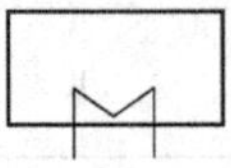	22	射流诱导风机	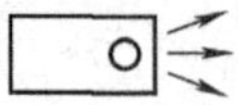
15	板式换热器	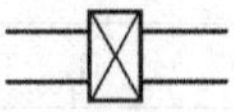	23	减振器	平面图 剖面图
16	立式明装风机盘管	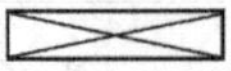			

（4）空调装置及仪表 空调装置及仪表的图例宜按表8-9采用，其中各种执行机构可与风阀、水阀组合表示相应功能的控制阀门。

表8-9 调控装置及仪表图例

序号	名 称	图 例	序号	名 称	图 例
1	温度传感器	T	9	吸顶式温度感应器	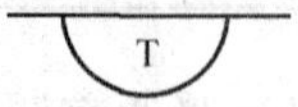 T
2	湿度传感器	H	10	温度计	
3	压力传感器	P			
4	压差传感器	ΔP	11	压力表	
5	流量传感器	F			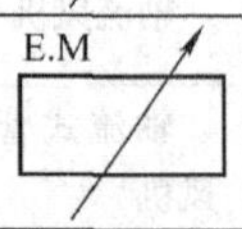
6	烟感器	S	12	流量计	F.M
7	流量开关	FS			
8	控制器	C	13	能量计	E.M

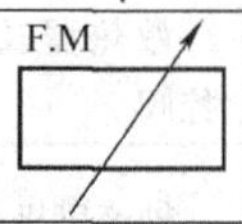

（续）

序号	名　　称	图　　例	序号	名　　称	图　　例
14	弹簧执行机构		20	气动执行机构	
15	重力执行机构		21	浮力执行机构	
16	记录仪		22	数字输入量	DI
17	电磁（双位）执行机构		23	数字输出量	DO
18	电动（双位）执行机构		24	模拟输入量	AI
19	电动（调节）执行机构		25	模拟输出量	AO

二、图样画法

1. 一般规定

（1）图样编排　在工程设计中，宜依次表示图样目录、选用图集（样）目录、设计施工说明、图例、设备及主要材料表、总图、工艺图、系统图、平面图、剖面图、详图等。如单独成图时，其图样编号应按所述顺序排列。

（2）文字说明　图样中的文字说明，宜在图纸右下方、标题栏的上方书写。

（3）图纸上的图样排列　宜按平面图、剖面图、安装详图，从上至下、从左至右的顺序排列；当一张图幅绘有多层平面图时，宜按建筑层次由低至高、由下至上顺序排列。

（4）明细栏　设备或部件不便用文字标注时，可进行编号，图样中只注明编号，其名称在说明或附注中表示。如果需要表明其型号（规格）、性能等内容，宜用"明细栏"表示，明细栏示例如图8-9所示。

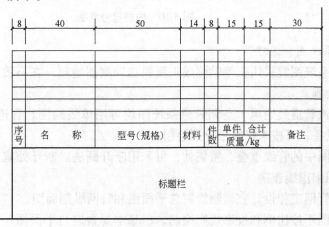

图8-9　明细栏示例

2. 管道和设备布置平面图、剖面图及详图

1）暖通空调系统的平面图、剖面图中，应用细实线绘出建筑轮廓线和与暖通空调系统有关的门、窗、梁、柱、平台等建筑构配件，并标明相应定位轴线编号、房间名称、平面标高。而管道和设备的布置则按除去上层板后的俯视投影绘制，否则应在平面图中用剖切符号表示出剖面图、断面图的位置。剖切符号的画法和编号参见《房屋建筑制图统一标准》的相关规定。

2）平面图上应注出设备、管道定位（中心、外轮廓、地脚螺栓孔中心）线与建筑定位（墙边、柱边、柱中）线间的关系；剖面图上应注出设备、管道（中、底或顶）标高。必要时，还应注出距该层楼（地）板面的距离。

3）建筑平面图采用分区绘制时，暖通空调专业平面图也可分区绘制，但分区部位应与建筑平面图一致，并应绘制分区组合示意图。

4）平面图、剖面图中的水、汽管道可用单线绘制，风管不宜用单线绘制（方案设计和初步设计除外）。

5）平面图、剖面图中的局部需另绘详图时，应在平面图、剖面图上标注索引符号。

6）为了表示某些室内立面及其在平面图上的位置，应在平面图上标注内视符号。内视符号画法如图 8-10 所示。

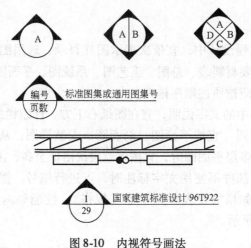

图 8-10　内视符号画法

3. 管道系统图、原理图

1）管道系统图宜采用正等轴测或正面斜二轴测图绘制，在不致引起误解时，也可不按轴测投影法绘制。

2）水、汽管道及通风、空调管道系统图均可用单线绘制。管道系统图应能确认管径、标高及末端设备，可按系统编号分别绘制。

3）系统图中的管线重叠、密集处，可采用断开画法。断开处宜以相同的小写拉丁字母表示，也可用细虚线连接。

4）室外管网工程设计宜绘制管网总平面图和管网纵剖面图。

5）原理图不按比例和投影规则绘制，但基本要素应与平面图、剖面图及管道系统图相对应。

4. 系统编号

1）一个工程设计中同时有供暖、通风、空调等两个及以上的不同系统时，应进行系统编号。系统编号、入口编号，应由系统代号和顺序号组成。系统代号由大写拉丁字母表示，见表 8-10，顺序号由阿拉伯数字表示，圆圈直径 6～8mm，如图 8-11a 所示。当一个系统出现分支时，可采用图 8-11b 的画法。系统编号宜标注在系统总管处。

表 8-10　系统代号

序　号	字母代号	系统名称	序　号	字母代号	系统名称
1	N	（室内）供暖系统	9	X	新风系统
2	L	制冷系统	10	H	回风系统
3	R	热力系统	11	P	排风系统
4	K	空调系统	12	JS	加压送风系统
5	T	通风系统	13	PY	排烟系统
6	J	净化系统	14	P（Y）	排风兼排烟系统
7	C	除尘系统	15	RS	人防送风系统
8	S	送风系统	16	RP	人防排风系统

2）竖向布置的垂直管道系统，应标注立管号，在不致引起误会时，可只标注序号，但应与建筑轴线编号有明显区别，如图 8-12 所示。

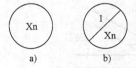

图 8-11　系统代号、编号的画法

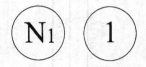

图 8-12　立管号的画法

5. 管道标高、管径（压力）、尺寸标注

1）在不宜标注垂直尺寸的图样中，应标注标高。标高以 m 为单位，精确到 cm 或 mm。当标准层较多时，可只标注与本层楼（地）板面的相对标高。

2）水、汽管道所注标高未予说明时，表示管中心标高。标注管外底部或顶部标高时，应在数字前加"底"、"顶"字样。矩形风管所注标高未予说明时，表示管底标高；圆形风管所注标高未予说明时，表示管中心标高。

3）低压流体输送用焊接管道规格应标注公称通径或压力。公称通径的标记由字母"DN"后跟一个以 mm 表示的数值组成，如 DN15、DN32；公称压力的代号为"PN"。

4）输送流体用无缝钢管、螺旋缝或直缝焊接钢管、铜管、不锈钢管，当需要注明外径和壁厚时，用"D（或 ϕ）外径×壁厚"表示，如"D108×4"、"ϕ108×4"。在不致引起误解时，也可采用公称通径表示。塑料管外径用"de"表示。

5）圆形风管的截面定型尺寸应以直径"ϕ××"表示，单位为 mm；矩形风管（风道）的截面定型尺寸应以"A×B"表示，A、B 为边长，单位为 mm。

6）平面图中无坡度要求的管道标高可以标注在管道截面尺寸后的括号内，如 DN32（2.50）、200×200（3.10）。必要时，应在标高数字前加"底"或"顶"的字样。

7）水平管道的规格宜标注在管道的上方；竖向管道的规格宜标在管道的左侧。双线表示的管道，其规格可标注在管道轮廓线内，如图 8-13 所示。

8）当斜管道不在图 8-14 所示 30°范围内时，其管径（压力）、尺寸应平行标注在管道的斜上方。否则，用引出线水平或 90°方向标注，如图 8-14 所示。

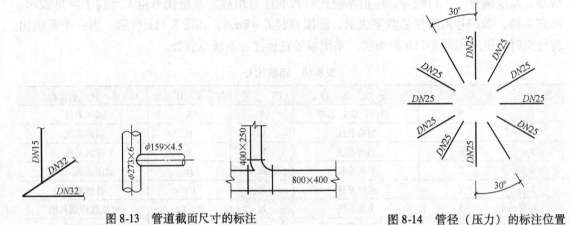

图 8-13　管道截面尺寸的标注

图 8-14　管径（压力）的标注位置

9）多条管线的规格标注方式如图 8-15 所示。管线密集时采用中间图画法，其中短斜线也可统一用圆点。

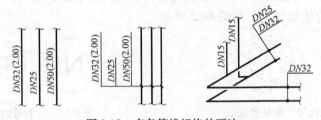

图 8-15　多条管线规格的画法

10）风口、散流器的规格、数量及风量的表示方法如图 8-16 所示。

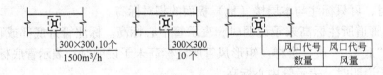

图 8-16　风口、散流器的表示方法

11）平面图、剖面图上如需标注连续排列的设备或管道的定位尺寸或标高时，应至少有一个自由段，如图 8-17 所示。

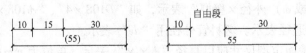

图 8-17　定位尺寸的表示方式

注：括号内的数字为不保证尺寸，不宜与上排尺寸同时标注。

6. 管道转向、分支、重叠及密集处的画法

1）管道转向的画法如图 8-18 所示。

图 8-18　管道转向的画法
a）单线管道　b）双线管道

2）管道分支的画法如图 8-19 所示。

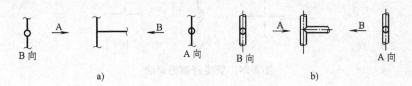

图 8-19　管道分支的画法
a）单线管道　b）双线管道

3）送风管、回风管转向的画法如图 8-20 所示。

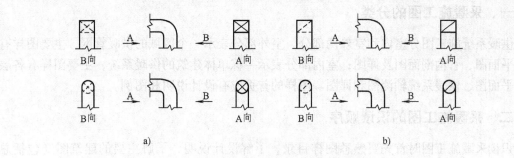

图 8-20　送风管、回风管转向的画法
a）送风管　b）回风管

4）平面图、剖视图中管道因重叠、密集需断开时，应断开，如图 8-21 所示。

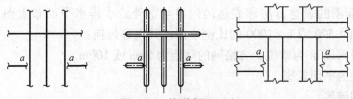

图 8-21　管道断开画法

5）管道在本图中断，转至其他图面表示（或由其他图面引来）时，应注明转至（或来自）的图样编号，如图 8-22 所示。

6）管道交叉的画法如图 8-23 所示。

图 8-22　管道在本图中断的画法　　　　　　图 8-23　管道交叉的画法

7）管道跨越的画法如图 8-24 所示。

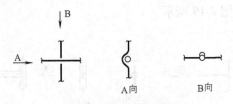

图 8-24　管道跨越的画法

◇◇◇ 第三节　采暖施工图识读

一、采暖施工图的分类

供暖系统施工图分室内和室外两部分。室外部分表示一个区域的供暖管网，主要图样有供暖平面图、管沟剖面图及详图；室内部分表示一栋单体建筑的供暖系统，主要图样有各层供暖平面图、供暖系统轴测图和详图。图样的首页应有设计说明和图例。

二、采暖施工图的识读顺序

识读采暖施工图时首先要熟悉图样目录，了解设计说明，了解主要的建筑图（包括总平面图和各层平、立、剖面图）及有关的结构图，在此基础上将各层采暖平面图和系统图对照识读，同时注意查看有关详图。

三、室外供暖平面图

室外供暖平面图的表达方法和表达的内容与室外给水排水平面布置图（或总平面图）相似，一般采用 1∶500 或 1∶1000 的比例绘制。其内容包括：

1）坐标方格网以 m 为单位，方格网的间距为 50m 或 100m。

2）各建筑物的平面轮廓。

3）道路、围墙等。

4）供暖和回水管路应从锅炉房画至各供暖建筑。在管路图中，用图例符号画出阀门、伸缩器、固定支架，标明检查井位置并进行编号。各段管路还需要标明管径大小，如 *DN*100。

5）主要尺寸以 m 为单位。

室外供暖平面图中为突出表明供暖和回水管网，供暖管路用粗实线画出，建筑物的平面轮廓用中粗实线画出，坐标方格网、道路、围墙等用细实线画出。

四、管沟剖面图

管沟剖面图是沿管沟所作的纵向剖面图，主要表明管沟的高度、坡度、地形的高低起伏变化，以及检查井的位置、标高及伸缩器的位置等。管沟剖面图与给水排水管道纵剖面图类似。图中上部绘出的是管沟剖面，中部绘出的是管沟平面图，下部为资料表，标出各段管沟的长度、坡度、地面标高、沟底标高、沟底净深等。由于管沟的深度与长度相差很多，为了清楚地表达管沟剖面情况，剖面图中高度和长度通常采用不同比例绘制，一般相差 10 倍。

五、室内采暖平面图

1. 图示内容

1）暖气入口的位置、管径和标高。

2）水平干管（包括供水和回水干管）及支管的平面布置、管径和标高。

3）立管的位置和标高。

4）散热器的位置、片数和安装方式（明装或暗装、半暗装）。

5）阀门、固定支架、伸缩器的位置。

6）膨胀水箱，集气罐等设备的位置（热水供暖）。

7）疏水装置的位置（蒸汽供暖）。

2. 识读要点

1）查看散热器的平面位置、规格、数量，确认其安装方式。散热器一般布置在窗台下，以明装为多，对暗装或半暗装的，通常在说明中注明。

2）了解水平干管的布置方式。识读时需注意干管是敷设在最高层、中间层还是最底层，以了解采暖系统是上分式、中分式或下分式系统还是水平式系统。在底层平面图上还会出现回水干管或凝结水干管（虚线），识图时也要注意。此外，还应搞清干管上的阀门、固定支架、补偿器等的位置、规格及安装要求等。

3）通过立管编号查清立管系统数量和位置。

4）了解采暖系统中，膨胀水箱、集气罐（热水采暖系统）、疏水器（蒸汽采暖系统）等设备的位置、规格以及设备与管道的连接情况。

5）查明采暖入口及入口地沟或架空情况。当采暖入口无节点详图时，采暖平面图中一般将入口装置的设备如控制阀门、减压阀、除污器、疏水器、压力表、温度计等表达清楚，并注明规格、热媒来源、流向等。若采暖入口装置采用标准图，则可按注明的标准图号查阅标准图。当有采暖入口详图时，可按图中所注详图编号查阅采暖入口详图。

图 8-25 ~ 图 8-27 所示为某办公楼一～三层采暖平面图。该工程采用热水供暖，由锅炉房通过室外架空管道集中供热。管道系统的布置方式采用上行下给单管同程式系统。供热干管敷设在顶层顶棚下，回水干管敷设在底层地面之上，其中跨门部分敷设在地下管沟内。散热器采用四柱 813 型，均明装在窗台之下。

从图 8-25 中可以看到，供热干管从办公楼东南角（标高 3.000，见图 8-28）处架空进入室内，然后向北通过控制阀门沿墙布置至轴线 7 和 E 的墙角处抬头，穿越楼层直通顶层顶棚处，折成水平，向西环绕外墙内侧布置，后折向南再折向东形成上行水平干管，然后通过各立管将热水供给各层房间的散热器。所有立管均设在各房间的外墙角处，通过支管与散热器相连通，经散热器散热后的回水，由敷设在地面之上沿外墙布置的回水干管自办公楼底层东南角处排出室外，通过室外架空管道送回锅炉房。

采暖平面图清楚地表示了各层散热器的数量及布置状况。底层平面图反映了供热干管及回水干管的进出口位置、回水干管的布置及其与各立管的连接情况；三层平面图反映了供热干管与各立管的连接关系；二层平面图中没有干管，但立管、散热器以及它们之间的连接支管均有清楚的反映。

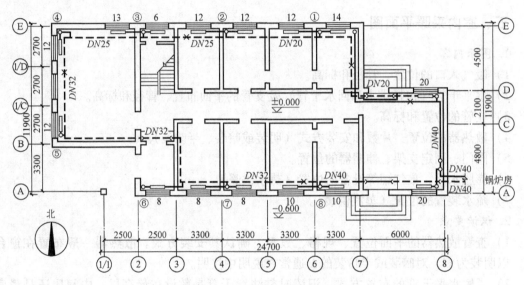

图 8-25　某办公楼一层采暖平面图

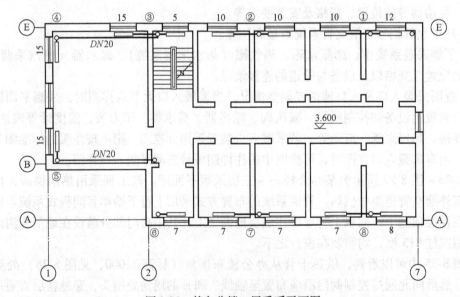

图 8-26　某办公楼二层采暖平面图

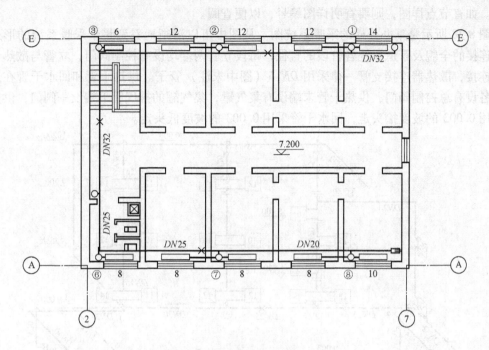

图 8-27 某办公楼三层采暖平面图

六、采暖系统图

1. 图示内容

采暖系统图是根据各层采暖平面图中的管道及设备的平面位置和竖向标高，用正面斜轴测或正等测投影法以单线绘制而成的。主要内容有：

1）自采暖入口至出口的室内采暖管网系统、散热设备、主要附件的空间位置和相互关系。

2）所有管道的管径、标高、坡度。

3）立管编号、系统编号以及各种设备、部件在管道系统中的位置。

2. 识读要点

1）按热媒的流向确认采暖管道系统的形式及其连接情况。

2）查看各管段的管径、坡度、坡向，水平管道和设备的标高以及立管编号等。

3）散热器支管有一定的坡度，其中，供水支管坡向散热器，回水支管则坡向回水立管。

4）了解散热器的规格及数量。当采用柱形或翼形散热器时，要弄清散热器的规格与片数（以及带脚片数）。当为光滑管散热器时，要弄清其型号、管径、排数及长度。当采用其他采暖设备时，应弄清设备的构造和标高（底部或顶部）。

5）注意查清其他附件与设备在管道系统中的位置、规格及尺寸，并与平面图和材料表等加以核对。

6）查明采暖入口的设备、附件、仪表之间的关系，热媒来源、流向、坡向、标高、管径等。如有节点详图，则要查明详图编号，以便查阅。

图 8-28 所示是某办公楼的采暖系统图。从图中可以清晰地看到整个采暖系统的形式和管道连接的全貌及管道系统各管段的直径，每段立管两端均设有控制阀门，立管与散热器为双侧连接，散热器连接支管一律采用 DN15（图中未注）管子。供热干管和回水干管在进出口处各设有总控制阀门，供热干管末端设有集气罐，集气罐的排气管下端设一阀门，供热干管采用 0.003 的坡度抬头走，回水干管采用 0.003 的坡度低头走。

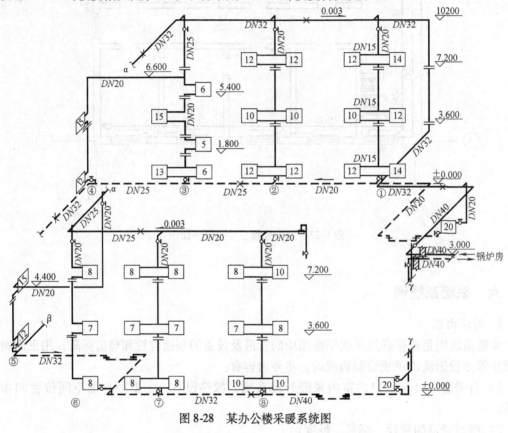

图 8-28　某办公楼采暖系统图

◇◇◇ 第四节　通风施工图识读

通风工程施工图包括通风系统平面图、剖面图、系统轴测图和设备、构件制作安装详图。

一、通风系统平面图

通风系统平面图表达通风管道、设备的平面布置情况，主要内容包括：

1）工艺设备的主要轮廓线、位置尺寸、编号及设备明细表，如通风机、电动机、吸气罩、送风口、空调器等。

2）通风管、异径管、弯头、三通或四通管接头。风管注明截面尺寸和定位尺寸。

3）导风板、调节阀门、送风口、回风口（均用图例表示）等及其型号、尺寸，进出风口空气的流动方向。

4）进风系统、排风系统或空调系统的编号。

二、通风系统剖面图

通风系统剖面图表示管道及设备在高度方向的布置情况，主要内容与平面图基本相同，所不同的只是在表达风管及设备的位置尺寸时须明确注出它们的标高。圆管注明管中心标高，管底保持水平的变截面矩形管，注明管底标高。

三、通风系统轴测图

通风系统轴测图表明通风系统各种设备、管道系统及主要配件的空间位置关系。对于简单的通风系统，除了平面图以外，可不绘剖面图，但必须绘制系统轴测图。

四、通风施工图识读要点

1. 熟悉图样目录

从图样目录中可知工程图样的种类和数量，包括所选用的标准图或其他工程图样，从而可粗略地了解工程的概貌。

2. 了解设计说明

设计说明的主要内容有：

1）设计依据，包括气象资料、卫生标准等基本数据。

2）通风系统的形式、划分及编号。

3）统一图例和自用图例符号的含义。

4）图中未表明或不够明确而需特别说明的一些内容。

5）统一做法的说明和技术要求。

3. 识读顺序

应按照平面图→剖面图→系统图→详图的顺序依次识读，并随时互相对照。

识读每种图样时均应按通风系统和空气流向顺次看图，逐步搞清每个系统的全部流程和几个系统之间的关系，同时按照图中设备及部件编号与材料明细表对照阅读。

在识读通风工程图时需相应地了解主要的土建图样和相关的设备图样，尤其要注意与设备安装和管道敷设有关的技术要求，如预留孔洞、管沟、预埋件管等。

图 8-29、图 8-30 和图 8-31 所示是某车间的通风平面图、剖面图和轴测图，从中可以看出，该车间有一个空调系统。平面图表明风管、风口、机械设备等在平面中的位置和尺寸，剖面图表示风管设备等在垂直方向的布置和标高，从系统轴测图中可清楚地看出管道的空间曲折变化。该系统由设在车间外墙上端的进风口吸入室外空气，经新风管从上方送入空气处理室，依要求的温度、湿度和洁净度进行处理，经处理后的空气从处理室箱体后部由通风机送出。送风管经两次转弯后进入车间，在顶棚下沿车间长度方向暗装于隔断墙内，其上均匀分布五个送风口（500mm×250mm），装设在隔断墙上露出墙面，由此向车间送出处理过的达到室内要求的空气。送风管截高度是变化的，从处理室接出时是 1000mm，向末端逐步减小到 350mm，管顶上表面保持水平，安装在标高 3.900m 处，管底下表面倾斜，送风口与风

管顶部取齐。回风管平行车间长度方向暗装于隔断墙内的地面之上 0.15m 处，其上均匀分布着九个回风口（500mm × 200mm）露出于隔断墙面，由此将车间的污浊空气汇集于回风管，经三次转弯，由上部进入空调机房，然后转弯向下进入空气处理室。回风管截面高度尺寸是变化的，从始端的 300mm 逐步增加为 850mm，管底保持水平，顶部倾斜，回风口与风管底部取齐。当回风进入空气处理室时，回风分两部分循环使用：一部分与室外新风混合在处理室内进行处理；另一部分通过跨越连通管与处理室后部喷水后的空气混合，然后再送入室内。设置跨越连通管可便于依回风质量和新风质量调节送风参数。

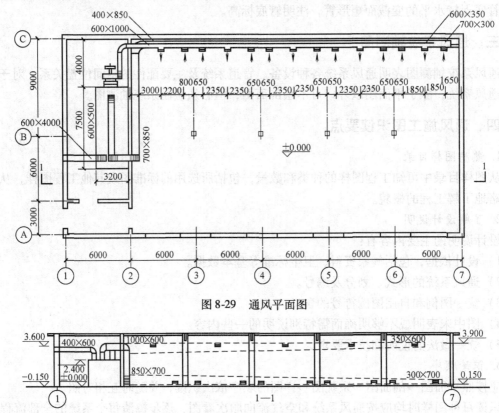

图 8-29 通风平面图

图 8-30 1—1 剖面图

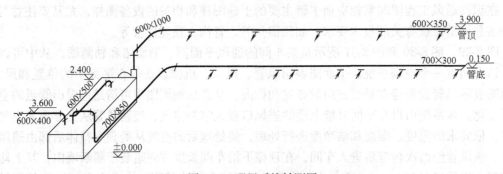

图 8-31 通风系统轴测图

◇◇◇ 复习思考题

1. 供暖系统由哪几个部分组成?

2. 集中供暖系统按照热媒的不同分为哪几类?

3. 机械循环热水供暖系统按照供水干管的位置和立管与散热器的连接形式不同可分为哪几种?

4. 通风工程与空气调节有什么联系?

5. 空气调节按照功能的不同分为哪几类? 按照空气处理设备设置情况的不同分为哪几类?

6. 暖通空调专业制图中的实线和虚线有哪几种? 各自的应用范围是什么?

7. 简述常用水、汽管道的代号。

8. 暖通工程施工图应按怎样的顺序排列?

9. 室外供暖平面图有哪些主要内容?

10. 简述采暖平面图的主要内容和识读要点。

11. 简述采暖系统图的主要内容和识读要点。

第九章

建筑电气施工图

> **培训学习目标** 了解建筑电气系统及建筑电气施工图的组成，熟悉建筑电气的图形符号，掌握建筑电气施工图的图示内容和图示特点，能正确识读一般建筑电气施工图。

◆◆◆ 第一节 建筑电气施工图概述

在现代建筑中，建筑电气的种类越来越多，除了用于照明的各种灯具以及各种形式的家用电器设备外，各类电子设备系统（也称为弱电系统）如电信、有线电视、自动监控等已成为现代建筑中不可缺少的组成部分。室内照明与家用电器可以作为一个系统，而自动监控、电话、有线电视、宽带等则需要独立的系统。工业建筑以及某些民用建筑中还配有各类动力供电系统。表达这些电气和电子设备的布置和安装的施工图称为建筑电气施工图。

一、建筑电气制图专业术语

（1）简图 是通过图形符号表示项目及项目之间的关系的图示形式。

（2）系统图 概略地表达一个项目的全面特性的简图，又称概略图。

（3）电路图 表达项目的电路组成及物理连接信息的简图。

（4）接线图（表） 表达项目的组件或单元之间的物理连接信息的简图（表）。

（5）电气平面图 采用图形和文字符号将电气设备及电气设备之间电气通路的连接线缆、路由、敷设方式等信息绘制在一个以建筑平面图为基础的图内，并表达其相对或绝对位置信息的图样。

（6）电气详图 用1∶20~1∶50的比例绘制出的详细电气平面图或局部电气平面图。

（7）电气大样图 用1∶20~10∶1的比例绘制出的电气设备或电气设备及其连接线缆等与周边建筑、构配件联系的详细图样，清楚地表达细部的形状、尺寸、材料及做法。

（8）电气总平面图 采用图形和文字符号将电气设备及电气设备之间电气通路的连接线缆、路由、敷设方式、电力电缆井、人（手）孔等信息绘制在一个以总平面图为基础的图内，并表达其相对或绝对位置信息的图样。

（9）参照代号 作为系统组成部分的特定项目，按该系统的一方面或多方面相对于系统的标识符。

当电气设备的图形符号在图样中不能清晰地表达其信息时，应在其图形符号附近标注参照代号。参照代号采用字母代码标注时，宜由前缀符号、字母代码、数字组成，在不会引起混淆时，前缀符号可以省略。

参照代号的字母代码见第二节相关表格。参照代号可以表示项目的数量、安装位置、方案等信息，其具体编制规则应在设计文件里加以说明。

二、建筑电气施工图的组成及内容

建筑电气施工图的组成主要包括：图纸目录、设计说明、图形符号表、系统图、平面图和安装大样图（详图）等。

1. 图纸目录

图纸目录的内容是：图纸的组成、名称、张数、图号顺序等，编制图纸目录的目的是便于查找。

2. 设计说明

设计说明主要阐明单项工程的概况、设计依据、设计标准以及施工要求等，主要是补充说明图面上不能利用线条、符号表示的工程特点、施工方法、线路、材料及其他需注意的事项。

3. 图形符号表

主要设备及器具在表中用图形符号表示，并标注其序号名称、参照代号备注等。

4. 平面图

平面图是表示建筑物内各种电气设备、器具的平面位置及线路走向的图样。平面图包括总平面图、照明平面图、动力平面图、防雷平面图、接地平面图、智能建筑平面图（如电话、电视、火灾报警、综合布线平面图）等。

5. 系统图

系统图是表明供电分配回路的分布和相互联系的示意图。具体反映配电系统和容量分配情况、配电装置、导线型号、导线截面、敷设方式及穿管管径，控制及保护电器的规格型号等。系统图分为照明系统图、动力系统图、智能建筑系统图等。

6. 详图

详图是用来详细表示设备安装方法的图样，详图多采用全国通用电气装置标准图集。

三、建筑电气施工图的编排顺序

1）总体顺序为：图纸目录、主要设备表、图形符号表、使用标准图目录、设计说明、设计图样。

2）设计图样的顺序为：系统图、电路图、接线图（表）、平面图、剖面图、详图、大样图、通用图。电气系统图按强电系统、弱电系统、防雷、接地的顺序排列。电气平面图按先地下各层，然后地上由低到高逐层排列。

3）建筑电气专业的总图的排列顺序为：图纸目录、主要设备表、图形符号表、设计说明、系统图、电气总平面图、路由剖面图、电力电缆井和人（手）孔剖面图、详图、大样图、通用图。

◇◇◇◇ 第二节　建筑电气施工图的图示特点及相关规定

一、图线

建筑电气施工图中的各种线型应按照《建筑电气制图标准》（GB/T 50786—2012）中的统一规定绘制。其基本线宽宜为 0.5mm、0.7mm、1.0mm，各种图线、线型、线宽及一般用途见表 9-1。

表 9-1　建筑电气施工图中的线型

图线名称		线　型	线　宽	一般用途
实线	粗	————————	b	本专业设备之间电气通路连接线、本专业设备可见轮廓线、图形符号轮廓线
	中粗	————————	$0.7b$	
			$0.7b$	本专业设备可见轮廓线、图形符号轮廓线、方框线、建筑物可见轮廓线
	中	————————	$0.5b$	
	细	————————	$0.25b$	非本专业设备可见轮廓线、建筑物可见轮廓线；尺寸、标高、角度等标注线及引出线
虚线	粗	- - - - - - -	b	本专业设备之间电气通路不可见连接线；线路改造中原有线路
	中粗	- - - - - - -	$0.7b$	
			$0.7b$	本专业设备不可见轮廓线、地下电缆沟、排管区、隧道、屏蔽线、连锁线
	中	- - - - - - -	$0.5b$	
	细	- - - - - - -	$0.25b$	非本专业设备不可见轮廓线及地下管沟、建筑物不可见轮廓线等
波浪线	粗	∿∿∿∿∿	b	本专业软管、软护套保护的电气通路连接线、蛇形敷设线缆
	中粗	∿∿∿∿∿	$0.7b$	
单点长画线		—·—·—·—	$0.25b$	定位轴线、中心线、对称线；结构、功能、单元相同围框线
双点长画线		—··—··—	$0.25b$	辅助围框线、假想或工艺设备轮廓线
折断线		—／\—	$0.25b$	断开界线

二、安装标高

在建筑电气施工图中，线路和电气设备的安装高度需要标注标高，通常采用与建筑施工图相统一的相对标高，或者相对本层地面的相对标高。例如某建筑电气施工图中标注的总电源进线安装高度为 5.0m，是指相对建筑基准标高 ±0.000 的高度；某插座安装高度 1.8m，是指相对于本层楼地面的高度，一般表示为 $nF+1.8m$。

安装高度统一标注不会引起混淆时，可在电气平面图、系统图、主要设备表或图形符号表的任意一处标注。

三、标注方式

在室内电气照明施工图中，设备、元件和线路除采用图形符号绘制外，还必须在图形符号旁加文字标注，用以说明其功能和特点，如型号、规格、数量、安装方式、安装位置等。

1. 电气设备的标注

1）用电设备用图形符号表示，应在其符号附件标注额定功率和参照代号。标注方式为：$\frac{a}{b}$。其中：

a——参照代号；

b——额定功率（容量）（kW 或 kV·A）。

2）电气箱（柜、屏），应在其符号附近标注参照代号，并宜标注设备的安装容量。

平面图中的标注方式为：—a

系统图中的标注方式为：—a + b/c

其中：a——参照代号；

b——位置信息；

c——型号。

3）照明、安全、控制变压器的标注方式为：a b/c d

其中：a——参照代号；

b/c——一次电压/二次电压；

d——额定容量。

2. 照明灯具的标注

照明灯具的图形符号附近宜标注灯具数量、光源数量、光源安装容量、安装高度、安装方式等信息。

照明灯具的标注方式为：$a - b\dfrac{c \times d \times L}{e}f$

其中：a——灯具数量；

b——灯具的型号或编号；

c——每盏照明灯具的灯泡数（光源数量）；

d——每个灯泡的容量（W）；

e——安装高度（m）；

f——灯具的安装方式，见表9-2；

L——光源种类，见表9-6注5，常省略不标。

表9-2　灯具安装方式标注的文字符号

名　称	文字符号	名　称	文字符号	名　称	文字符号
线吊式	SW	吸顶式	C	支架上安装	S
链吊式	CS	嵌入式	R	柱上安装	CL
管吊式	DS	吊顶内安装	CR	座装	HM
壁装式	W	墙壁内安装	WR		

例如：$10 - YG_2 - 2 \dfrac{2 \times 40 \times FL}{2.5} cs$，表示 10 盏型号为 $YG_2 - 2$ 型号的荧光灯，每盏灯有 2 个 40W 灯管，安装高度为 2.5m，链吊安装。

3. 电气线路的标注

（1）电气线路的标注内容　电气线路应标注回路编号或参照代号、线缆型号及规格、根数、敷设方式及敷设部位等信息。

对弱电线路，宜在线路上标注本系统的文字符号，其文字符号标于线路符号的上方或中间。光缆的一般符号如图 9-1 所示。不同用途的线路，其文字符号见表 9-3。

图 9-1　光缆一般符号

表 9-3　电气线路标注的文字符号

敷设方式	文字符号	敷设方式	文字符号
信号线路	S	有线电视线路	TV
控制线路	C	广播线路	BC
应急照明线路	EL	视频线路	V
保护接地线	PE	综合布线系统线路	GCS
接地线	E	消防电话线路	F
接闪线、接闪带、接闪网	LP	50V 以下电源线路	D
电话线路	TP	直流电源线路	DC
数据线路	TD		

线路敷设方式的文字符号见表 9-4。

表 9-4　线路敷设方式标注的文字符号

敷设方式	文字符号	敷设方式	文字符号
穿低压流体输送用焊接钢管（钢导管）敷设	SC	电缆梯架敷设	CL
穿普通碳素钢电线套管敷设	MT	金属槽盒敷设	MR
穿可挠金属电线保护套管敷设	CP	塑料槽盒敷设	PR
穿硬塑料导管敷设	PC	钢索敷设	M
穿阻燃半硬塑料导管敷设	FPC	直埋敷设	DB
穿塑料波纹电线管敷设	KPC	电缆沟敷设	TC
电缆托盘敷设	CT	电缆排管敷设	CE

线路敷设部位的文字符号见表 9-5。

表9-5 线路敷设部位标注的文字符号

敷 设 方 式	文 字 符 号	敷 设 方 式	文 字 符 号
沿或跨梁（屋架）敷设	AB	暗敷设在顶板内	CC
沿或跨柱敷设	AC	暗敷设在梁内	BC
沿吊顶或顶板面敷设	CE	暗敷设在柱内	CLC
吊顶内敷设	SCE	暗敷设在墙内	WC
沿墙面敷设	WS	暗敷设在地板或地面下	FC
沿屋面敷设	RS		

对封闭母线、电缆梯架、托盘和槽盒宜标注其规格和安装高度。

（2）电气线路的标注方式

1）光缆的标注方式为：a/b/c

其中：a——型号；

b——光纤芯数；

c——长度。

2）线缆的标注方式为：$ab—c(d \times e + f \times g)$

$$i—jh$$

其中：a——参照代号；

b——型号；

c——电缆根数；

d——相导体根数；

e——相导体截面积（mm^2）；

f——N、PE导体根数；

g——N、PE导体截面积（mm^2）；

i——敷设方式和管径（mm）；

j——敷设部位；

h——安装高度（m）。

3）电话线缆的标注方式为：$a—b(c \times 2 \times d)e—f$

其中：a——参照代号；

b——型号；

c——导体对数；

d——导体直径（mm）；

e——敷设方式和管径（mm）；

f——敷设部位。

4）电缆梯架、托盘和槽盒的标注方式为：$\dfrac{a \times b}{c}$

其中：a——宽度（mm）；

b——高度（mm）；

c——安装高度（m）。

四、图形符号和文字符号

在建筑电气施工图中，各种电气设备、元件和线路都是用统一的图形符号和文字符号表示的。应尽量按照国家标准规定的符号绘制，如（GB/T 4728.1～5—4728.2005、GB/T 4728.6～4728.13—2008）等，一般不允许随意进行修改，否则会造成混乱，影响图样的通用性。对于标准中没有的符号可以在标准的基础上派生出新的符号，但要在图中明确加注说明。图形符号的大小一般不影响符号的含义，根据图面布置的需要也允许将符号按 90° 的倍数旋转或成镜像放置，但文字和指向不能倒置。

1）强电图样的常用图形符号见表 9-6。

表 9-6 强电图样的常用图形符号

序号	常用图形符号		说　明	序号	常用图形符号		说　明
	形式 1	形式 2			形式 1	形式 2	
1		3	导线组（示出导线数，如示出三根导线）	16			双向三极闸流晶体管
2			软连接	17			PNP 晶体管
3			端子	18			电机，一般符号，见注 2
4			端子板				
5			T 型连接	19			三相笼型异步电动机
6			导线的双 T 连接				
7			跨接连接（跨越连接）	20			单相笼型异步电动机，有绕组分相引出端子
8			阴接触件（连接器的）、插座	21			三相绕线转子异步电动机
9			阳接触件（连接器的）、插头				
10			定向连接	22			双绕组变压器，一般符号（形式 2 可表示瞬时电压的极性）
11			进入线束的点（本符号不适用于表示电气连接）				
12			电阻器，一般符号	23			绕组间有屏蔽的双绕组变压器
13			电容器，一般符号				
14			半导体二极管，一般符号	24			一个绕组上有中间抽头的变压器
15			发光二极管（LED），一般符号				

（续）

序号	常用图形符号		说　明	序号	常用图形符号		说　明
	形式1	形式2			形式1	形式2	
25			星形—三角形联结的三相变压器	36			电压互感器
26			具有4个抽头的星形—星形联结的三相变压器	37			电流互感器，一般符号
27			单相变压器组成的三相变压器，星形—三角形联结	38			具有两个铁心，每个铁心有一个次级绕组的电流互感器，见注3，其中形式2中的铁心符号可以略去
28			具有分接开关的三相变压器、星形—三角形联结	39			在一个铁心上具有两个次级绕组的电流互感器，形式2中的铁心符号必须画出
29			三相变压器，星形—星形—三角形联结	40			具有三条穿线一次导体的脉冲变压器或电流互感器
30			自耦变压器，一般符号	41			三个电流互感器（四个次级引线引出）
31			单相自耦变压器	42			具有两个铁心，每个铁心有一个次级绕组的三个电流互感器，见注3
32			三相自耦变压器，星形联结	43			两个电流互感器，导线L1和导线L3；三个次级引线引出
33			可调压的单相自耦变压器	44			具有两个铁心，每个铁心有一个次级绕组的两个电流互感器，见注3
34			三相感应调压器				
35			电抗器，一般符号				

（续）

序号	常用图形符号 形式 1	常用图形符号 形式 2	说　明	序号	常用图形符号 形式 1	常用图形符号 形式 2	说　明
45	○		物件，一般符号	62			先合后断的双向转换触点
46	□			63			延时闭合的动合触点（当带该触点的器件被吸合时，此触点延时闭合）
47	▭ 注4						
48	 ~∕—ū—		有稳定输出电压的变换器				
49	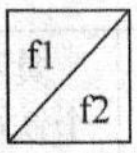 f1∕f2		频率由 f1 变到 f2 的变频器（f1 和 f2 可用输入和输出频率的具体数值代替）	64			延时断开的动合触点（当带该触点的器件被释放时，此触点延时断开）
50	▱		直流/直流变换器	65			延时断开的动断触点（当带该触点的器件被吸合时，此触点延时断开）
51	▱		整流器				
52	▱		逆变器	66	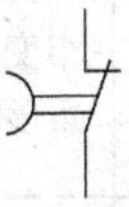		延时闭合的动断触点（当带该触点的器件被释放时，此触点延时闭合）
53	▱		整流器/逆变器	67	E—\		自动复位的手动按钮开关
54	⊣⊢		原电池，长线代表阳极，短线代表阴极	68	F—\		无自动复位的手动旋转开关
55	G		静止电能发生器，一般符号				
56	G		光电发生器	69	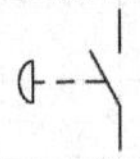		具有动合触点且自动复位的蘑菇头式的应急按钮开关
57	I⊗		剩余电流监视器	70	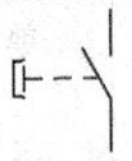		带有防止无意操作的手动控制的具有动合触点的按钮开关
58			动合（常开）触点，一般符号；开关，一般符号	71			热继电器，动断触点
59			动断（常闭）触点	72	○—		液位控制开关，动合触点
				73	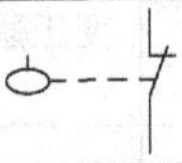 ○—		液位控制开关，动断触点
60			先断后合的转换触点	74	1 2 3 4		带位置图示的多位开关，最多四位
61			中间断开的转换触点	75			接触器；接触器的主动合触点（在非操作位置上触点断开）

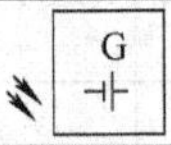

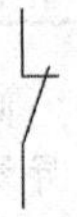

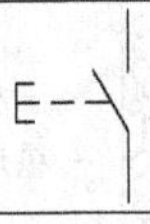

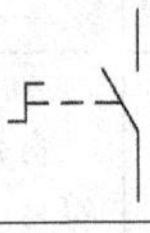

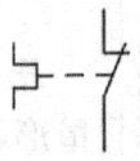

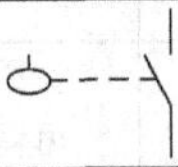

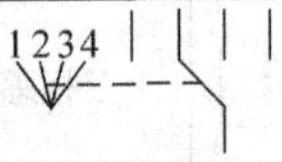

（续）

序号	常用图形符号		说　明	序号	常用图形符号		说　明
	形式1	形式2			形式1	形式2	
76			接触器；接触器的主动断触点（在非操作位置上触点闭合）	92			避雷器
77			隔离器	93			多功能电器，控制与保护开关电器（CPS）（该多功能开关器件可通过使用相关功能符号表示可逆功能、断路器功能、隔离功能、接触器功能和自动脱扣功能。当使用该符号时，可省略不采用的功能符号要素）
78			隔离开关				
79			带自动释放功能的隔离开关（具有由内装的测量继电器或脱扣器触发的自动释放功能）				
80			断路器，一般符号	94			电压表
81			带隔离功能断路器	95			电度表（瓦时计）
82			剩余电流动作断路器	96			复费率电度表（示出二费率）
83			带隔离功能的剩余电流动作断路器				
84			继电器线圈，一般符号；驱动器件，一般符号	97			信号灯，一般符号，见注5
85			缓慢释放继电器线圈	98			音响信号装置，一般符号（电喇叭、电铃、单击电铃、电动汽笛）
86			缓慢吸合继电器线圈	99			蜂鸣器
87			热继电器的驱动器件	100			发电站，规划的
88			熔断器，一般符号	101			发电站，运行的
89			熔断器式隔离器	102			热电联产发电站，规划的
90			熔断器式隔离开关	103			热电联产发电站，运行的
91			火花间隙	104			变电站、配电所，规划的（可在符号内加上任何有关变电站详细类型的说明）

（续）

序号	常用图形符号		说　明	序号	常用图形符号		说　明
	形式1	形式2			形式1	形式2	
105			变电站、配电所，运行的	126			电源插座、插孔，一般符号（用于不带保护极的电源插座），见注6
106			接闪杆				
107			架空线路	127			多个电源插座（符号表示三个插座）
108			电力电缆井/人孔				
109			手孔	128			带保护极的电源插座
110			电缆梯架、托盘和槽盒线路	129			单相二、三极电源插座
111			电缆沟线路	130			带保护极和单极开关的电源插座
112			中性线	131			带隔离变压器的电源插座（剃须插座）
113			保护线	132			开关，一般符号（单联单控开关）
114			保护线和中性线共用线	133			双联单控开关
115			带中性线和保护线的三相线路	134			三联单控开关
116			向上配线或布线	135			n 联单控开关，n > 3
117			向下配线或布线	136			带指示灯的开关（带指示灯的单联单控开关）
118			垂直通过配线或布线				
119			由下引来配线或布线	137			带指示灯双联单控开关
120			由上引来配线或布线	138			带指示灯的三联单控开关
121			连接盒；接线盒	139			带指示灯的n联单控开关，n > 3
122		MS	电动机启动器，一般符号	140			单极限时开关
123		SDS	星-三角启动器	141			单极声光控开关
				142			双控单极开关
124		SAT	带自耦变压器的启动器	143			单极拉线开关
				144			风机盘管三速开关
125		ST	带可控硅整流器的调节-启动器	145			按钮

（续）

序号	常用图形符号		说　明	序号	常用图形符号		说　明
	形式1	形式2			形式1	形式2	
146	⊗		带指示灯的按钮	156			二管荧光灯
147	◎		防止无意操作的按钮（例如借助于打碎玻璃罩进行保护）				
148	⊗		灯，一般符号，见注7	157			三管荧光灯
149	E		应急疏散指示标志灯	158	n		多管荧光灯，n＞3
150	→		应急疏散指示标志灯（向右）	159			单管格栅灯
151	←		应急疏散指示标志灯（向左）	160			双管格栅灯
152	→→		应急疏散指示标志灯（向左、向右）	161			三管格栅灯
153	✕		专用电路上的应急照明灯	162	⊗		投光灯，一般符号
154	◙		自带电源的应急照明灯	163	⊗⊏		聚光灯
155	├───┤		荧光灯，一般符号（单管荧光灯）	164	⬡		风扇；风机

注：1. 当电气元器件需要说明类型和敷设方式时，宜在符号旁标注下列字母：FX-防爆；EN-密闭；C—暗装。

2. 当电机需要区分不同类型时，符号"★"可采用下列字母表示：G-发电机；GP-永磁发电机；GS-同步发电机；M-电动机；MG-能作为发电机或电动机使用的电机；MS-同步电动机；MGS-同步发电机-电动机等。

3. 符号中加上端子符号（○）表明是一个器件，如果使用了端子代号，则端子符号可以省略。

4. □可作为电气箱（柜、屏）的图形符号，当需要区分其类型时，宜在□内标注下列字母：LB-照明配电箱；ELB-应急照明配电箱；PB-动力配电箱；EPB-应急动力配电箱；WB-电度表箱；SB-信号箱；TB-电源切换箱；CB-控制箱、操作箱。

5. 当信号灯需要指示颜色，宜在符号旁标注下列字母：YE-黄；RD-红；GN-绿；BU-蓝；WH-白。如果需要指示光源种类，宜在符号旁标注下列字母：Na-钠气；Xe-氙；Ne-氖；IN-白炽灯；Hg-汞；I-碘；EL-电致发光的；ARC-弧光；IR-红外线的；FL-荧光的；UV-紫外线的；LED-发光二极管。

6. 当电源插座需要区分不同类型时，宜在符号旁标注下列字母：IP-单相；3P-三相；IC-单相暗敷；3C-三相暗敷；1EX-单相防爆；3EX-三相防爆；1EN-单相密闭；3EN-三相密闭。

7. 当灯具需要区分不同类型时，宜在符号旁标注下列字母：ST-备用照明；SA-安全照明；LL-局部照明灯；W-壁灯；C-吸顶灯；R-筒灯；EN-密闭灯；G-圆球灯；EX-防爆灯；E-应急灯；L-花灯；P-吊灯；BM-浴霸。

2）通信及综合布线系统图样的常用图形符号见表9-7。

表 9-7　通信及综合布线系统图样的常用图形符号

序号	名称	常用图形符号	序号	名称	常用图形符号
1	总配线架（柜）	MDF	10	交换机	SW
2	光纤配线架（柜）	ODF	11	集合点	CP
3	中间配线架（柜）	IDF	12	光纤连接盘	LIU
4	建筑物配线架（柜）（有跨接线连接）	BD　BD	13	电话插座	TP　TP
5	楼层配线架（柜）（有跨接线连接）	FD　FD	14	数据插座	TD　TD
6	建筑群配线架（柜）	CD	15	信息插座	TO　TO
7	建筑物配线架（柜）	BD	16	n孔信息插座	nTO　nTO
8	楼层配线架（柜）	FD	17	多用户信息插座	MUTO
9	集线器	HUB			

3）火灾自动报警系统图样的常用图形符号见表 9-8。

表 9-8　火灾自动报警系统图样的常用图形符号

序号	名称	常用图形符号	序号	名称	常用图形符号
1	火灾报警控制器	★（见注1）	10	复合式感温感烟火灾探测器（点型）	
2	感温火灾探测器（点型）		11	光束感烟感温火灾探测器（线型、接受部分）	
3	感温火灾探测器（点型、防爆型）	EX	12	消火栓启泵按钮	
4	感烟火灾探测器（点型）		13	火警电话插孔（对讲电话插孔）	
5	感烟火灾探测器（点型、防爆型）	EX	14	火警电铃	
6	红外感光火灾探测器（点型）		15	控制和指示设备	★（见注2）
7	可燃气体探测器（点型）		16	感温火灾探测器（点型、非地址码型）	N
8	复合式感光感温火灾探测器（点型）		17	感温火灾探测器（线型）	
9	光束感烟火灾探测器（线型、发射部分）		18	感烟火灾探测器（点型、非地址码型）	N

（续）

序　号	名　称	常用图形符号	序　号	名　称	常用图形符号
19	感光火灾探测器（点型）	⟨∧⟩	29	火灾光警报器	⟨⟩
20	紫外感光火灾探测器（点型）	⟨⋀⟩	30	火灾应急广播扬声器	⟨⟩
21	复合式感光感烟火灾探测器（点型）	⟨∧S⟩	31	压力开关	⟨P⟩
22	线型差定温火灾探测器	⟨⟩	32	280℃动作的常开排烟阀	⟨⟩280℃
23	光束感烟火灾探测器（线型、接受部分）	⟨⟩	33	加压送风口	⟨φ⟩
24	光束感烟感温火灾探测器（线型、发射部分）	⟨⟩	34	火灾声光警报器	⟨⟩
25	手动火灾报警按钮	⟨Y⟩	35	水流指示器	⟨⟩　Ⓛ
26	火警电话	⟨⟩	36	70℃动作的常开防火阀	⟨⟩70℃
27	带火警电话插孔的手动报警按钮	⟨Y⟩	37	280℃动作的常闭排烟阀	⟨φ⟩280℃
28	火灾发声警报器	⟨⟩	38	排烟口	⟨φ⟩SE

注：1. 当火灾报警控制器需要区分不同类型时，符号"★"可采用下列字母表示：C—集中型火灾报警控制器；Z—区域型火灾报警控制器；G—通用火灾报警控制器；S—可燃气体报警控制器。

　　2. 当控制和指示设备需要区分不同类型时，符号"★"可采用下列字母表示：RS—防火卷帘门控制器；RD—防火门磁释放器；I/O—输入/输出模块；I—输入模块；O—输出模块；P—电源模块；T—电信模块；SI—短路隔离器；M—模块箱；SB—安全栅；D—火灾显示盘；FI—楼层显示盘；CRT—火灾计算机图形显示系统；FPA—火灾广播系统；MT—对讲电话主机；BO—总线广播模块；TP—总线电话模块。

4）有线电视及卫星电视接收系统图样的常用图形符号见表9-9。

表9-9　有线电视及卫星电视接收系统图样的常用图形符号

序　号	名　称	常用图形符号	序　号	名　称	常用图形符号
1	天线	⟨⟩	7	调制解调器	⟨⟩　MOD
2	有本地天线引入的前端	⟨⟩	8	分配器（三路分配）	⟨⟩
3	放大器、中继器	⟨▷⟩	9	带馈线的抛物面天线	⟨⟩
4	均衡器	⟨◇⟩			
5	固定衰减器	⟨A⟩	10	无本地天线引入的前端	⟨⟩
6	解调器	⟨⟩　DEM	11	双向分配放大器	⟨▷⟩

（续）

序 号	名 称	常用图形符号	序 号	名 称	常用图形符号
12	可变均衡器		17	分支器（一个信号分支）	
13	可变衰减器		18	分支器（四个信号分支）	
14	调制器	MO	19	电视插座	TV / TV
15	分配器（两路分配）		20	分支器（两个信号分支）	
16	分配器（四路分配）		21	混合器	

5）广播系统图样的常用图形符号见表9-10。

表9-10 广播系统图样的常用图形符号

序 号	名 称	常用图形符号	序 号	名 称	常用图形符号
1	传声器		5	扬声器	（见注1）
2	嵌入式安装扬声器箱		6	扬声器箱、音箱、声柱	
3	号筒式扬声器		7	调谐器、无线电接收机	
4	放大器		8	传声器插座	M

注：1. 当扬声器箱、音箱、声柱需要区分不同的安装形式时，宜在符号旁标注下列字母：C—吸顶式安装；R—嵌入式安装；W—壁挂式安装。
　　2. 当放大器需要区分不同类型时，宜在符号旁标注下列字母：A—扩大机；PRA—前置放大器；AP—功率放大器。

6）安全技术防范系统图样的常用图形符号见表9-11。

表9-11 安全技术防范系统图样的常用图形符号

序 号	名 称	常用图形符号	序 号	名 称	常用图形符号
1	摄像机		9	网络（数字）摄像机	IP
2	彩色转黑白摄像机		10	红外带照明灯摄像机	IR
3	有室外防护罩的摄像机	OH	11	全球摄像机	R
4	红外摄像机	IR	12	彩色监视器	
5	半球形摄像机	H	13	读卡器	
6	监视器		14	保安巡查打卡器	
7	彩色摄像机		15	紧急按钮开关	
8	带云台的摄像机		16	玻璃破碎探测器	B

（续）

序　号	名　称	常用图形符号	序　号	名　称	常用图形符号
17	被动红外入侵探测器	△IR	28	门磁开关	⊔
18	被动红外/微波双技术探测器	◁IRM	29	振动探测器	◇A
19	遮挡式微波探测器	Tx—M—Rx	30	微波入侵探测器	◁M
20	弯曲或振动电缆探测器	□—C—□	31	主动红外探测器	Tx—IR—Rx
21	对讲系统主机		32	埋入线电场扰动探测器	□—L—□
22	可视对讲机		33	激光探测器	□—LD—□
23	指纹识别器		34	对讲电话分机	
24	电锁按键	Ⓔ	35	可视对讲户外机	
25	投影机		36	磁力锁	◇M
26	键盘读卡器	KP	37	电控锁	◇EL
27	紧急脚挑开关	⊘			

7）建筑设备监控系统图样的常用图形符号见表 9-12。

表 9-12　建筑设备监控系统图样的常用图形符号

序　号	名　称	常用图形符号	序　号	名　称	常用图形符号
1	温度传感器	T	9	温度变送器（＊为位号）	TT＊
2	湿度传感器	M　　H	10	位置变送器（＊为位号）	GT＊
3	流量测量元件（＊为位号）	GE＊	11	压差变送器（＊为位号）	PDT＊　　ΔPT＊
4	液位变送器（＊为位号）	LT＊	12	电压变送器（＊为位号）	UT＊
5	压力传感器	P	13	模拟/数字变换器 A/D	A/D
6	压差传感器	PD　　ΔP	14	热能表	HM
7	流量变送器（＊为位号）	GT＊	15	水表	WM
8	压力变送器（＊为位号）	PT＊	16	电磁阀	M⊳◁

（续）

序　号	名　　称	常用图形符号	序　号	名　　称	常用图形符号
17	湿度变送器（*为位号）	(MT *) (HT *)	21	数字/模拟变换器 D/A	D/A
18	速率变送器（*为位号）	(ST *)	22	燃气表	GM
19	电流变送器（*为位号）	(IT *)	23	电动阀	M---▷◁
20	电能变送器（*为位号）	(ET *)			

8）设备端子和导体的标志和标识见表9-13。

表9-13　设备端子和导体的标志和标识

序　号	导　　体		文　字　符　号	
			设备端子标志	导体和导体终端标识
1	交流导体	第1线	U	L1
2		第2线	V	L2
3		第3线	W	L3
4		中性导体	N	N
5	直流导体	正极	+ 或 C	L+
6		负极	− 或 D	L−
7		中间点导体	M	M
8	保护导体		PE	PE
9	PEN 导体		PEN	PEN

文字符号详见《建筑电气制图标准》GB/T 50786—2012 中的相关表格。

1）供配电系统设计文件标注的文字符号见标准中的表 4.2.2。

2）电气设备常用参照代号的字母代码见标准中的表 4.2.4。如 10kV 开关柜—AK、低压配电柜—AN、电力配电箱—AP、照明配电箱—AL 等。

3）常用辅助文字符号见标准中的表 4.2.5。

4）强电设备辅助文字符号见标准中的表 4.2.6。

5）弱电设备辅助文字符号见标准中的表 4.2.7。

◇◇◇　第三节　建筑电气系统的组成

建筑电气系统包括强电和弱电（智能化）两部分。

一、强电系统的组成

强电系统包括电源、变电所（站）、供配电系统、配电线路布置系统、常用设备电气装置、电气照明、电气控制、防雷与接地等。

二、弱电系统的组成

弱电系统包括信息设施系统、信息化应用系统、建筑设备管理系统、公共安全系统等。

1）信息设施系统（ITSI）包括通信接入系统、电话交换系统、信息网络系统、综合布线系统、室内移动通信覆盖系统、有线电视及卫星电视接收系统、广播系统、会议系统、信息导入及发布系统和时钟系统等。

2）信息化应用系统（ITAS）包括工作业务应用系统、物业运输管理系统、公共服务管理系统、公众信息服务系统、智能卡应用系统、信息网络安全管理系统等。

3）建筑设备管理系统（BMS）是对建筑设备监控系统（BAS）和公共安全系统等实施综合管理的系统。

4）公共安全系统（PSS）包括火灾自动报警系统、安全技术防范系统和应急响应系统等。

◇◇◇◇ 第四节 建筑电气施工图识读实例

一、识读顺序及识读要点

1. 识读顺序

先看图纸目录，再看施工说明。先了解图形符号，再按照系统图、平面图的顺序依次识读。

2. 识读要点

1）供电方式和相数：高压还是低压供电，单相还是三相。

2）进户方式：电杆进户、沿墙边埋角钢进户、地下电缆进户。

3）线路分配情况。

4）线路敷设方式：绝缘子布线、管子布线、线槽布线、电缆布线等。

5）照明设备器具的布置：安装高度及平面位置。

6）接地防雷情况：识读的脉络为：进户线→总配电箱→干线→分配电箱→支线→用电设备。

二、导线与参照代号的识读

1. 导线的识读

建筑内部导线多采用绝缘导线，其标注的方法及含义如图 9-2 所示。

BV 表示铜芯塑料绝缘线、BX 表示铜芯橡胶绝缘线、BLV 表示铝芯塑料绝缘线、BVV 表示铜芯塑料绝缘护套线、BLVV 表示铝芯塑料绝缘护套线。

例：BV—2.5 表示截面积为 2.5mm² 的铜芯塑料绝缘线；BVV—4 表示截面积为 4mm² 的铜芯塑料绝缘护套线；ZRBLV—2.5 表示截面积为 2.5mm² 的阻燃铝芯塑料绝缘线；NHBX—10 表示截面积为 10mm² 的耐火铜芯橡胶绝缘线。

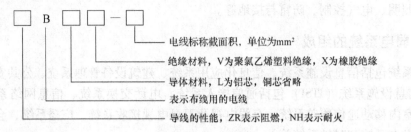

图 9-2　绝缘导线的标注方法及含义

2. 参照代号的识读

根据工程规模的大小，一个项目的参照代号可以有多种不同的标注方法。以照明配电箱为例，如果一个建筑工程的楼层超过 10 层，一个楼层的照明配电箱数量超过 10 个，则可以有以下四种标注方法：

方法 1：AL□□□□

方法 2：AL□□□□（与方法 1 中楼层位置和数量对调）

方法 3：+□□-AL□□

方法 4：-AL□□+□□

方法 1 中，最后两位表示楼层位置的十位数和个位数，如果十位数处是 B 则表示地下层，例如 12 表示 12 层，B2 表示地下 2 层。前两位则表示数量的十位数和个位数。

如果是地下层的，因为有符号 B，位置和数量不会混淆，这样的标注简洁。

为了防止混淆，通常采用方法 3 和方法 4 的标注方法。+ 表示位置信息，- 表示数量信息。例如，+15-AL20 表示 15 层、20 个。

三、设计说明实例

设计说明

一、设计依据

1)《民用建筑电气设计规范》（JGJ 16—2008）。

2)《建筑物防雷设计规范》（GB 50057—2010）。

3)《有线电视系统工程技术规范》（GB 50200—1994）。

4) 其他有关国家及地方的现行规程、规范及标准。

二、设计内容

本工程电气设计项目包括 380V/220V 供配电系统、照明系统、防雷接地系统和电视电话系统。

三、供电系统

1. 供电方式

本工程拟由小区低压配电网引来 380V/220V 三相四线电源，引至住宅首层总配电箱，再分别引至各用电点；接地系统为 TN－C－S 系统，进户处零线须重复接地，设专用 PE 线，接地电阻不大于 4Ω；采用放射式供电方式。

2. 线路敷设

低压配电干线选用铜芯交联聚乙烯绝缘电缆（YJV）穿钢管埋地或沿墙敷设；支干线、

支线选用铜芯塑料绝缘线（BV）穿钢管沿建筑物墙、地面、顶板暗敷设。

四、照明部分

1）本工程按普通住宅设计照明系统。

2）所有荧光灯均配电子镇流器。

3）卫生间插座采用防水防溅型插座。户内低于 1.8m 的插座均采用安全型插座。

4）各照明器具的安装高度详见主要设备材料表。

五、防雷接地系统

1）本工程按民用三类建筑防雷要求设置防雷措施，利用建筑物金属体做防雷及接地装置，在女儿墙上设人工避雷带，利用框架柱内的两根对角主钢筋做防雷引下线，并利用结构基础内钢筋做自然接地体，所有防雷钢筋均焊接连通，屋面上所有金属构件和设备均应就近用 10mm 镀锌圆钢与避雷带焊接连通，接地电阻不大于 4Ω，若实测大于此值应补打接地极直至满足要求；具体做法详见相关图样。

2）本工程设总等电位联结。应将建筑物的 PE 干线、电气装置接地极的接地干线、水管等金属管道、建筑物的金属构件等导体作等电位联结。等电位联结做法按国标图册 02D501－2《等电位联结安装》。

3）所有带洗浴设备的卫生间均作等电位联结，具体做法参见 98ZD501—51、52。

4）过电压保护：在电源总配电柜内装第一级电涌保护器（SPD）。

5）本工程接地形式采用 TN—C—S 系统，电源在进户处做重复接地，并与防雷接地共用接地极。

六、电话、宽带系统

1）电话电缆由室外穿管埋地引入首层的电话组线箱，再引至各个用户点。

2）电话系统的管线、出线盒均为暗设，管线规格型号见系统图。

七、共用天线电视系统

1）电视电缆由室外穿管埋地引入首层的电视前端箱，再分配到各用户分网。

2）电视系统的管线、出线盒均为暗设，管线规格型号见系统图。

八、其他

施工中应与土建密切配合，做好预留、预埋工作，严格按照国家有关规范、标准施工，未尽事宜在图纸会审及施工期间另行解决，变更应经设计单位认可。

四、照明配电系统图实例

照明配电系统图用以表示建筑照明配电系统供电方式、配电回路分布及相互联系的建筑电气工程图，能集中反映照明的配电方式、导线或电缆的型号、规格、数量、敷设方式及穿管管径、规格、型号等。通过照明系统图，可以了解建筑物内部电气照明配电系统的全貌，它也是进行电气安装调试的主要图纸之一。

图 9-3 所示为某住宅楼照明配电系统图。从图中可以看出，引入配电箱的干线为 BV-$4 \times 2.5 + 16$-SC40-WC；干线开关为 DZ216-63/3P-C32A；回路开关为 DZ216-63/1P-C10A 和 DZ216-63/2P-16A-30mA；支线为 BV-2×2.5-SC15-CC 及 BV-3×2.5-SC15-FC。回路编号为 N1～N13；相别为 AN、BN、CN、BNPE 等。配电箱的参数为：设备功率 $P_n = 8.16$kW；需用系数 $K_d = 0.8$；功率因数 $\cos\varphi = 0.8$；计算功率 $P_c = 6.53$kW；计算电流 $I_c = 13.22$A。

AL1 F3	XGM1R–2G.5E.3L 暗装照明配电箱					

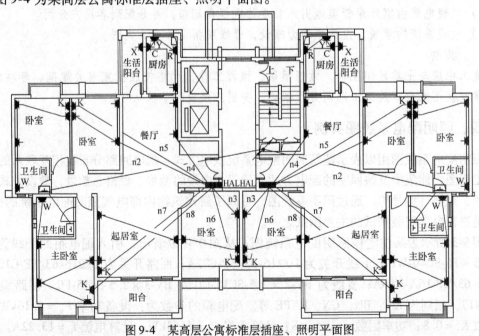

图9-3 某住宅楼照明配电系统图

五、照明平面图实例

照明平面图主要用来表示电源进户装置、照明配电箱、灯具、插座、开关等电气设备的数量、型号规格、安装位置、安装高度，表示照明线路的敷设位置、敷设方式、敷设路径、导线的型号规格等。

图9-4 为某高层公寓标准层插座、照明平面图。

图9-4 某高层公寓标准层插座、照明平面图

图 9-5 为某车间电气照明平面图。车间里设有 6 台照明配电箱，即 AL11 ~ AL16，从每台配电箱引出电源向各自的回路供电。

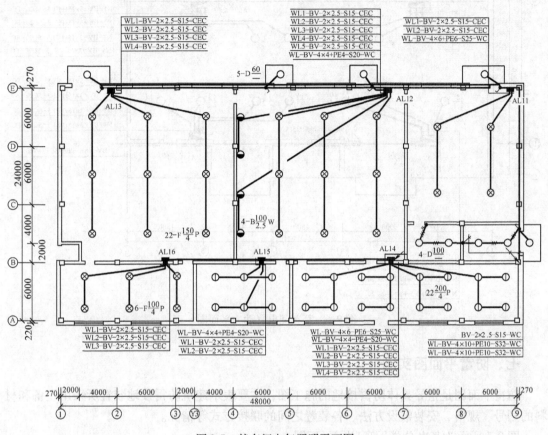

图 9-5　某车间电气照明平面图

AL13 箱引出 WL1 ~ WL4 四个回路，均为 BV-2 × 2.5-S15-CEC，表示两根截面积为 2.5mm² 的铜芯塑料绝缘导线穿入直径为 15mm 的钢管，沿顶棚暗敷设。

灯具的标注格式 "$22\dfrac{200}{4}$P" 表示灯具数量为 22 个，每个灯泡的容量为 200W，安装高度 4m，吊管安装。

六、电气动力平面图实例

图 9-6 所示为某车间电气动力平面图。车间里设有 4 台动力配电箱，即 AL1 ~ AL4。其中 "AL1$\dfrac{XL-20}{4.8}$" 表示配电箱的编号为 AL1，其型号为 XL-20，配电箱的容量为 4.8kW。由 AL1 箱引出三个回路，均为 BV-3 × 1.5 + PE1.5-SC20-FC，表示 3 根相线截面积为 1.5mm²，PE 线截面积为 1.5mm²，均为铜芯塑料绝缘线，穿入直径为 20mm 的焊接钢管，沿地暗敷设。配电箱引出回路给各自的设备供电，如编号为 1 的设备容量为 1.1kW。

259

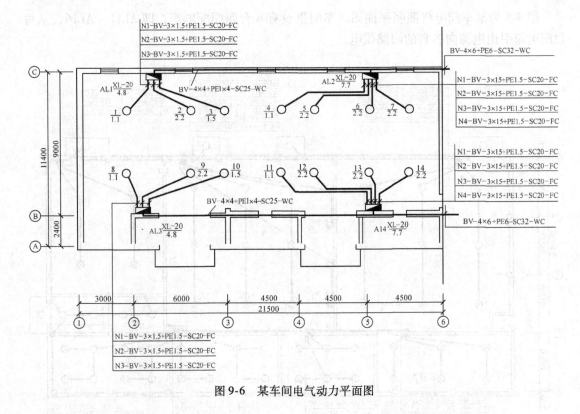

图 9-6 某车间电气动力平面图

七、防雷平面图实例

防雷平面图是指导具体防雷接地的施工图，主要表示建筑防雷接地装置所采用设备和材料的型号、规格、安装敷设方法、各装置之间的联接方式等情况。

图 9-7 所示为某办公楼屋顶防雷平面图。

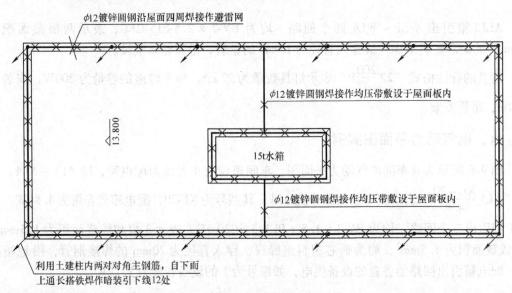

图 9-7 某办公楼屋顶防雷平面图

八、火灾自动报警系统施工图

火灾自动报警系统施工图是现代建筑电气施工图的重要组成部分，包括火灾自动报警系统图和火灾自动报警平面图。这里主要介绍火灾自动报警系统图，如图9-8所示。

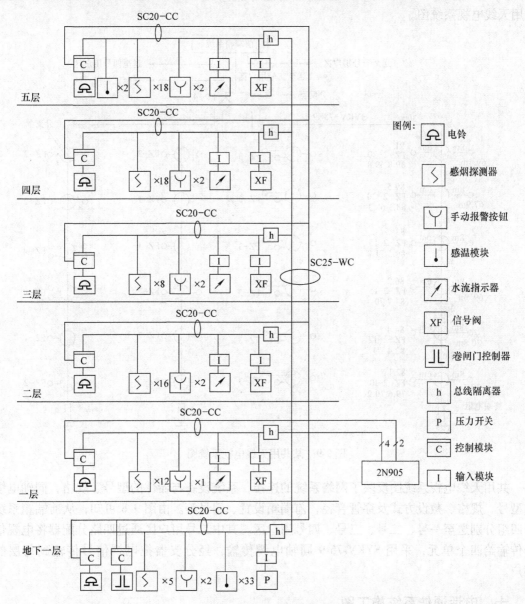

图9-8　火灾自动报警系统图

火灾自动报警系统图反映系统的基本组成、设备和元件之间的相互关系。由图可知，在各层均装有感烟、感温探测器及手动报警按钮、报警电铃、控制模块、输入模块、水流指示器、信号阀等。一层设有的报警控制器为2N905型，控制方式为联动控制。地下室设有防火卷闸门控制器，每层信号线进线均采用总线隔离器。火灾发生时，报警控制器2N905接收到感烟、感温探测器或手动报警按钮的报警信号后，联动部分动作，通过电铃报警并启动消防设备灭火。

九、共用天线电视系统施工图

共用天线电视系统施工图包括共用天线电视系统图和共用天线电视平面图。图9-9为某共用天线电视系统图。

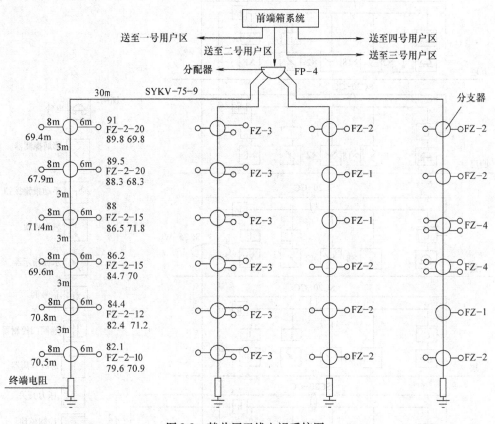

图9-9　某共用天线电视系统图

共用天线电视系统图反映了网络系统的连接，系统设备与器件的型号、规格，同轴电缆的型号、规格、敷设方式及穿管管径，前端箱设置、编号等。由图9-8可知，从前端箱系统分四组分别送至一号、二号、三号、四号用户区。其中二号用户区通过四路分配器将电视信号传输给四个单元，采用SYKV-75-9同轴电缆传输，经分支器把电视信号传输到每层的用户。

十、电话通信系统施工图

电话通信系统施工图包括电话通信系统图和电话通信平面图。图9-10所示为某电话通信系统图。由图可知，电话进户 HYA200×(2×0.5)S70 由市政电话网引来，电话交接箱分三路干线，干线为 HYA50×(2×0.5)S40 等，再由电话支线将信号分别传输到每层的电话分线盒。

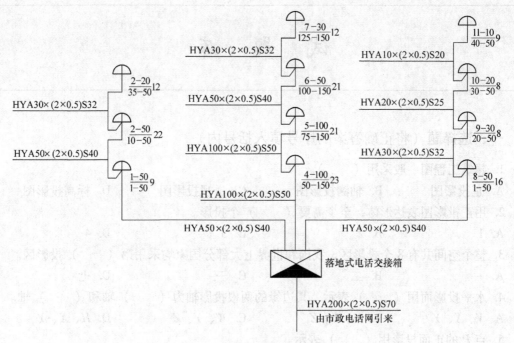

图 9-10 某电话通信系统图

◇◇◇◇ **复习思考题**

1. 什么是系统图? 什么是电路图? 什么是接线图?
2. 参照代号由哪几个部分组成? 各部分的含义是什么?
3. 建筑电气施工图一般由哪些部分组成?
4. 建筑电气施工图的设计说明主要包括哪些内容?
5. 在电气施工图中, 哪些地方需要标注标高?
6. 简述照明灯具的文字标注方式及各部分的含义。
7. 简述建筑强电系统的组成。
8. 简述建筑弱电系统的组成。

试　题　库

一、选择题（将正确答案的序号填入括号内）

1. 建筑工程图一般采用（　　）。
A. 正投影图　　　　B. 轴测投影图　　　　C. 透视投影图　　　　D. 标高投影图

2. 用正投影图表达形体，至少需要（　　）个投影。
A. 1　　　　　　　B. 2　　　　　　　C. 3　　　　　　　D. 4

3. 整个空间共有 8 个投影区，我国和世界上大部分国家均采用第（　　）投影区。
A. 一　　　　　　　B. 二　　　　　　　C. 三　　　　　　　D. 七

4. 水平投影面用（　　）表示，其边缘的两根投影轴为（　　）轴和（　　）轴。
A. V、X、Y　　　B. H、X、Z　　　C. W、Y、Z　　　D. H、X、Y

5. 点 P 的正面投影用（　　）表示。
A. p　　　　　　　B. p'　　　　　　　C. p''　　　　　　　D. P

6. 如果 M 点的坐标为（10，20，30），N 点的坐标为（30，20，10），那么，M 点和 N 点到（　　）的距离相等。
A. V 面和 H 面　　B. V 面和原点 O　　C. H 面和 W 面　　D. H 面和原点 O

7. 水平投影无法反映的坐标是（　　）。
A. X　　　　　　　B. Y　　　　　　　C. Z

8. 侧面投影无法反映的坐标是（　　）。
A. X　　　　　　　B. Y　　　　　　　C. Z

9. 图 1 中，位于 H 面上的点是（　　）。
A. A　　　　　　　B. B　　　　　　　C. C　　　　　　　D. E

10. 图 1 中，位于 V 面上的点是（　　）。
A. A　　　　　　　B. B　　　　　　　C. C　　　　　　　D. E

11. 图 1 中，位于 W 面上的点是（　　）。
A. A　　　　　　　B. B　　　　　　　C. C　　　　　　　D. E

12. 图 1 中，位于 X 轴上的点是（　　）。
A. A　　　　　　　B. G　　　　　　　C. E　　　　　　　D. F

13. 图 1 中，位于 Y 轴上的点是（　　）。
A. A　　　　　　　B. G　　　　　　　C. E　　　　　　　D. F

14. 图 2 中，A 点位于 B 点的（　　）。
A. 左前下方　　　　B. 左后下方　　　　C. 右前下方　　　　D. 右后下方

15. 图 2 中，B 点位于 C 点的（　　）。
A. 左前上方　　　　B. 左后上方　　　　C. 右前上方　　　　D. 右后上方

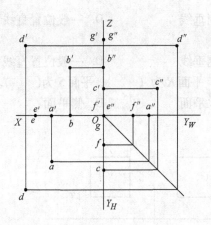

图 1

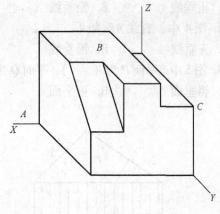

图 2

16. 图2中，C点位于A点的（   ）。

A. 右后上方　　　　B. 右后下方　　　　C. 右前上方　　　　D. 右前下方

17. 图3中，直线AB为（   ）。

A. 水平线　　　　　B. 正平线　　　　　C. 侧平线　　　　　D. 一般位置直线

18. 图3中，直线BC为（   ）。

A. 水平线　　　　　B. 正平线　　　　　C. 侧平线　　　　　D. 一般位置直线

19. 图3中，直线CD为（   ）。

A. 水平线　　　　　B. 正平线　　　　　C. 侧平线　　　　　D. 一般位置直线

20. 图3中，直线AD为（   ）。

A. 水平线　　　　　B. 正平线　　　　　C. 侧平线　　　　　D. 一般位置直线

21. 图4中，直线AB为（   ）。

A. 正垂线　　　　　B. 铅垂线　　　　　C. 侧垂线　　　　　D. 一般位置直线

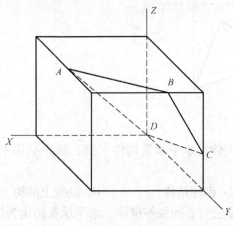

图 3

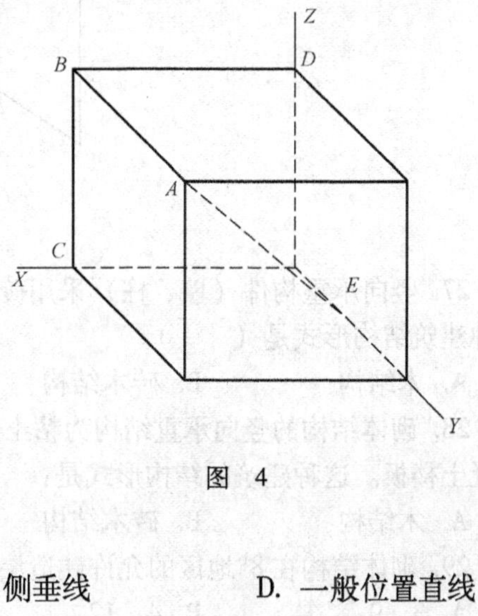

图 4

22. 图4中，直线BC为（   ）。

A. 正垂线　　　　　B. 铅垂线　　　　　C. 侧垂线　　　　　D. 一般位置直线

23. 图4中，直线BD为（   ）。

A. 正垂线　　　　　　B. 铅垂线　　　　　　C. 侧垂线　　　　　　D. 一般位置直线

24. 图4中，直线 AE 为（　　）。

A. 正垂线　　　　　　B. 铅垂线　　　　　　C. 侧垂线　　　　　　D. 一般位置直线

25. 图5中，平面 P 为（　　），平面 Q 为（　　），平面 R 为（　　），平面 S 为（　　）。

A. 铅垂面　　　　　　B. 正平面　　　　　　C. 水平面　　　　　　D. 侧平面

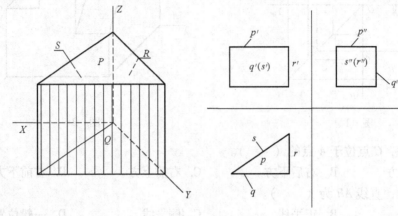

图 5

26. 图6中，平面 ABC 为（　　），平面 BCD 为（　　）。

A. 铅垂面　　　　　　B. 正平面　　　　　　C. 正垂面　　　　　　D. 侧平面

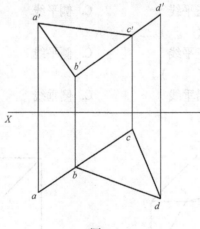

图 6

27. 竖向承重构件（墙、柱）采用砖或其他砌体，水平承重构件（梁、板）采用木材，这种建筑结构形式是（　　）。

A. 木结构　　　　　　B. 砖木结构　　　　　　C. 砌体结构　　　　　　D. 混凝土结构

28. 砌体结构的竖向承重结构为粘土砖或混凝土空心砌块等砌体，水平承重结构为钢筋混凝土楼板。这种建筑的结构形式是：

A. 木结构　　　　　　B. 砖木结构　　　　　　C. 砌体结构　　　　　　D. 混凝土结构

29. 砌体结构在8°地区的允许建造层数为（　　）层，允许建造高度为（　　）m。

A. 3、9　　　　　　B. 4、12　　　　　　C. 5、15　　　　　　D. 6、18

30. 外墙采用砌体承重，内部采用框架结构承重的结构属于（　　　）。

A. 框架结构　　　B. 全框架结构　　　C. 内框架结构　　　D. 底层框架结构

31. 一般性建筑的耐久年限为（　　　）年。

A. ≥100　　　B. 50～100　　　C. 25～50　　　D. <15

32. 混凝土属于（　　　）。

A. 燃烧体　　　B. 难燃烧体　　　C. 非燃烧体

33. 水泥刨花板属于（　　　）。

A. 燃烧体　　　B. 难燃烧体　　　C. 非燃烧体

34. 木材属于（　　　）。

A. 燃烧体　　　B. 难燃烧体　　　C. 非燃烧体

35. 《建筑抗震设计规范》规定，抗震设防烈度为（　　　）度及以上地区的建筑，必须进行抗震设计。

A. 5　　　B. 6　　　C. 7　　　D. 8

36. 基本模数 1M =（　　　）mm。

A. 20　　　B. 50　　　C. 100　　　D. 200

37. 如果楼板长度的标志尺寸为 3300mm，缝隙尺寸为 20mm，那么，楼板长度的构造尺寸为（　　　）mm。

A. 3280　　　B. 3290　　　C. 3300　　　D. 3320

38. 从前向后作投影所得的视图为（　　　）。

A. 正立面图　　　B. 平面图　　　C. 底面图　　　D. 背立面图

39. 从左向右作投影所得的视图为（　　　）。

A. 正立面图　　　B. 左侧立面图　　　C. 右侧立面图　　　D. 背立面图

40. 局部视图的边界线应以波浪线或（　　　）表示。

A. 折断线　　　B. 细实线　　　C. 细单点长画线　　　D. 细虚线

41. 绘制在视图轮廓线中断处的断面图称为（　　　）。

A. 移出断面　　　B. 中断断面　　　C. 重合断面　　　D. 断面

42. 国家标准中的"必须"表示（　　　）。

A. 很严格　　　B. 严格　　　C. 允许稍有选择　　　D. 有选择

43. 国家标准中的"严禁"是（　　　）。

A. 很严格的正面词　　　　　　　　　　B. 严格的正面词

C. 很严格的反面词　　　　　　　　　　D. 严格的反面词

44. 国家标准中的"不应"是（　　　）。

A. 很严格的正面词　　　　　　　　　　B. 严格的正面词

C. 很严格的反面词　　　　　　　　　　D. 严格的反面词

45. A0 图纸幅面尺寸是（　　　）。

A. 841mm×1189mm　　　　　　　　B. 594mm×841mm

C. 420mm×594mm　　　　　　　　　D. 297mm×420mm

46. ① / ② 表示（　　　）。

A. 1 号轴线之前的第 2 根附加轴线　　　　B. 1 号轴线之后的第 2 根附加轴线

C. 2 号轴线之前的第 1 根附加轴线　　　　D. 2 号轴线之后的第 1 根附加轴线

47. 平面图上定位轴线的编号，宜标注在图样的（　　　）。

A. 下方与左侧　　　B. 下方与右侧　　　C. 上方与下方　　　D. 左侧与右侧

48. 组合较复杂的平面图中定位轴线也可采用分区编号，编号的注写形式应为"（　　　）"。

A. 分区号—该分区编号　　　　　　　　　B. 该分区编号—分区号

C. 分区号/该分区编号　　　　　　　　　D. 该分区编号/分区号

49. 圆形平面图中径向定位轴线的编号，宜用阿拉伯数字表示，从（　　　）开始，按逆时针顺序编写。

A. 左下角　　　B. 左上角　　　C. 右下角　　　D. 右上角

50. 两个相邻的涂黑图例间，应留有空隙，其宽度不得小于（　　）mm。

A. 0.2　　　B. 0.5　　　C. 0.7　　　D. 1.2

51. "$\phi100$" 表示（　　　）尺寸。

A. 圆半径　　　B. 圆直径　　　C. 球半径　　　D. 球直径

52. "SR100" 表示（　　　）尺寸。

A. 圆半径　　　B. 圆直径　　　C. 球半径　　　D. 球直径

53. 在薄板板面标注板厚尺寸时，应在厚度数字前加厚度符号"（　　　）"。

A. t　　　B. δ　　　C. h　　　D. b

54. 填写表1。

A. 粗实线　　　B. 中实线　　　C. 细实线　　　D. 粗虚线

表1　结构施工图图线

序　号	1	2	3	4
图示内容	主钢筋线	不可见的钢筋	可见的墙身轮廓线	标注引出线
线型				
序号	5	6	7	8
图示内容	剖切线	剖到墙身轮廓线	索引符号	箍筋线
线型				

55. 在结构平面图中配置双层钢筋时，底层钢筋的弯钩应（　　　）或（　　　），顶层钢筋的弯钩应（　　　）或（　　　）。

A. 向上　　　B. 向下　　　C. 向左　　　D. 向右

56. 钢筋混凝土配双层钢筋时，在钢筋立面图中，远面钢筋的弯钩应（　　　）或（　　　），近面钢筋的弯钩应（　　　）或（　　　）。

A. 向上　　　B. 向下　　　C. 向左　　　D. 向右

57. "6YKB3606—4" 中，"4" 表示（　　　）。

A. 板的数量　　　B. 板的长度　　　C. 板的宽度　　　D. 荷载等级

58. Ⅰ级钢筋 HPB300 的符号是（　　　）。

A. φ　　　B. Φ　　　C. Φ　　　D. ΦR

59. Ⅲ级钢筋 HRB400 的符号是（　　　）。

A. φ   B. ⌽   C. ⌽   D. ⌽^{R}

60. 钢绞线的符号是（　　）。

A. φ^S B. φ^P C. φ^I D. φ^{HT}

61. 热处理钢筋的符号是（　　）。

A. φ^S B. φ^P C. φ^I D. φ^{HT}

62. 箍筋端部的弯钩一般为（　　）。

A. 45   B. 90   C. 135   D. 180

63. 水煤气输送钢管以（　　）表示。

A. 公称直径 DN B. 外径 $D×$壁厚   C. 内径 d D. 产品标准的方法

64. 无缝钢管、铜管、不锈钢管以（　　）表示。

A. 公称直径 DN B. 外径 $D×$壁厚   C. 内径 d D. 产品标准的方法

65. 钢筋混凝土（或混凝土）管、陶土管以（　　）表示。

A. 公称直径 DN B. 外径 $D×$壁厚   C. 内径 d D. 产品标准的方法

66. ▬ 表示（　　）。

A. 控制屏、控制台   B. 电力配电箱（板）

C. 照明配电箱（板）   D. 事故照明配电箱（板）

67. ● 表示（　　）。

A. 明装单极开关   B. 暗装单极开关   C. 暗装双控开关   D. 暗装双极开关

68. ╱ 表示（　　）。

A. 明装单极开关   B. 暗装单极开关   C. 暗装双控开关   D. 暗装双极开关

69. ╱ 表示（　　）。

A. 明装单极开关   B. 暗装单极开关   C. 暗装双控开关   D. 暗装双极开关

70. ◗ 表示（　　）。

A. 明装单相插座   B. 暗装单相插座

C. 带接地孔明装单相插座   D. 带接地孔暗装单相插座

71. ⌓ 表示（　　）。

A. 明装单相插座   B. 暗装单相插座

C. 带接地孔明装单相插座   D. 带接地孔暗装单相插座

二、填空题（将正确答案填在横线上）

1. 投影的三要素是_____。

2. 投影分为中心投影和_____两大类。

3. 为了将三个投影面展开到同一张图上，应保持_____面不动，将_____面绕_____轴向下旋转_____，将_____面绕_____轴向后旋转_____。

4. 与 H 面平行的直线叫_____，与 V 面平行的直线叫_____，与 W 面平行的直线叫_____。

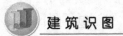

5. 与 H 面垂直的直线叫_____，与 V 面垂直的直线叫_____，与 W 面垂直的直线叫_____。

6. 水平线的水平投影反映直线的实长，同时也反映出直线对_____面和_____面的倾角。

7. 正平线的正面投影反映直线的实长，同时也反映出直线对_____面和_____面的倾角。

8. 侧平线的_____投影反映直线的实长，同时也反映出直线对_____面和_____面的倾角。

9. 如果一条直线的水平投影为一个点，则该直线为_____。

10. 正垂线的_____投影为一个点，其余两面投影分别平行于_____轴和_____轴。

11. 侧垂线的_____投影为一个点，其余两面投影分别平行于_____轴和_____轴。

12. 用几何元素表示平面共有_____种方法，分别是_____

_____

_____。

13. 平行于 H 面的平面称为_____，平行于 V 面的平面称为_____，平行于 W 面的平面称为_____。

14. 垂直于 H 面的平面称为_____，垂直于 V 面的平面称为_____，垂直于 W 面的平面称为_____。

15. 图 7a ~ h 所示为若干几何形体的立体图，图 8a ~ h 所示为其对应的正投影图。仔细阅读，找出对应的编号，将其填写在表 2 中。

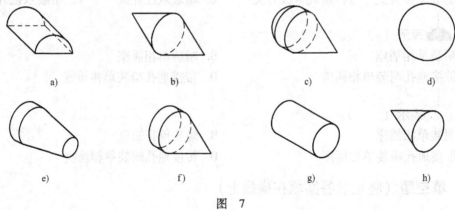

a)   b)   c)   d)

e)   f)   g)   h)

图　7

表2　立体图与正投影图的对应关系

图7	a	b	c	d	e	f	g	h
图8								

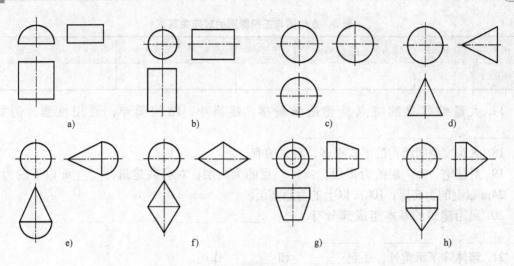

图 8

16. 图 9a～h 所示为若干几何形体的立体图，图 10a～h 所示为其对应的正投影图。仔细阅读，找出对应的编号，将其填写在表 3 中。

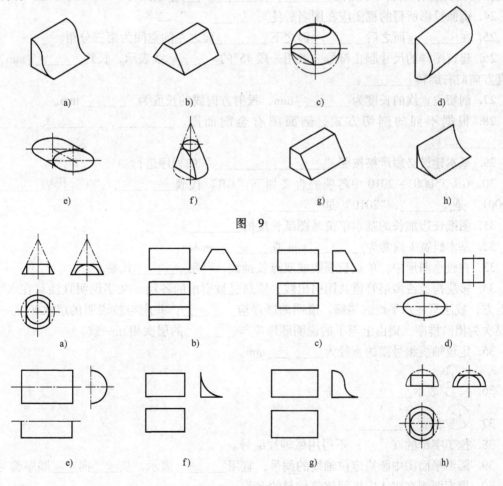

图 9

图 10

表3　立体图与正投影图的对应关系

图9	a	b	c	d	e	f	g	h
图10								

17. 大量性建筑的特点是建造数量多，规模小，结构简单，通用性强。例如：_____、_____、_____。

18. 大跨度空间结构的形式很多，常见的有_____、_____、_____。

19. 对住宅，≤__层的为多层，≥____层的为高层；对公共建筑，____m 以下的为多层，24m 以上的为高层；100m 以上的为超高层。

20. 民用建筑的基本组成部分有_____、_____、_____、_____、_____、_____。

21. 墙体除了承重外，还起_____和_____作用。

22. 水平扩大模数基数为3M、_____，分模数基数为1/10M、_____。

23. 如果楼板长度的标志尺寸为 3300mm，缝隙尺寸为20mm，如果允许误差为 ±5mm，那么，楼板长度的实际尺寸应在_____ ~ _____之间。

24. 镜像投影所得的视图应在图名后注写"_____"二字。

25. 在_____面之后_____面之下_____面之左的空间为第三分角。

26. 建筑图样的尺寸起止符号一般用一段45°的_____线表示，长约_____mm，从垂直方向向右旋转_____。

27. 剖切位置线的长度为_____ mm，投射方向线的长度为_____ mm。

28. 根据不同的剖切方式，剖面图有全剖面图、_____、_____、_____和_____。

29. 基本建设必须严格按照"_____"的程序进行。

30. GB/T50001—2010 中各项的含义如下："GB"代表_____，"T"代表_____，"50001"是_____，"2010"是_____。

31. 图纸长边加长的基本单位是图纸长度的_____。

32. 基本线宽 b 通常为_____ mm 或_____ mm。

33. 在较小图形中，单点长画线或双点长画线，可用_____代替。

34. 多层构造或多层管道共用引出线，应通过被引出的各层。文字说明宜注写在水平线的上方，或注写在水平线的端部，说明的顺序应_____，并应与被说明的层次相互一致；如层次为横向排序，则由上至下的说明顺序应与_____的层次相互一致。

35. 定位轴线编号圈的直径为_____ mm。

36. ①/2 表示_____。

37. ①/01 表示_____。

38. 拉丁字母的（　　）不得用做轴线编号。

39. 圆形平面图中圆周定位轴线的编号，宜用_____表示，从____向____顺序编写。

40. 根据图例在表4中填写建筑材料的名称。

表4　建筑材料的图例

图　例					
名　称					
图　例					
名　称					

41. 杆件或管线的长度，在单线图（如桁架简图、钢筋简图）上，可直接将尺寸数字沿杆件或管线的_____注写。

42. 连续排列的等长尺寸，可用_____的形式标注。

43. 测量坐标网的坐标代号用"X、Y"表示，X表示_____方向，Y表示_____方向。

44. 施工首页图是建筑施工图的第一张图样，主要内容包括_____、_____、_____、_____、_____。

45. 总平面图主要用来表示新建房屋基地范围内的_____、_____、_____和_____的建筑物、_____及_____，包括地形、地貌、_____及障碍物、_____（如管道、光缆等）。从总平面图上可以了解到新建房屋的_____、平面形状、_____、_____、_____，新建道路和_____，原有_____、_____、_____、水电设施等。

46. 在总平面图中新建房屋的定位方法有三种，分别是按_____，按_____，按_____。

47. 总平面图用_____表示方位和风向，图中虚线表示_____，实线表示_____。

48. 图4-3中，新建建筑的工程名称为_____，层数为_____层。其北面是_____，_____层；再往北是_____，_____层；新建建筑的南面依次是办公楼，4层，_____，_____层。

49. 图4-3中，计划新建的建筑有_____，拆除的建筑有_____。

50. 图4-3中，新建建筑的朝向为_____，主导风向为_____，夏季主导风向为_____。

51. 用一个水平面在_____某一位置将建筑物切开，移去上面的部分，对剩下的部分向下作正投影，就得到了楼层的平面图。

52. 平面图中的第一道尺寸，用来标注_____等细部的大小和位置，称为细部尺寸。每一个标注对象必须标出其长度（称为_____）和与附近的定位轴线之间的尺寸（称为_____）。

53. 厨房、卫生间、阳台等部分，常常比相邻主体部分的地面低_____mm。

54. 立面图的名称有三种命名方式，分别是_____、_____和_____。

55. 当标注构件的顶面标高时，应标注_____，当标注构件底面标高时，应标注_____。

56. 剖面图主要用来表示房屋内部的结构和构造在竖向的_____、_____、_____。

57. 剖面图剖切位置的选择以_____为原则，通常选择_____和_____的部位。

58. 图 4-15 为某住宅的 1-1 剖面图。该剖面为_____，从_____剖开，转折后通过_____，投影方向为_____。

59. 从图 4-15 中可以看出，该住宅的主体部分有__层，层高均为__m，楼梯间局部层，第四层的层高为__m；室内外高差__m，高出屋面的女儿墙，其高度分别为__m 和__mm；建筑总高____m。

60. 楼梯总是由_____几个部分组成。

61. 楼梯详图包括_____。

62. 为了保证建筑的安全，必须对建筑结构和构件进行正确合理的计算、选择和计算，这一过程称为_____。

63. 结构平面图中，构件应采用_____表示，能单线表示清楚的可用_____表示，定位轴线应与_____一致，并标注_____。

64. 在表 5 中填写正确的结构构件代号或名称。

表 5 常用构件代号

序 号	名 称	代 号	序 号	名 称	代 号	序 号	名 称	代 号
1	板	B	11	圈梁		21	承台	
2	屋面板		12	过梁		22		Z
3	空心板		13		L	23		G
4	槽形板	C	14		J	24		Z
5	楼梯板	T	15		T	25	雨篷	
6	吊车安全走道	D	16	框架梁		26	阳台	
7		Q	17		K	27	预埋件	
8		T	18	屋面框		28		W
9		L	19	檩条		29		J
10	屋面梁		20	屋架		30		K

65. 对称的钢筋混凝土构件，可在同一图样中一半绘制_____，另一半绘制_____。

66. 基础总是埋在地面__的土层中，施工完成后必须用土掩埋，属于__工程。

67. 基础通常用_____及钢筋混凝土等材料做成。

68. 桩基础由_____和_____两部分组成。

69. 基础平面图中，基础的外围轮廓线是_____的边线，不是_____的边线。

70. 图 11 和图 12 所示分别为某基础的剖面图和断面详图，1—1 断面和 2—2 断面分别用于两个不同的构造柱。该基础的埋深为_____，基础的宽度为_____，基础的高度为_____，基础的受力筋和分布筋分别为_____，柱内纵筋和箍筋分别是_____。

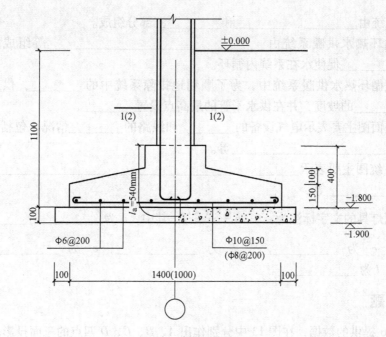

图 11　某基础剖面图

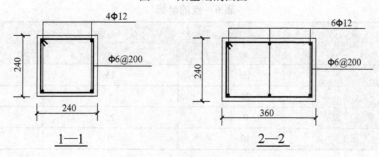

图 12　某基础断面详图

71. 结构布置平面图是表示建筑各层_____布置的图样，由_____和_____以及_____和必要的_____等组成。

72. 如果板的上下钢筋分别单独配置，称为_____；如果支座附近的上部钢筋是由下部钢筋弯起得到就称为_____。

73. 目前我国装饰工程的制图方法主要是套用《_____标准》和《_____标准》。

74. 建筑装饰方案图一般包括_____，主要表达_____的大致效果。建筑装饰施工图一般包括_____、顶棚平面图、_____、_____、_____，主要用于_____。

75. 设备施工图按照专业的不同分为_____、_____和_____。

76. 污水系统一般包括_____等；雨水系统一般由_____等组成。

77. 室内给水系统一般由_____等组成。

78. 室内给排水工程图包括_____。

79. 供暖系统由_____、_____和_____三部分组成。

80. 机械循环热水供暖系统由_____等组成。主要依靠_____促使水在系统内循环。

81. 在机械循环热水供暖系统中，为了顺利地排除系统中的_____，供水干管应按_____有_____的坡度，并在供水干管的最高点设置_____。

82. 电气平面图主要表示电气设备的_____和线路的_____情况，包括变电室平面图、_____等。

83. 电气系统图主要表示_____以及_____等。

84. 某照明灯具的文字标注为：$a—b\dfrac{c\times d\times l}{e}f$，其中，$a$ 为_____；b 为_____；c 为_____；d 为_____；e 为_____；f 为_____；l 为_____。

三、作图题

1. 根据表6提供的数据，在图13中分别作出 A、B、C、D 四点的三面投影。

表6 点的坐标

点	坐 标		
	x	y	z
A	10	15	20
B	20	5	5
C	0	25	10
D	30	0	0

2. 已知 AB 为水平线，BC 为正平线，根据图14所示的已知投影，完成其余投影。

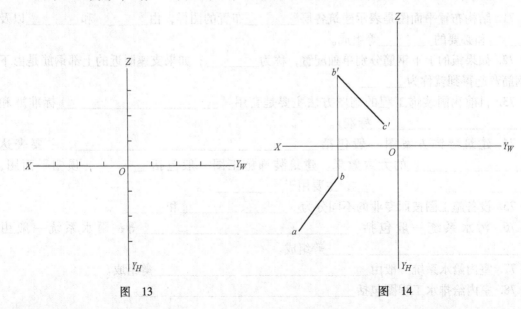

图 13   图 14

3. 如图 15 所示，对照立体图，在三面投影图中标注立体图中注明的各点的三面投影。

4. 如图 16 所示，对照立体图，在三面投影图中标注立体图中注明的各点的三面投影。

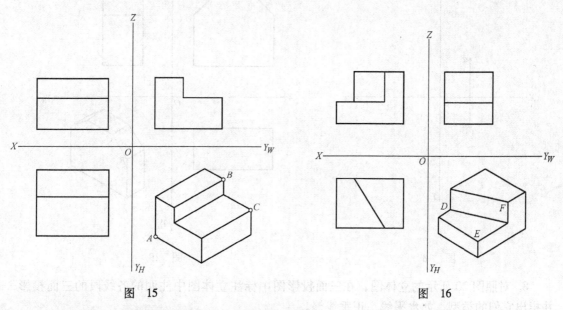

图 15 图 16

5. 根据点的三面投影（见图 17），作直观图。

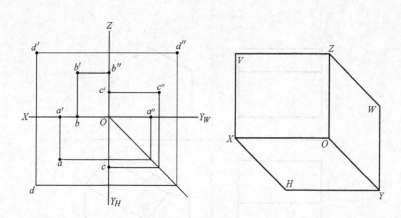

图 17

6. 已知 *A* 点的两面投影，*AB* 为水平线，与 *V* 面的倾角为 45°，*AB* 的实长为 25mm，*B* 点在 *A* 点的左前方；*BC* 为正平线，与 *H* 面的倾角为 30°，*BC* 的实长为 15mm，如图 18 所示。作 *ABC* 的三面投影。

7. 对照图 19 所示的立体图，在三面投影图中标注立体图中注明的各线段的三面投影，并指出它们的类型，如水平线、正垂线等。

AB：_____ *BC*：_____ *CD*：_____ *BE*：_____

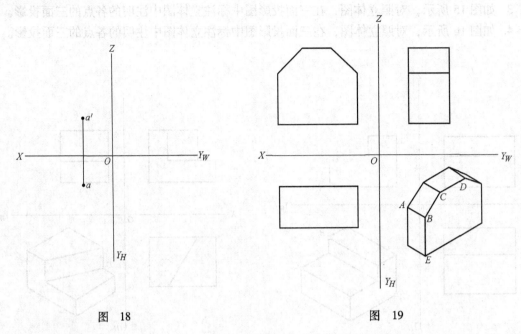

图 18

图 19

8. 对照图 20 所示的立体图，在三面投影图中标注立体图中注明的各线段的三面投影，并指出它们的类型，如水平线、正垂线等。

AB：＿＿＿＿＿＿＿　　BC：＿＿＿＿＿＿＿　　BD：＿＿＿＿＿＿＿

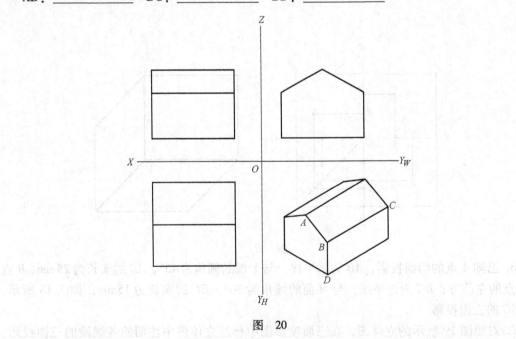

图 20

9. 在图 21 所示的投影图上标出指定平面的三面投影，并指出平面的类型。

A：＿＿＿＿＿　　B：＿＿＿＿＿　　C：＿＿＿＿＿　　D：＿＿＿＿＿

E：＿＿＿＿＿　　F：＿＿＿＿＿　　G：＿＿＿＿＿　　H：＿＿＿＿＿

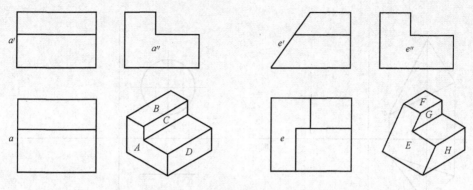

图 21

10. 在图 22 所示的投影图上标出指定平面的三面投影，并指出平面的类型。

A：_____   B：_____   C：_____   D：_____

E：_____   F：_____   G：_____   H：_____

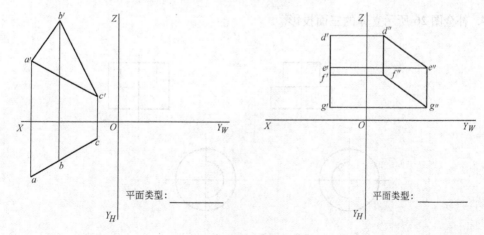

图 22

11. 补全图 23 所示平面的三面投影，并指出平面的类型。

平面类型：_____   平面类型：_____

图 23

12. 补全图 24 所示平面的三面投影，并指出平面的类型。

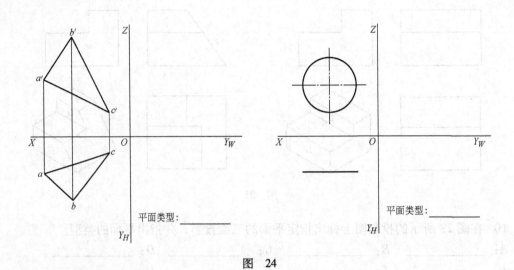

平面类型：_____   平面类型：_____

图   24

13. 补全图 25 所示立体的三面投影。

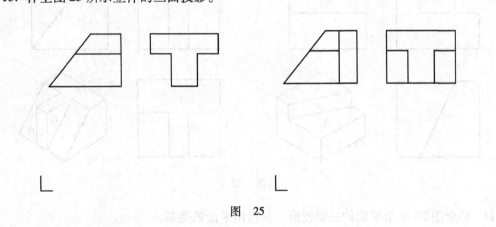

图   25

14. 补全图 26 所示立体的三面投影。

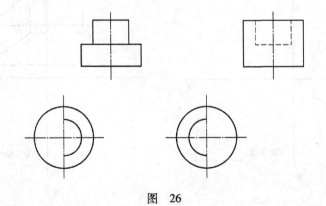

图   26

15. 根据图 27 所示的立体图作三面投影图。

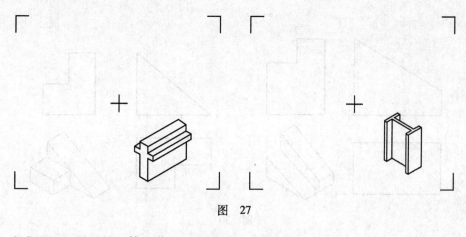

图 27

16. 根据图 28 所示的立体图作三面投影图。

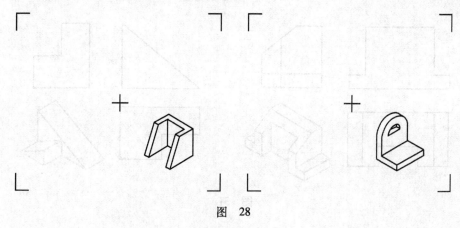

图 28

17. 根据图 29 所示的立体图作三面投影图。

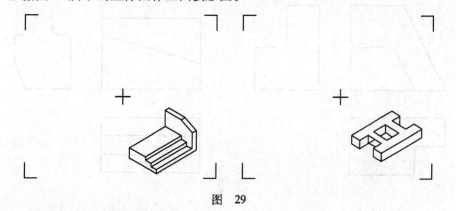

图 29

18. 补全图 30 中所缺的图线。
19. 补全图 31 中所缺的图线。
20. 补全图 32 中所缺的图线。

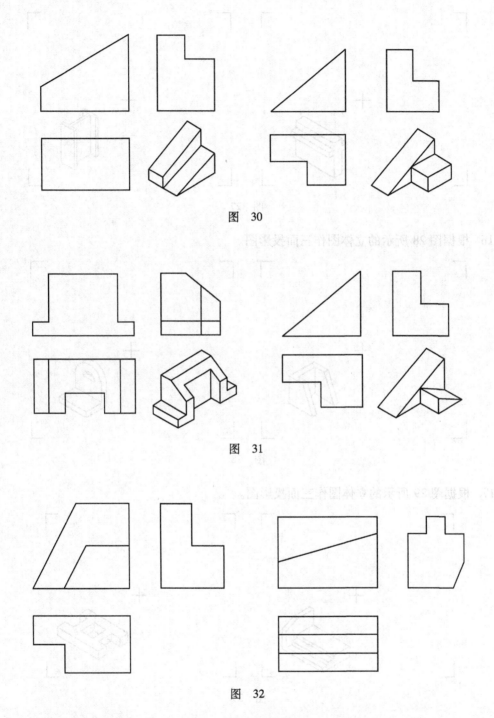

图 30

图 31

图 32

21. 补全图 33 中所缺的图线。

22. 根据图 34 所示形体的两面投影补画第三面投影。

23. 根据图 35 所示形体的两面投影补画第三面投影。

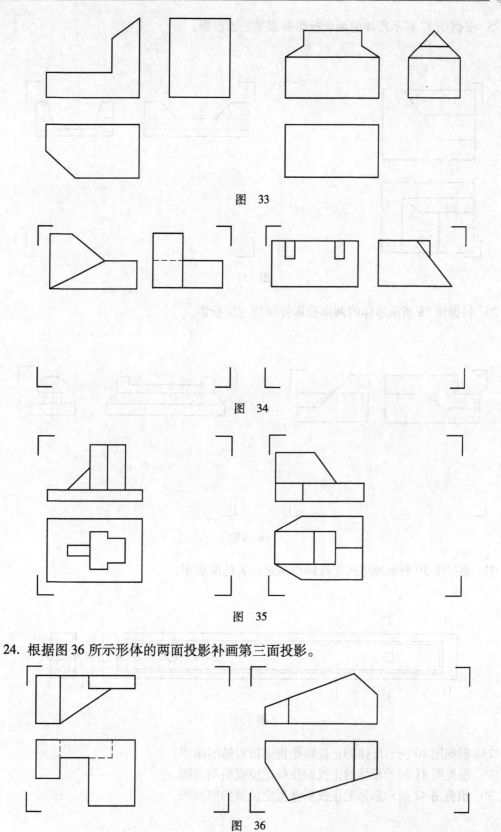

图 33

图 34

图 35

24. 根据图 36 所示形体的两面投影补画第三面投影。

图 36

25. 根据图 37 所示形体的两面投影补画第三面投影。

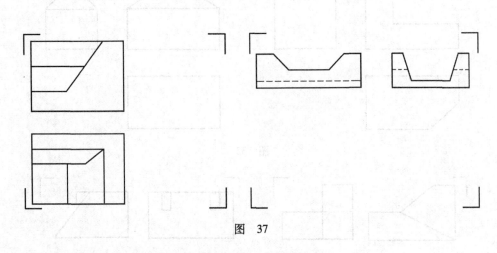

图 37

26. 根据图 38 所示形体的两面投影补画第三面投影。

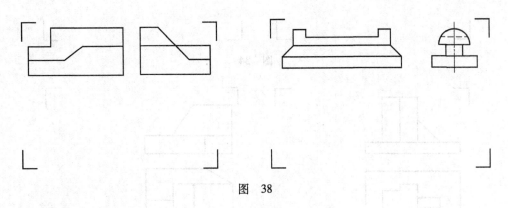

图 38

27. 根据图 39 所示形体的正投影作指定位置的断面图。

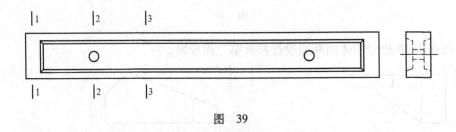

图 39

28. 根据图 40 所示形体的正投影作指定位置的剖面图。
29. 根据图 41 所示形体的正投影作指定位置的剖面图。
30. 根据图 42 所示形体的正投影作指定位置的剖面图。

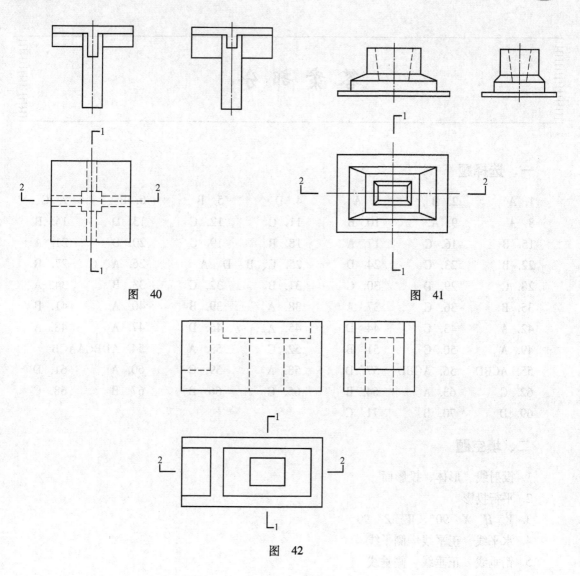

图 40

图 41

图 42

答 案 部 分

一、选择题

1. A	2. B	3. A	4. D	5. B	6. B	7. C
8. A	9. A	10. B	11. C	12. C	13. D	14. B
15. B	16. C	17. A	18. B	19. C	20. D	21. A
22. B	23. C	24. D	25. C、B、D、A		26. A、C	27. C
28. C	29. D	30. C	31. B	32. C	33. B	34. A
35. B	36. C	37. A	38. A	39. B	40. A	41. B
42. A	43. C	44. D	45. A	46. D	47. A	48. A
49. A	50. C	51. B	52. C	53. A	54. ADBCAACB	
55. ACBD	56. ACBD	57. D	58. A	59. C	60. A	61. D
62. C	63. A	64. B	65. C	66. B	67. B	68. C
69. D	70. B	71. C				

二、填空题

1. 投射线、形体、投影面

2. 平行投影

3. V H X $90°$ W Z $90°$

4. 水平线　正平线　侧平线

5. 铅垂线　正垂线　侧垂线

6. V W

7. H W

8. 侧面　V H

9. 铅垂线

10. 正面　Y_W Y_H

11. 侧面　Z Y_H

12. 5　1）不在同一条直线上的三个点可以用来表示一个平面；2）用一条直线和直线外的一个点可以用来表示一个平面；3）两条相交直线可以用来表示一个平面；4）两条平行直线可以用来表示一个平面；5）任意一个平面图形可以用来表示一个平面。

13. 水平面　正平面　侧平面

14. 铅垂面　正垂面　侧垂面

15.

表7 立体图与正投影图的对应关系

图7	a	b	c	d	e	f	g	h
图8	a	f	e	c	g	h	b	d

16.

表8 立体图与正投影图的对应关系

图9	a	b	c	d	e	f	g	h
图10	g	b	h	e	d	a	c	f

17. 中小学教学楼、住宅、办公楼

18. 网架结构、薄壳结构、悬索结构

19. 9 10 24

20. 基础、墙体或柱、楼板层、楼梯或电梯、屋顶、地坪、门窗

21. 围护 分隔

22. 6M、12M、15M、30M、60M 1/5M 1/2M

23. 3275 3285

24. 镜像

25. V H W

26. 中实 2~3 45°

27. 6~10 4~6

28. 半剖面图 局部剖面图 阶梯剖面图 旋转剖面图 展开剖面图

29. 勘察→设计→施工→验收

30. 国家标准 推荐 编号 批准年份

31. 1/8 或 1/4

32. 1 0.7

33. 细实线

34. 由上至下 由左至右

35. 8~10

36. 2 号轴线之后附加的第一根轴线

37. 1 号轴线之前附加的第一根轴线

38. I、O、Z

39. 自然土壤 砂砾土、碎砖三合土 石材 耐火砖 钢筋混凝土 多孔材料 纤维材料 胶合板 网状材料 防水材料

40. 大写拉丁字母 外 内

41. 一侧

42. 个数×等长尺寸 = 总长

43. 南北 东西

44. 图样目录 设计说明 工程做法表 门窗表 总平面图

45. 新建 拟建 原有 拟拆除 构造物 周边环境 地面设施 地下设施 位置 朝向 标高 层数 绿化 房屋 道路 河流

46. 新建建筑与原有建筑间的距离定位　施工坐标定位　新建建筑与周围道路间的距离定位

47. 风玫瑰图　6、7、8 三个月的风向频率（夏季）　全年风向频率

48. 2#学生宿舍　5　学生食堂　2　1#学生宿舍　5　图书馆　2

49. 实验楼　职工活动中心和实训中心

50. 正南方向　正北风　东南风

51. 窗台以上、窗顶以下

52. 外墙上的门窗洞口、墙段、柱　定形尺寸　定位尺寸

53. 20 ~ 30

54. 主次命名法　方位命名法　轴线命名法

55. 建筑标高　结构标高

56. 变化　定位　做法

57. 反映房屋竖向构造特征　有代表性　特殊变化

58. 阶梯剖面　客厅中央　楼梯间　从右向左

59. 三　2.7　2.2　1.0　1.05　600　11.900

60. 梯段、平台、平台梁、栏杆（或栏板）和扶手

61. 楼梯平面图、楼梯剖面图以及踏步、栏杆、扶手等细部详图

62. 结构设计

63. 轮廓线　单线　建筑平面图或总平面图　结构标高

64. 参见表 6-3

65. 模板图　配筋图

66. 以下　隐蔽

67. 砖、毛石、混凝土、灰土、三合土、四合土、毛石混凝土

68. 桩身　承台

69. 基础　垫层

70. 1100mm　1.4m（1.0m）　400mm　φ 10 @ 150、φ 6 @ 200　4 φ 12（6 φ 12）、φ6@200

71. 承重结构　结构布置图　节点详图　构件统计表　文字说明

72. 分离式　弯起式

73. 房屋建筑制图统一　建筑制图

74. 平面布置图、顶棚平面图、立面图、透视效果图　建筑装饰工程完工后　平面布置图　立面图　大样详图　构造剖视图　指导建筑装饰工程施工

75. 给排水施工图　暖通施工图　电气照明施工图

76. 排水管道、污水泵站、污水处理构筑物（污水处理厂）、检查井、化粪池和出水口　雨水口、庭院和小区（厂区）雨水管、雨水检查井、市政雨水管及出水口

77. 引入管、水表节点、室内配水管网、配水附件与控制附件、升压设备和消防管网及附件

78. 平面图、系统图、屋面雨水平面图、剖面图、详图等

79. 热源　输热管道　散热设备

80. 锅炉、输热管道、水泵、散热器以及膨胀水箱　水泵所产生的压力

81. 空气　水流方向　向上　集气罐

82. 位置　引入、敷设　照明平面图、防雷平面图、电视天线平面图和电话线平面图

83. 供电方式、导线的规格型号与根数、电气设备的规格型号、电器与导线的连接方式、线路的敷设方式　电气对土建的要求

84. 灯具数量　灯具的型号或编号　每盏照明灯具的灯泡数　每个灯泡的容量（W）安装高度（m）　灯具的安装方式　电光源的种类

三、作图题

1. 答　见图43。

2. 答　见图44。

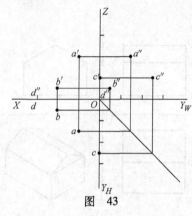

图　43

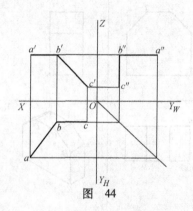

图　44

3. 答　见图45。

4. 答　见图46。

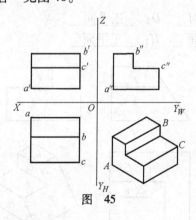

图　45

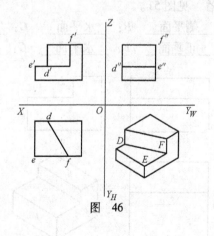

图　46

5. 答　见图47。

6. 答　见图48。

7. 答　见图49。

AB：正垂线　*BC*：正平线　*CD*：侧垂线　*BE*：铅垂线

8. 答　见图50。

AB：侧平线　*BC*：侧垂线　*BD*：铅垂线

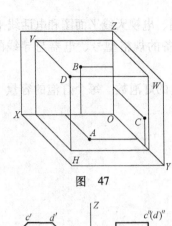

图 47

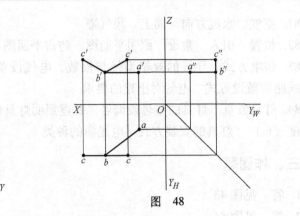

图 48

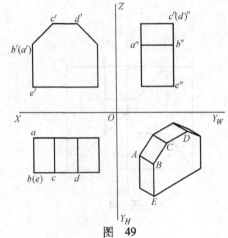

图 49

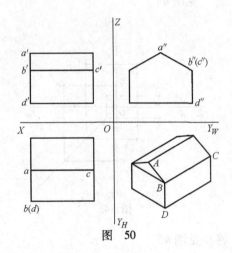

图 50

9. 答　见图51。

A：__侧平面__	*B*：__水平面__	*C*：__正平面__	*D*：__正平面__
E：__正垂面__	*F*：__水平面__	*G*：__正平面__	*H*：__正平面__

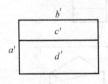 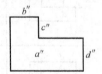

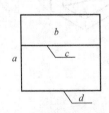 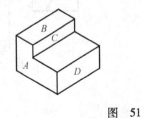 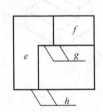 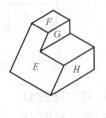

图　51

10. 答　见图52。

A：__铅垂面__	*B*：__水平面__	*C*：__水平面__	*D*：__正平面__
E：__侧平面__	*F*：__水平面__	*G*：__侧平面__	*H*：__侧垂面__

11. 答　见图53。

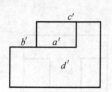 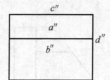 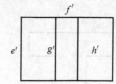

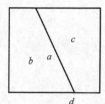 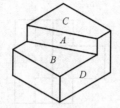 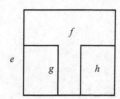 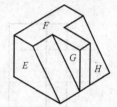

图　52

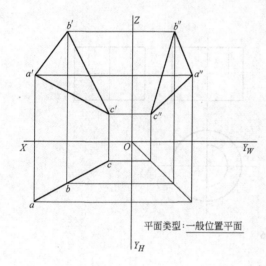

平面类型:一般位置平面

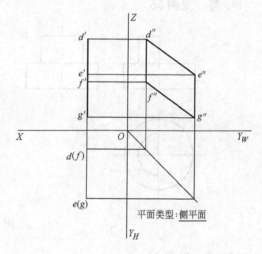

平面类型:侧平面

图　53

12. 答　见图 54。

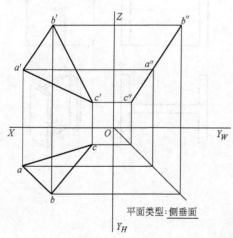

平面类型:侧垂面

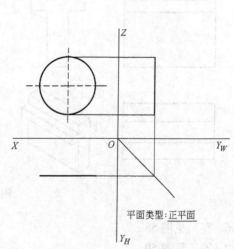

平面类型:正平面

图　54

13. 答　见图55。

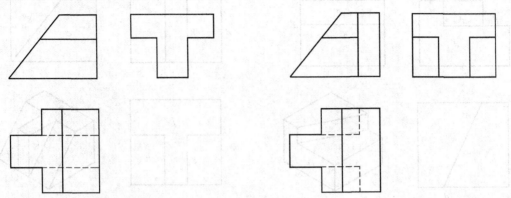

图　55

14. 答　见图56。

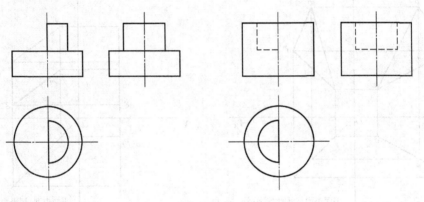

图　56

15. 答　见图57。

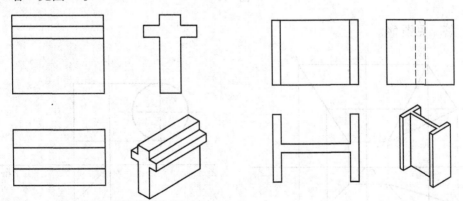

图　57

16. 答　见图58。

17. 答　见图59。

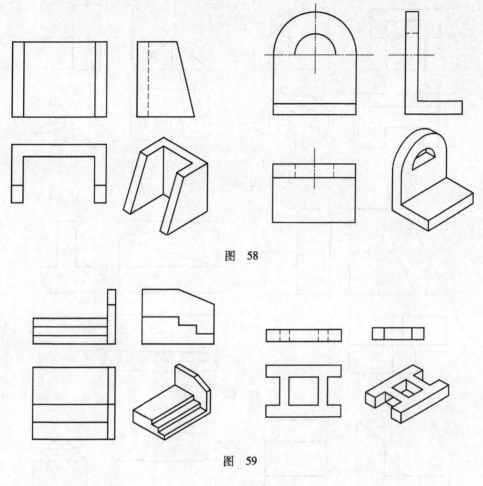

图 58

图 59

18. 答　见图60。

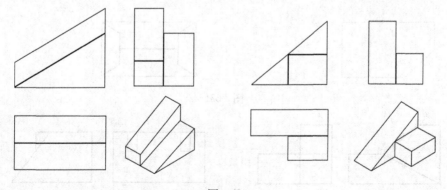

图 60

19. 答　见图61。
20. 答　见图62。
21. 答　见图63。
22. 答　见图64。

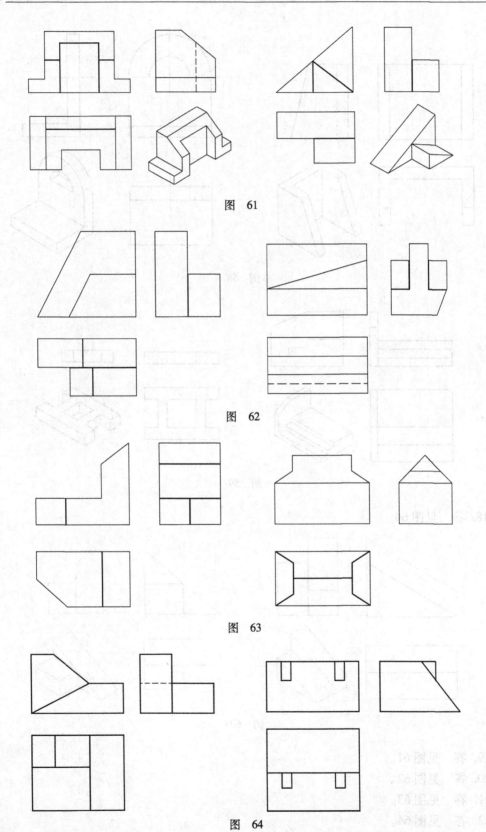

图 61

图 62

图 63

图 64

23. 答　见图65。

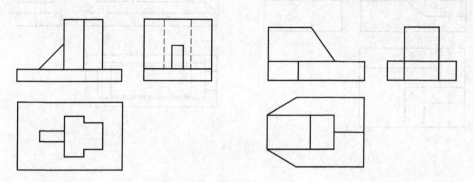

图　65

24. 答　见图66。

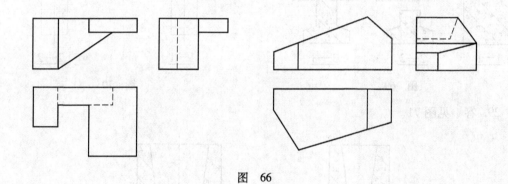

图　66

25. 答　见图67。

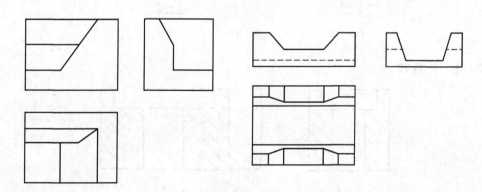

图　67

26. 答　见图68。
27. 答　见图69。
28. 答　见图70。

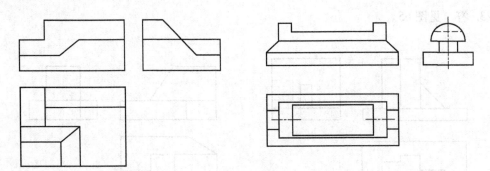

图 68

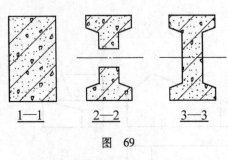

图 69

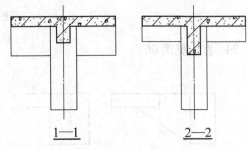

图 70

29. 答　见图71。

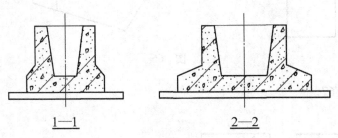

图 71

30. 答　见图72。

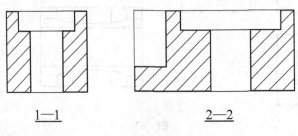

图 72

参 考 文 献

[1] 中华人民共和国住房和城乡建设部 . GB/T 50001—2010 房屋建筑制图统一标准 [S]. 北京：中国计划出版社，2011.

[2] 中华人民共和国住房和城乡建设部 . GB/T 50104—2010 建筑制图标准 [S]. 北京：中国计划出版社，2011.

[3] 中华人民共和国住房和城乡建设部 . GB/T 50103—2010 总图制图标准 [S]. 北京：中国计划出版社，2011.

[4] 中华人民共和国住房和城乡建设部 . GB/T 50105—2010 建筑结构制图标准 [S]. 北京：中国计划出版社，2011.

[5] 中华人民共和国住房和城乡建设部 . GB/T 50106—2010 建筑给水排水制图标准 [S]. 北京：中国建筑工业出版社，2011.

[6] 中华人民共和国住房和城乡建设部 . GB/T 50114—2010 暖通空调制图标准 [S]. 北京：中国建筑工业出版社，2011.

[7] 中华人民共和国住房和城乡建设部 . GB/T 50010—2010 混凝土结构设计规范 [S]. 北京：中国建筑工业出版社，2011.

[8] 中华人民共和国住房和城乡建设部 . GB 50011—2010 建筑抗震设计规范 [S]. 北京：中国建筑工业出版社，2010.

[9] 中华人民共和国住房和城乡建设部 . GB/T 50786—2012 建筑电气制图标准 [S]. 北京：中国建筑工业出版社，2010.

[10] 王强，张小平 . 建筑工程制图与识图 [M]. 北京：机械工业出版社，2004.

[11] 叶晓芹，朱建国 . 建筑工程制图 [M]. 重庆：重庆大学出版社，2004.

[12] 张建荣 . 建筑结构选型 [M]. 北京：中国建筑工业出版社，1996.

[13] 孙鲁，甘佩兰 . 建筑构造 [M]. 北京：中国电力出版社，2002.

[14] 张力霆 . 土力学与地基基础 [M]. 北京：高等教育出版社，2000.

[15] 乐嘉龙 . 学看给水排水施工图 [M]. 2 版 . 北京：高等教育出版社，2000.

[16] 乐嘉龙 . 学看暖通空调施工图 [M]. 2 版 . 北京：高等教育出版社，2000.

[17] 乐嘉龙 . 学看建筑电气施工图 [M]. 2 版 . 北京：高等教育出版社，2000.

[18] 闫立红 . 建筑装饰识图与构造 [M]. 北京：中国建筑工业出版社，2004.

[19] 侯军 . 建筑工程制图图例及符号大全 [M]. 北京：中国建筑工业出版社，2004.

[20] 王强，张小平 . 建筑工程制图与识图习题集 [M]. 北京：机械工业出版社，2003.

《建筑识图》适用于下列职业

钢筋工、砌筑工、抹灰工、混凝土工、木工、建筑油漆工、测量放线工、电气设备安装工、管道工、通风工

国家职业资格培训教材

丛书介绍：深受读者喜爱的经典培训教材，依据最新国家职业标准，按初级、中级、高级、技师（含高级技师）分册编写，以技能培训为主线，理论与技能有机结合，书末有配套的试题库和答案。所有教材均免费提供 PPT 电子教案，部分教材配有 VCD 实景操作光盘（注：标注★的图书配有 VCD 实景操作光盘）。

读者对象：本套教材是各级职业技能鉴定培训机构、企业培训部门、再就业和农民工培训机构的理想教材，也可作为技工学校、职业高中、各种短训班的专业课教材。

- ◆ 机械识图
- ◆ 机械制图
- ◆ 金属材料及热处理知识
- ◆ 公差配合与测量
- ◆ 机械基础（初级、中级、高级）
- ◆ 液气压传动
- ◆ 数控技术与 AutoCAD 应用
- ◆ 机床夹具设计与制造
- ◆ 测量与机械零件测绘
- ◆ 管理与论文写作
- ◆ 钳工常识
- ◆ 电工常识
- ◆ 电工识图
- ◆ 电工基础
- ◆ 电子技术基础
- ◆ 建筑识图
- ◆ 建筑装饰材料
- ◆ 车工（初级★、中级、高级、技师和高级技师）
- ◆ 铣工（初级★、中级、高级、技师和高级技师）
- ◆ 磨工（初级、中级、高级、技师和高级技师）
- ◆ 钳工（初级★、中级、高级、技师和高级技师）
- ◆ 机修钳工（初级、中级、高级、技师和高级技师）
- ◆ 锻造工（初级、中级、高级、技师和高级技师）
- ◆ 模具工（中级、高级、技师和高级技师）
- ◆ 数控车工（中级★、高级★、技师和高级技师）
- ◆ 数控铣工/加工中心操作工（中级★、高级★、技师和高级技师）
- ◆ 铸造工（初级、中级、高级、技师和高级技师）
- ◆ 冷作钣金工（初级、中级、高级、技师和高级技师）
- ◆ 焊工（初级★、中级★、高级★、技师和高级技师★）
- ◆ 热处理工（初级、中级、高级、技师和高级技师）
- ◆ 涂装工（初级、中级、高级、技师和高级技师）
- ◆ 电镀工（初级、中级、高级、技师和高级技师）
- ◆ 锅炉操作工（初级、中级、高级、技师和高级技师）

- ◆ 数控机床维修工（中级、高级和技师）
- ◆ 汽车驾驶员（初级、中级、高级、技师）
- ◆ 汽车修理工（初级★、中级、高级、技师和高级技师）
- ◆ 摩托车维修工（初级、中级、高级）
- ◆ 制冷设备维修工（初级、中级、高级、技师和高级技师）
- ◆ 电气设备安装工（初级、中级、高级、技师和高级技师）
- ◆ 值班电工（初级、中级、高级、技师和高级技师）
- ◆ 维修电工（初级★、中级★、高级、技师和高级技师）
- ◆ 家用电器产品维修工（初级、中级、高级）
- ◆ 家用电子产品维修工（初级、中级、高级、技师和高级技师）
- ◆ 可编程序控制系统设计师（一级、二级、三级、四级）
- ◆ 无损检测员（基础知识、超声波探伤、射线探伤、磁粉探伤）
- ◆ 化学检验工（初级、中级、高级、技师和高级技师）
- ◆ 食品检验工（初级、中级、高级、技师和高级技师）

- ◆ 制图员（土建）
- ◆ 起重工（初级、中级、高级、技师）
- ◆ 测量放线工（初级、中级、高级、技师和高级技师）
- ◆ 架子工（初级、中级、高级）
- ◆ 混凝土工（初级、中级、高级）
- ◆ 钢筋工（初级、中级、高级、技师）
- ◆ 管工（初级、中级、高级、技师和高级技师）
- ◆ 木工（初级、中级、高级、技师）
- ◆ 砌筑工（初级、中级、高级、技师）
- ◆ 中央空调系统操作员（初级、中级、高级、技师）
- ◆ 物业管理员（物业管理基础、物业管理员、助理物业管理师、物业管理师）
- ◆ 物流师（助理物流师、物流师、高级物流师）
- ◆ 室内装饰设计员（室内装饰设计员、室内装饰设计师、高级室内装饰设计师）
- ◆ 电切削工（初级、中级、高级、技师和高级技师）
- ◆ 汽车装配工
- ◆ 电梯安装工
- ◆ 电梯维修工

变压器行业特有工种国家职业资格培训教程

丛书介绍：由相关国家职业标准的制定者——机械工业职业技能鉴定指导中心组织编写，是配套用于国家职业技能鉴定的指定教材，覆盖变压器行业 5 个特有工种，共 10 种。

读者对象：可作为相关企业培训部门、各级职业技能鉴定培训机构的鉴定培训教材，也可作为变压器行业从业人员学习、考证用书，还可作为技工学校、职业高中、各种短训班的教材。

- ◆ 变压器基础知识
- ◆ 绕组制造工（基础知识）
- ◆ 绕组制造工（初级、中级、高级技能）
- ◆ 绕组制造工（技师、高级技师技能）
- ◆ 干式变压器装配工（初级、中级、高级技能）
- ◆ 变压器装配工（初级、中级、高级、技师、高级技师技能）
- ◆ 变压器试验工（初级、中级、高级、技师、高级技师技能）

- ◆ 互感器装配工（初级、中级、高级、技师、高级技师技能）
- ◆ 绝缘制品件装配工（初级、中级、高级、
- 技师、高级技师技能）
- ◆ 铁心叠装工（初级、中级、高级、技师、高级技师技能）

国家职业资格培训教材——理论鉴定培训系列

丛书介绍： 以国家职业技能标准为依据，按机电行业主要职业（工种）的中级、高级理论鉴定考核要求编写，着眼于理论知识的培训。

读者对象： 可作为各级职业技能鉴定培训机构、企业培训部门的培训教材，也可作为职业技术院校、技工院校、各种短训班的专业课教材，还可作为个人的学习用书。

- ◆ 车工（中级）鉴定培训教材
- ◆ 车工（高级）鉴定培训教材
- ◆ 铣工（中级）鉴定培训教材
- ◆ 铣工（高级）鉴定培训教材
- ◆ 磨工（中级）鉴定培训教材
- ◆ 磨工（高级）鉴定培训教材
- ◆ 钳工（中级）鉴定培训教材
- ◆ 钳工（高级）鉴定培训教材
- ◆ 机修钳工（中级）鉴定培训教材
- ◆ 机修钳工（高级）鉴定培训教材
- ◆ 焊工（中级）鉴定培训教材
- ◆ 焊工（高级）鉴定培训教材
- ◆ 热处理工（中级）鉴定培训教材
- ◆ 热处理工（高级）鉴定培训教材
- ◆ 铸造工（中级）鉴定培训教材
- ◆ 铸造工（高级）鉴定培训教材
- ◆ 电镀工（中级）鉴定培训教材
- ◆ 电镀工（高级）鉴定培训教材
- ◆ 维修电工（中级）鉴定培训教材
- ◆ 维修电工（高级）鉴定培训教材
- ◆ 汽车修理工（中级）鉴定培训教材
- ◆ 汽车修理工（高级）鉴定培训教材
- ◆ 涂装工（中级）鉴定培训教材
- ◆ 涂装工（高级）鉴定培训教材
- ◆ 制冷设备维修工（中级）鉴定培训教材
- ◆ 制冷设备维修工（高级）鉴定培训教材

国家职业资格培训教材——操作技能鉴定实战详解系列

丛书介绍： 用于国家职业技能鉴定操作技能考试前的强化训练。特色：
- ● 重点突出，具有针对性——依据技能考核鉴定点设计，目的明确。
- ● 内容全面，具有典型性——图样、评分表、准备清单，完整齐全。
- ● 解析详细，具有实用性——工艺分析、操作步骤和重点解析详细。
- ● 练考结合，具有实战性——单项训练题、综合训练题，步步提升。

读者对象： 可作为各级职业技能鉴定培训机构、企业培训部门的考前培训教材，也可供职业技能鉴定部门在鉴定命题时参考，也可作为读者考前复习和自测使用的复习用书，还可作为职业技术院校、技工院校、各种短训班的专业课教材。

- ◆ 车工（中级）操作技能鉴定实战详解
- ◆ 车工（高级）操作技能鉴定实战详解
- ◆ 车工（技师、高级技师）操作技能鉴定实战详解
- ◆ 铣工（中级）操作技能鉴定实战详解
- ◆ 铣工（高级）操作技能鉴定实战详解
- ◆ 钳工（中级）操作技能鉴定实战详解
- ◆ 钳工（高级）操作技能鉴定实战详解

- ◆ 钳工（技师、高级技师）操作技能鉴定实战详解
- ◆ 数控车工（中级）操作技能鉴定实战详解
- ◆ 数控车工（高级）操作技能鉴定实战详解
- ◆ 数控车工（技师、高级技师）操作技能鉴定实战详解
- ◆ 数控铣工/加工中心操作工（中级）操作技能鉴定实战详解
- ◆ 数控铣工/加工中心操作工（高级）操作技能鉴定实战详解
- ◆ 数控铣工/加工中心操作工（技师、高级技师）操作技能鉴定实战详解

- ◆ 焊工（中级）操作技能鉴定实战详解
- ◆ 焊工（高级）操作技能鉴定实战详解
- ◆ 焊工（技师、高级技师）操作技能鉴定实战详解
- ◆ 维修电工（中级）操作技能鉴定实战详解
- ◆ 维修电工（高级）操作技能鉴定实战详解
- ◆ 维修电工（技师、高级技师）操作技能鉴定实战详解
- ◆ 汽车修理工（中级）操作技能鉴定实战详解
- ◆ 汽车修理工（高级）操作技能鉴定实战详解

技能鉴定考核试题库

丛书介绍：根据各职业（工种）鉴定考核要求分级编写，试题针对性、通用性、实用性强。

读者对象：可作为企业培训部门、各级职业技能鉴定机构、再就业培训机构培训考核用书，也可供技工学校、职业高中、各种短训班培训考核使用，还可作为个人读者学习自测用书。

- ◆ 机械识图与制图鉴定考核试题库
- ◆ 机械基础技能鉴定考核试题库
- ◆ 电工基础技能鉴定考核试题库
- ◆ 车工职业技能鉴定考核试题库
- ◆ 铣工职业技能鉴定考核试题库
- ◆ 磨工职业技能鉴定考核试题库
- ◆ 数控车工职业技能鉴定考核试题库
- ◆ 数控铣工/加工中心操作工职业技能鉴定考核试题库
- ◆ 模具工职业技能鉴定考核试题库
- ◆ 钳工职业技能鉴定考核试题库

- ◆ 机修钳工职业技能鉴定考核试题库
- ◆ 汽车修理工职业技能鉴定考核试题库
- ◆ 制冷设备维修工职业技能鉴定考核试题库
- ◆ 维修电工职业技能鉴定考核试题库
- ◆ 铸造工职业技能鉴定考核试题库
- ◆ 焊工职业技能鉴定考核试题库
- ◆ 冷作钣金工职业技能鉴定考核试题库
- ◆ 热处理工职业技能鉴定考核试题库
- ◆ 涂装工职业技能鉴定考核试题库

机电类技师培训教材

丛书介绍：以国家职业标准中对各工种技师的要求为依据，以便于培训为前提，紧扣职业技能鉴定培训要求编写。加强了高难度生产加工，复杂设备的安装、调试和维修，技术质

量难题的分析和解决，复杂工艺的编制，故障诊断与排除以及论文写作和答辩的内容。书中均配有培训目标、复习思考题、培训内容、试题库、答案、技能鉴定模拟试卷样例。

读者对象：可作为职业技能鉴定培训机构、企业培训部门、技师学院培训鉴定教材，也可供读者自学及考前复习和自测使用。

◆ 公共基础知识
◆ 电工与电子技术
◆ 机械制图与零件测绘
◆ 金属材料与加工工艺
◆ 机械基础与现代制造技术
◆ 技师论文写作、点评、答辩指导
◆ 车工技师鉴定培训教材
◆ 铣工技师鉴定培训教材
◆ 钳工技师鉴定培训教材
◆ 焊工技师鉴定培训教材
◆ 电工技师鉴定培训教材

◆ 铸造工技师鉴定培训教材
◆ 涂装工技师鉴定培训教材
◆ 模具工技师鉴定培训教材
◆ 机修钳工技师鉴定培训教材
◆ 热处理工技师鉴定培训教材
◆ 维修电工技师鉴定培训教材
◆ 数控车工技师鉴定培训教材
◆ 数控铣工技师鉴定培训教材
◆ 冷作钣金工技师鉴定培训教材
◆ 汽车修理工技师鉴定培训教材
◆ 制冷设备维修工技师鉴定培训教材

特种作业人员安全技术培训考核教材

丛书介绍：依据《特种作业人员安全技术培训大纲及考核标准》编写，内容包含法律法规、安全培训、案例分析、考核复习题及答案。

读者对象：可用作各级各类安全生产培训部门、企业培训部门、培训机构安全生产培训和考核的教材，也可作为各类企事业单位安全管理和相关技术人员的参考书。

◆ 起重机司索指挥作业
◆ 企业内机动车辆驾驶员
◆ 起重机司机
◆ 金属焊接与切割作业
◆ 电工作业

◆ 压力容器操作
◆ 锅炉司炉作业
◆ 电梯作业
◆ 制冷与空调作业
◆ 登高作业

读者信息反馈表

亲爱的读者：

您好！感谢您购买《建筑识图》（闫成德　编著）一书。为了更好地为您服务，我们希望了解您的需求以及对我社教材的意见和建议，愿这小小的表格为我们之间架起一座沟通的桥梁。另外，如果您在培训中选用了本教材，我们将免费为您提供与本教材配套的电子课件。

姓　名		所在单位名称	
性　别		所从事工作（或专业）	
通信地址		邮　编	
办公电话		移动电话	
E- mail		QQ	

1. 您选择图书时主要考虑的因素（在相应项后面画✓）
   出版社（　　）　内容（　　）　价格（　　）　其他：＿＿＿＿＿＿＿＿＿
2. 您选择我们图书的途径（在相应项后面画✓）
   书目（　　）　　书店（　　）　网站（　　）　朋友推介（　　）　其他：＿＿＿＿

希望我们与您经常保持联系的方式：
□ 电子邮件信息　　□ 定期邮寄书目　　□ 通过编辑联络　　□ 定期电话咨询

您关注（或需要）哪些类图书和教材：

您对本书的意见和建议（欢迎您指出本书的疏漏之处）：

您近期的著书计划：

请联系我们——

地　　址　北京市西城区百万庄大街 22 号　　机械工业出版社技能教育分社

邮　　编　100037

社长电话　（010）88379083　88379080

传　　真　（010）68329397

销售编辑　（010）88379534　88379535

免费电子课件索取方式：

网上下载　www. cmpedu. com

邮箱索取　jnfs@ cmpbook. com